개념클릭

초등 수학 2·1

구성과 특징

수학 공부를 쉽고, 재미있게 할 수 있는 교재는 없을까?

개념을 자세히 설명해 놓으면 잘 읽지 않고, 그렇다고 설명을 안 할 수도 없고….

만화로 교과서 개념을 설명한 책은 많지만, 수박 겉핥기 식으로 넘어가기만 하니….

개념클릭이 탄생하게 된 배경입니다.

개념클릭 학습 시스템!!

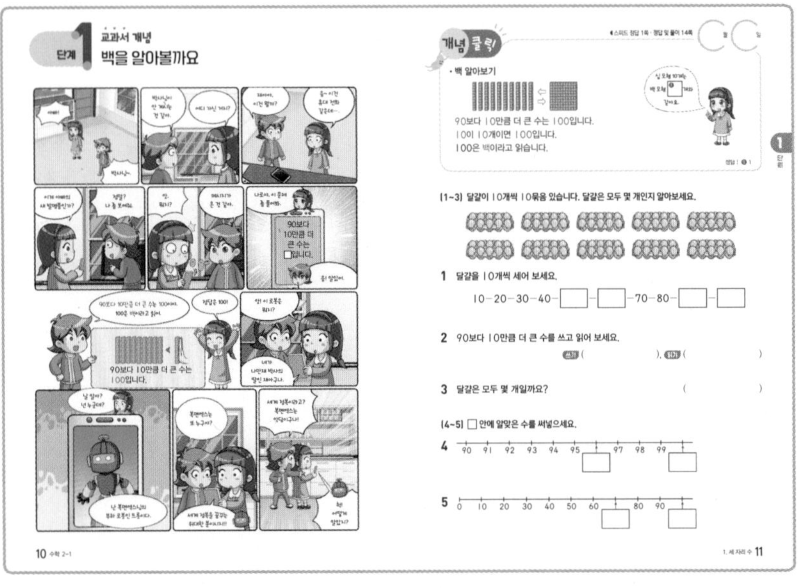
단계 1 교과서 개념
백을 알아볼까요

개념 클릭
• 백 알아보기
90보다 10만큼 더 큰 수는 100입니다.
10이 10개이면 100입니다.
100은 백이라고 읽습니다.

[1~3] 달걀이 10개씩 10묶음 있습니다. 달걀은 모두 몇 개인지 알아보세요.

1 달걀을 10개씩 세어 보세요.

10-20-30-40-□-□-70-80-□-□

2 90보다 10만큼 더 큰 수를 쓰고 읽어 보세요.

3 달걀은 모두 몇 개일까요?

[4~5] □ 안에 알맞은 수를 써넣으세요.

10 수학 2-1 · 1. 세 자리 수 11

1단계

교과서 개념

만화를 보면서 개념이 저절로~
간단한 **확인 문제**로 개념을
정리하세요.

2단계

개념 집중 연습

교과서 개념 문제를
반복하여 풀어 보면서
개념을 꽉 잡아요.

개념클릭만의 모바일 학습

스마트 폰으로 찍어 보세요.

1 개념 동영상 강의를 보면서 개념을 익혀요.

QR 코드를 찍어 개념 동영상 강의를 보면서 개념을 익힐 수 있습니다.

2 단원과 연계된 게임을 할 수 있어요.

QR 코드를 찍어 단원과 연계된 재미있는 게임을 할 수 있습니다.

3 새로운 문제로 TEST를 반복해요.

QR 코드를 찍어 문제를 더 풀어 볼 수 있습니다.

3단계

익힘책 문제 연습

익힘 유형 문제를 풀어 보면서 **실력**을 키워요.

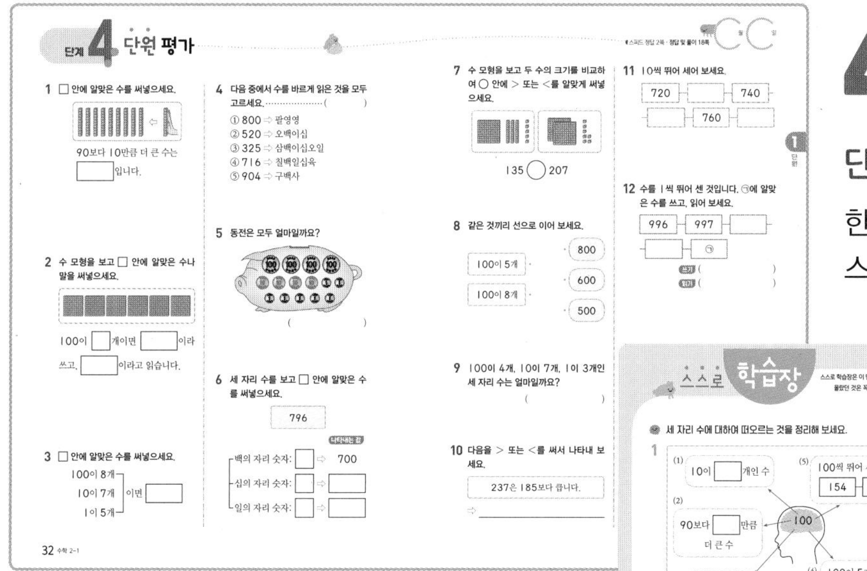

4단계

단원 평가

한 단원을 마무리하며 스스로 **실력 체크**를 해요.

한 단원을 학습한 후 내가 무엇을 알고 무엇을 모르는지 **확인하는 코너**입니다.

차례

등장인물

아인슈타인

20세기 최고의 과학자.
수학과 과학에 뛰어난 재능을 보이며
많은 사람들의 존경을 받는다.

나로 / 재아

나로
재아의 친구.
호기심이 많고 장난끼 많은
성격으로 아인슈타인을
도와 문제를 해결한다.

재아
나만재 박사의 딸.
수학은 잘 못하지만
항상 밝고 긍정적인
성격의 9세 소녀.

나만재 박사

아인슈타인을 존경하는 과학자.
엉뚱한 상상과 발명으로 괴짜 과학자로
불리며 재아의 아빠이다.

복면엑스 / 트롯

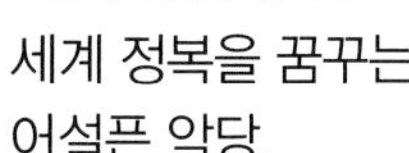

복면엑스
세계 정복을 꿈꾸는
어설픈 악당.

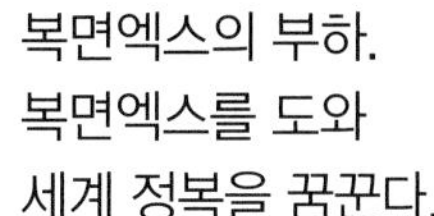

트롯
복면엑스의 부하.
복면엑스를 도와
세계 정복을 꿈꾼다.

프롤로그

2130년
나만재 박사 연구소
드디어 완성이다.

이 위대한 발명품을
내가 만들다니!!

지난 10년간의
연구가 드디어 결실을
맺었구나.

참, 내가 이러고
있을 때가 아니지!

이 휴대 전화를 과거로
보내 아인슈타인 박사님을
만나야지!

자! 과거로 가거라!!
번
쩍

1930년 아인슈타인 사무실
시간 여행을 하려면
빛의 속도로….

번
쩍
헉!!

이… 이건 뭐지?
벌
떡

이 기계는
휴대 전화라 하며
사용 방법은….
사용 설명서
부스럭

이것이 200년 후의
기계란 말인가?
탕!

여길 눌러
볼까?
꾸욱

우 웅~
뭐… 뭐야! 갑자기
진동이 울리잖아.
휙
우 웅~
이게 전화가
걸려온 건가?
빼꼼
우 웅-
일단 이걸 눌러 보자.
안녕하세요.
아인슈타인 박사님!!
당신은 누구십니까?
박사님,
저는….
박사님이
만드신 발명품은 대체
뭘까?
2130년
글쎄?
시간 여행을 할 수
있는 거라셨어.
시간 여행?
그럼 타임머신을
만드신 걸 거야!
타임머신?
영화에 나오잖아!
과거나 미래로 갈 수
있는 거 말이야.
아~ 알아!
우아~
박사님
정말 멋지다.
나로야~
넌 어디로
가고 싶어?
난 공룡 시대를
탐험해 보고 싶어!
난 과거로 가서
왕자님을 만날 거야!
우리 어서
박사님께
가 보자!
그래!!

1 세 자리 수

QR 코드를 찍어 개념 동영상 강의를 보세요. 게임도 하고 문제도 풀 수 있어요.

이번에 배울 내용

- 백 알아보기
- 몇백 알아보기
- 세 자리 수 알아보기
- 각 자리의 숫자가 나타내는 값
- 뛰어 세기
- 수의 크기 비교하기

10점?
이… 이게 정말
점수란 말인가?
허걱!
그렇다면 나로는
몇 점이니?
전 90점
이에요.
90은 얼마야?
10이 9개인 수가 90이야.
90은 구십 또는 아흔
이라고 읽어.
90(구십, 아흔)
아~
90은 십 모형이
9개이구나.
우리 딸…
이대로 괜찮을까?
나로는 수학을
잘 하는구나.
아니… 뭘
재아가 정말로
수학 바보가 되면
어쩌지?
안돼!!
그럴 순 없어!
박사님이
왜 저러시지?
글쎄?
그래, 그 방법을
써야겠어.
2130년 현재
아인슈타인 박사님!!
도와주세요.
내가 무엇을 도와
주면 되겠소?
그러니까….
소곤 소곤
박사,
큰 소리로 말해
주게. 하나도
안 들리네~.

1단계 교과서 개념
백을 알아볼까요

개념 클릭

• 백 알아보기

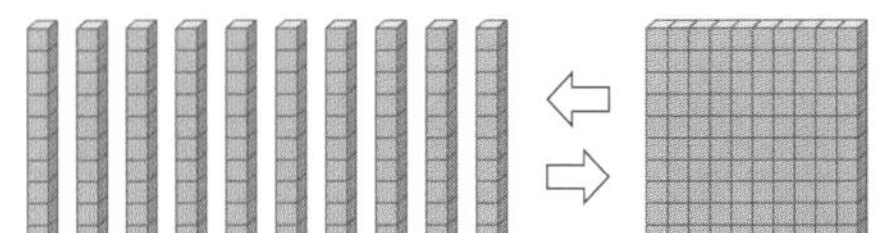

90보다 10만큼 더 큰 수는 100입니다.
10이 10개이면 100입니다.
100은 백이라고 읽습니다.

정답 | ❶ 1

(1~3) 달걀이 10개씩 10묶음 있습니다. 달걀은 모두 몇 개인지 알아보세요.

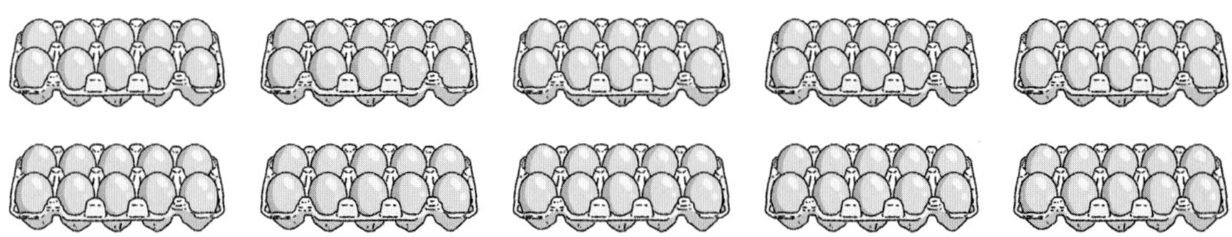

1 달걀을 10개씩 세어 보세요.

10−20−30−40−□−□−70−80−□−□

2 90보다 10만큼 더 큰 수를 쓰고 읽어 보세요.

쓰기 ( ), 읽기 ( )

3 달걀은 모두 몇 개일까요? ( )

(4~5) □ 안에 알맞은 수를 써넣으세요.

4

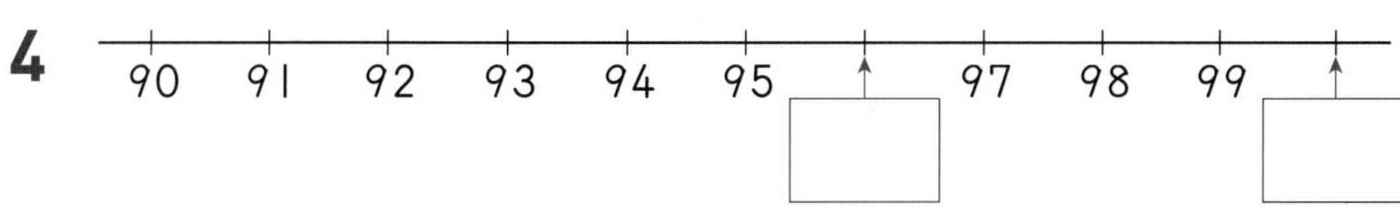

5

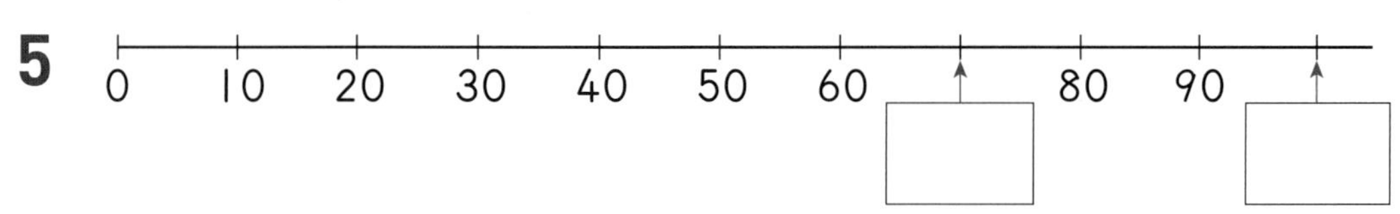

단계 1

교과서 개념

몇백을 알아볼까요

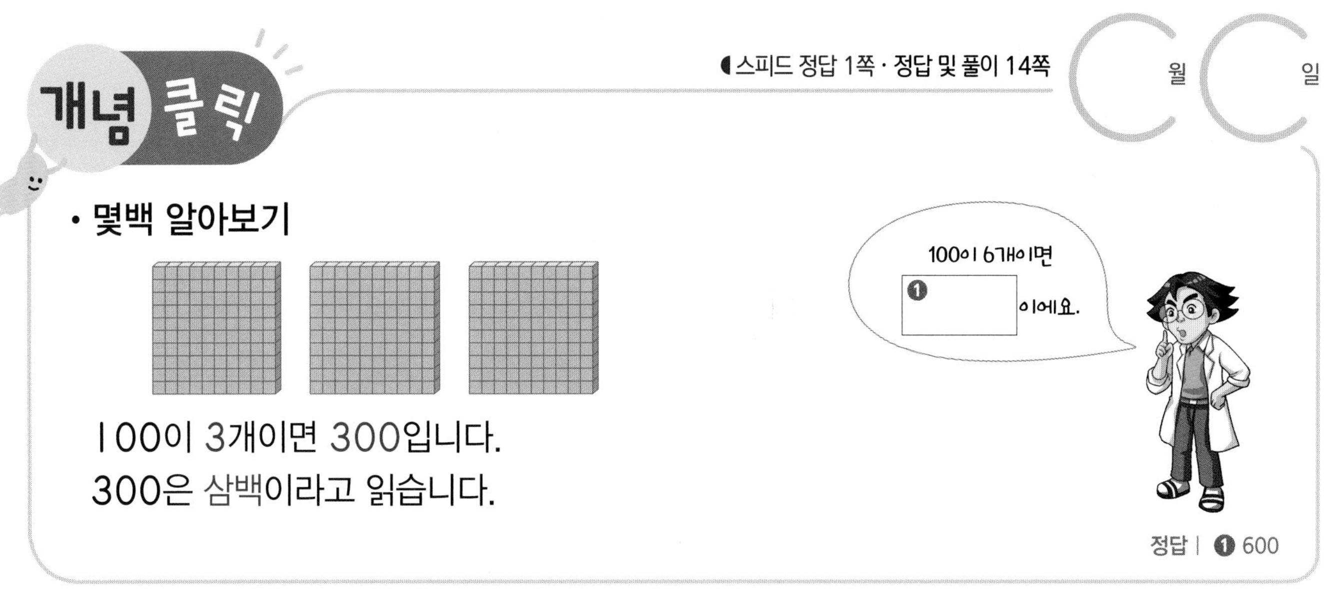
개념 클릭
100이 6개이면
❶
이에요.

• 몇백 알아보기

100이 3개이면 300입니다.
300은 삼백이라고 읽습니다.

정답 | ❶ 600

(1~2) 수 모형을 보고 □ 안에 알맞은 수를 써넣으세요.

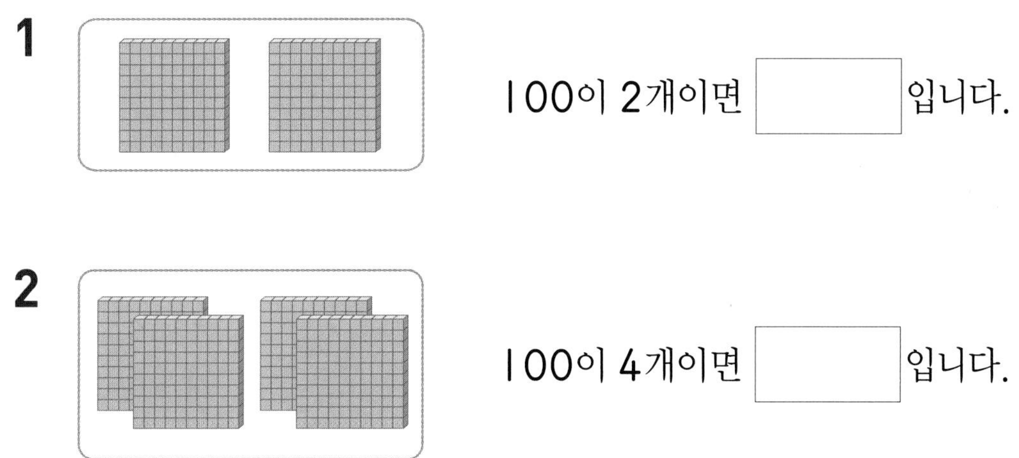

1 100이 2개이면 □ 입니다.

2 100이 4개이면 □ 입니다.

(3~4) 수 모형이 나타내는 수를 쓰고 읽어 보세요.

200은 둘백,
300은 셋백, ….
틀렸단다.
이백, 삼백, ….
이라고 읽어야지.

3

쓰기 (　　　　　　　　)

읽기 (　　　　　　　　)

4

쓰기 (　　　　　　　　)

읽기 (　　　　　　　　)

단계 2 개념 집중 연습

백 알아보기

(1~2) 수 모형을 보고 ☐ 안에 알맞은 수를 써넣으세요.

1

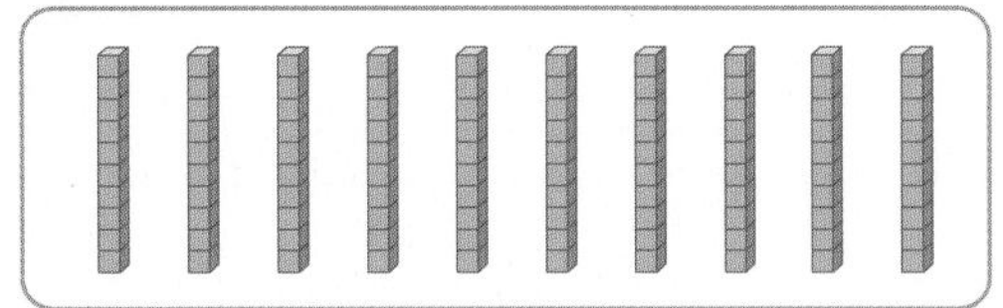

10이 10개이면 ☐ 입니다.

2

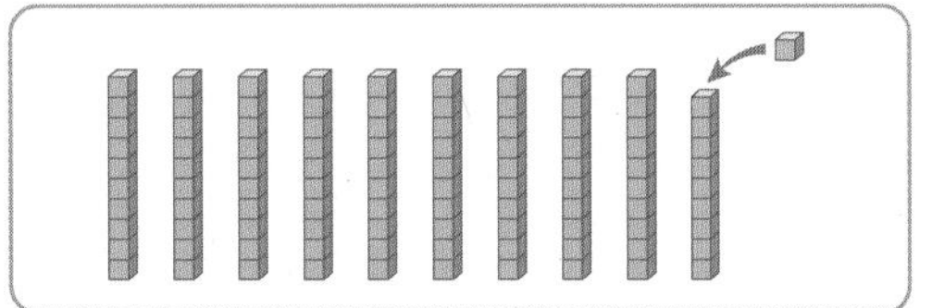

99보다 1만큼 더 큰 수는 ☐ 입니다.

(3~5) ☐ 안에 알맞은 수를 써넣으세요.

3 10이 ☐ 개이면 100입니다.

4 90보다 ☐ 만큼 더 큰 수는 100입니다.

5 ☐ 은/는 99보다 1만큼 더 큰 수입니다.

(6~7) ☐ 안에 알맞은 수를 써넣으세요.

6

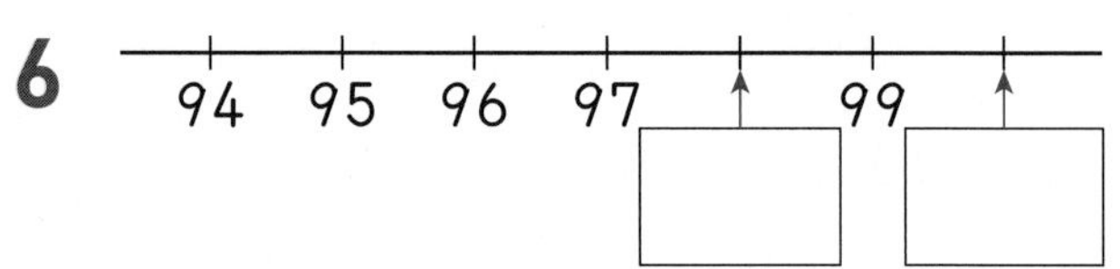

7

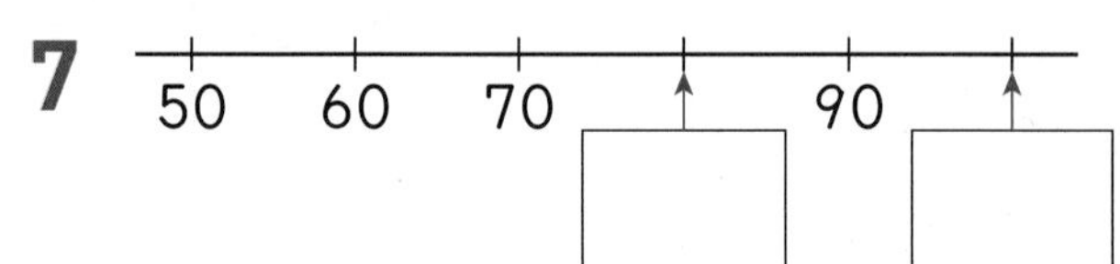

몇백 알아보기

(8~9) 수 모형을 보고 ☐ 안에 알맞은 수를 써넣으세요.

8

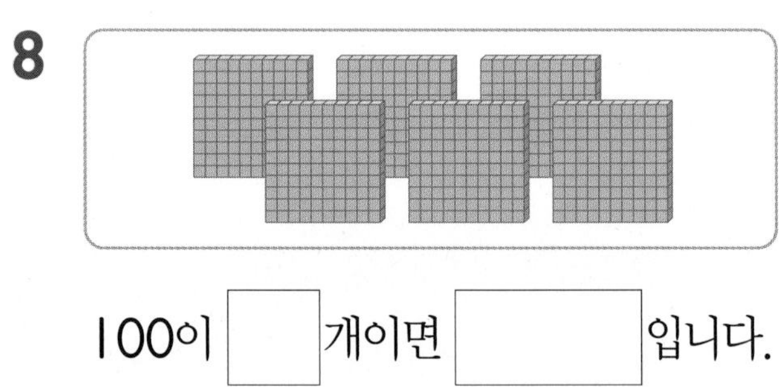

100이 ☐ 개이면 ☐ 입니다.

9

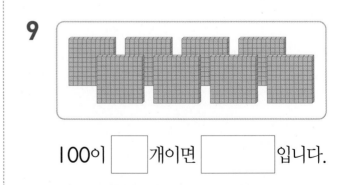

100이 ☐ 개이면 ☐ 입니다.

[10~12] □ 안에 알맞은 수를 써넣으세요.

10 100이 3개이면 □ 입니다.

11 100이 □ 개이면 700입니다.

12 100이 4개이면 □ 입니다.

[13~15] 수를 읽어 보세요.

13 200 ⇨ ( )

14 400 ⇨ ( )

15 700 ⇨ ( )

[16~18] 수로 써 보세요.

16 육백 ⇨ ( )

17 삼백 ⇨ ( )

18 구백 ⇨ ( )

[19~20] 나타내는 수를 쓰고 읽어 보세요.

19

100이 5개	
쓰기	읽기

20

100이 8개	
쓰기	읽기

1단계 교과서 개념

세 자리 수를 알아볼까요

개념 클릭

• 세 자리 수 알아보기

백 모형	십 모형	일 모형
100이 3개	10이 2개	1이 ❶ 개

100이 3개, 10이 2개, 1이 4개이면 324입니다.
324는 삼백이십사라고 읽습니다.

정답 | ❶ 4

1 수 모형을 보고 □ 안에 알맞은 수나 말을 써넣으세요.

백 모형	십 모형	일 모형

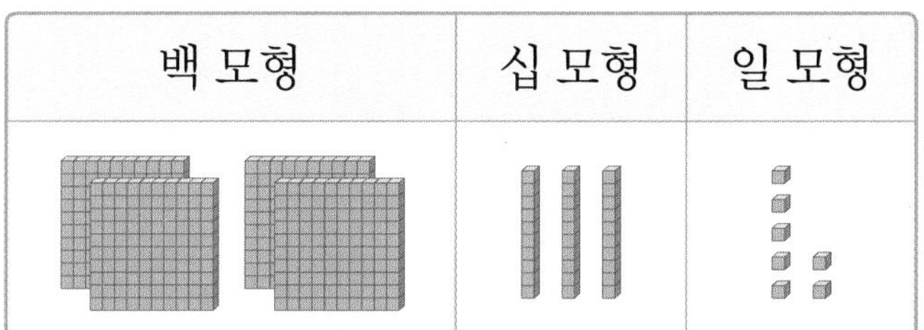

407은
어떻게 읽죠?
사백칠!
숫자가 0인 자리는
읽지 않아.

100이 4개, 10이 3개, 1이 7개이면 □ 이고

□ (이)라고 읽습니다.

(2~5) □ 안에 알맞은 수를 써넣으세요.

2 100이 4개, 10이 5개, 1이 9개 이면 □

3 100이 7개, 10이 0개, 1이 3개 이면 □

4 100이 6개, 10이 4개, 1이 0개 이면 □

5 100이 3개, 10이 9개, 1이 2개 이면 □

1단계 교과서 개념

각 자리의 숫자는 얼마를 나타낼까요

스피드 정답 1쪽 · 정답 및 풀이 15쪽

월 일

개념 클릭

• **각 자리의 숫자가 나타내는 값**

백의 자리	십의 자리	일의 자리
4	3	5

⇩

4	0	0
	3	0
		5

4는 백의 자리 숫자이고, 400을 나타냅니다.
3은 십의 자리 숫자이고, 30을 나타냅니다.
5는 일의 자리 숫자이고, 5를 나타냅니다.
$435=400+30+5$

429에서 4는
❶ ☐의 자리 숫자이고,
❷ ☐을/를 나타내요.

정답 | ❶ 백 ❷ 400

1 ☐ 안에 알맞은 수를 써넣으세요.

백의 자리	십의 자리	일의 자리
5	2	7

⇩

5	0	0
	2	0
		7

527에서
- 5는 백의 자리 숫자이고, ☐을/를
- 2는 십의 자리 숫자이고, ☐을/를
- 7은 일의 자리 숫자이고, ☐을/를

나타냅니다.

(2~3) 빈칸에 알맞은 수를 써넣으세요.

2

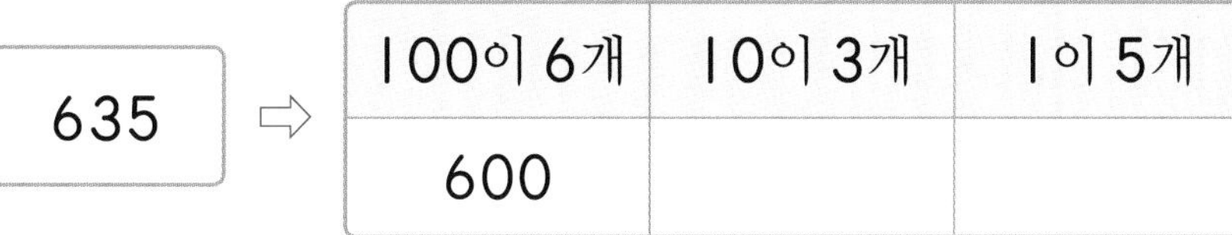

635 ⇨

100이 6개	10이 3개	1이 5개
600		

$635=600+$ ☐ $+$ ☐

같은 숫자여도
자리에 따라 나타내는
값이 달라져요.
3 0 3
300 3

3

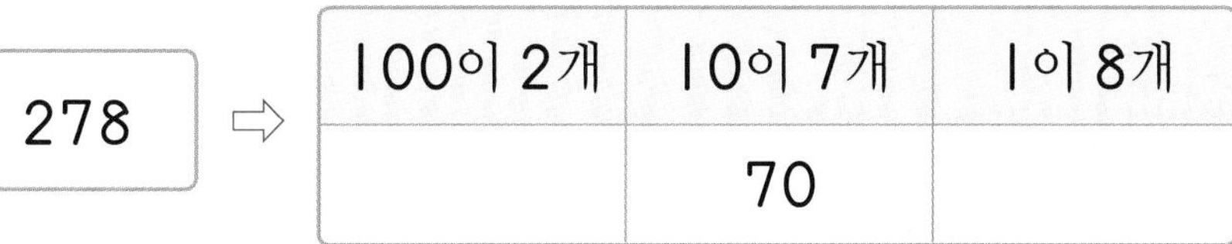

278 ⇨

100이 2개	10이 7개	1이 8개
	70	

$278=$ ☐ $+70+$ ☐

단계 2

개념 집중 연습

세 자리 수 알아보기

[1~4] 수 모형이 나타내는 수를 써 보세요.

1

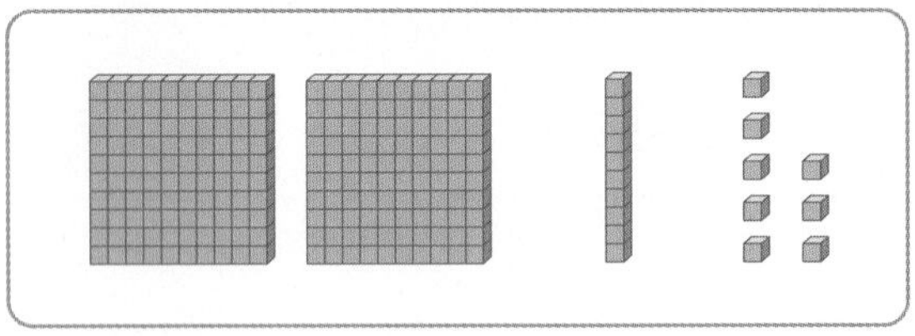

(　　　　　　)

2

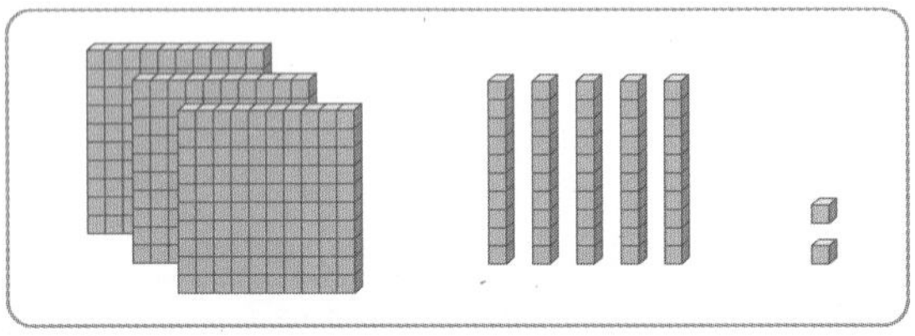

(　　　　　　)

3

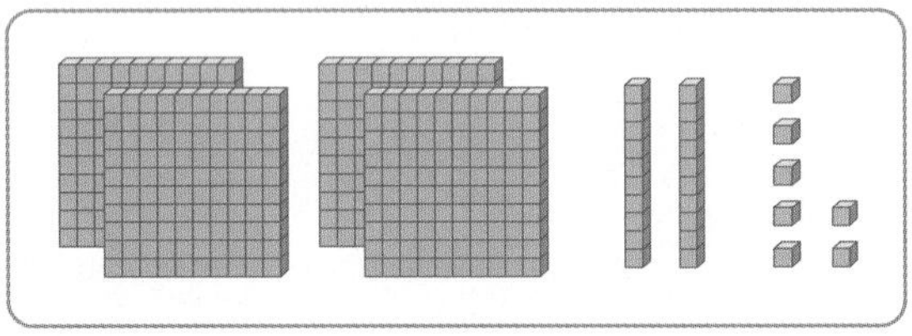

(　　　　　　)

4

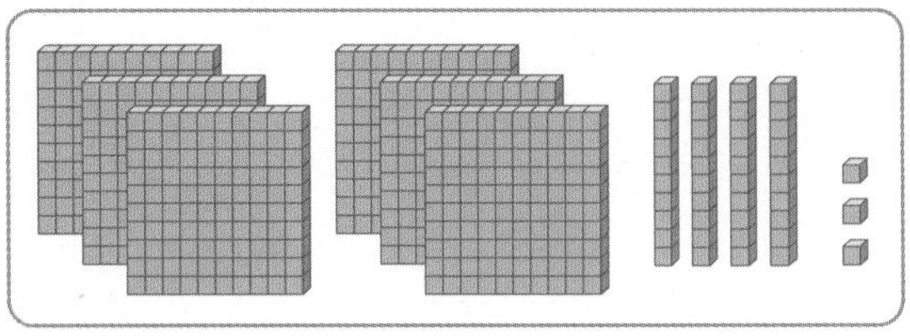

(　　　　　　)

[5~7] □ 안에 알맞은 수를 써넣으세요.

5 100이 2개, 10이 4개, 1이 9개 이면 □

6 100이 8개, 10이 2개, 1이 0개 이면 □

7 100이 3개, 10이 6개, 1이 9개 이면 □

[8~10] 수를 읽어 보세요.

8 154 ⇨ (　　　　　　)

9 906 ⇨ (　　　　　　)

10 273 ⇨ (　　　　　　)

각 자리의 숫자가 나타내는 값

(11~14) □ 안에 알맞은 수를 써넣으세요.

11 497
- 백의 자리 숫자: □
- 십의 자리 숫자: □
- 일의 자리 숫자: □

12 608
- 백의 자리 숫자: □
- 십의 자리 숫자: □
- 일의 자리 숫자: □

13 315
- 3은 □ 을/를,
- 1은 □ 을/를,
- 5는 5를 나타냅니다.

14 726
- 7은 □ 을/를,
- 2는 □ 을/를,
- 6은 6을 나타냅니다.

(15~20) 빈칸에 알맞은 수를 써넣으세요.

15 537

100이 5개	10이 3개	1이 7개
500		7

537=500+□+7

16 285

100이 2개	10이 8개	1이 5개
	80	

285=□+80+□

17 429=400+□+9

18 816=□+10+□

19 635=□+□+5

20 973=□+□+3

1 단원

교과서 개념

뛰어 세어 볼까요

〈100씩 뛰어 세기〉

백의 자리 수가 1씩 커져요.

400 – 500 – 600 – 700 – 800 – 900

개념 클릭

• 뛰어 세기

100씩	500	600	700	800	900
10씩	950	960	970	980	990
1씩	995	996	997	998	999

100씩 뛰어 세면
백의 자리 수가
❶ 씩 커져요.

• 1000 알아보기

999보다 1만큼 더 큰 수는 1000입니다.
1000은 천이라고 읽습니다.

정답 | ❶ 1

1 단원

(1~4) 모두 얼마인지 알아보세요.

1 100원짜리 동전을 하나씩 세면서 빈칸에 알맞은 수를 써넣으세요. ↗100씩 뛰어 세어 보세요.

100	200	300			600	700		

2 10원짜리 동전을 하나씩 세면서 빈칸에 알맞은 수를 써넣으세요. ↗10씩 뛰어 세어 보세요.

910	920	930			960	970		

3 1원짜리 동전을 하나씩 세면서 빈칸에 알맞은 수를 써넣으세요. ↗1씩 뛰어 세어 보세요.

991	992			995		997		

1씩 뛰어 세면
일의 자리 수가
1씩 커져요.

4 999보다 1만큼 더 큰 수는 얼마일까요?

( )

1 단계

교과서 개념

수의 크기를 비교해 볼까요

으아악

얘들아,
괜찮니?
네,
괜찮아요.

미안하구나.
내가 그만 잘못
밟는 바람에….

천재도 가끔은
실수가 있는
법이지.
박사님~
으흐흐흐~

귀… 귀신!!
저희예요.
박사님!
장난인데…

난 귀신이
무섭다고~.
박사님,
저기 뒤쪽에
문이 있어요.

더 큰 수가 적힌 문을 통과하세요.
347
356
음…

두 수의 크기를 비교하려면
백, 십, 일의 자리 수끼리 차례대로
비교하면 된단다.

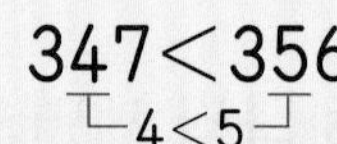

$347 < 356$

$4 < 5$

⇨ 백의 자리 수가 같으므로
십의 자리 수를 비교하면
356이 347보다 큽니다.

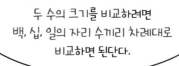

그럼
356이 347보다
큰 수네요.

화장실을
못 갔더니 배가 계속
아픈 걸~.
박사님,
이쪽이에요.
꾸륵
꾸륵

일단 여기서라도
해결할까?

나로야, 우리가
탈출했어.
응!
성공이야!

개념 클릭

• **두 수의 크기 비교하기**

높은 자리 수가 클수록 큰 수입니다.

458 (<) 613 ($4<6$)　　572 ❶ ◯ 549 ($7>4$)

• **세 수의 크기 비교하기**

620　538　618

① 백의 자리 수를 비교하면 538이 가장 작습니다.

② 620과 618을 비교하면 $620>618$이므로 620이 가장 큽니다.

⇨ $620>618>$ ❷ □

정답 | ❶ > ❷ 538

1 빈칸에 알맞은 수를 쓰고, 두 수의 크기를 비교하여 ◯ 안에 > 또는 <를 알맞게 써넣으세요.

백의 자리 수가 같으면 십의 자리 수를 비교해요.

	백의 자리	십의 자리	일의 자리
346 ⇨	3		6
328 ⇨		2	

346 ◯ 328

(2~7) 두 수의 크기를 비교하여 ◯ 안에 > 또는 <를 알맞게 써넣으세요.

2 546 ◯ 679

3 265 ◯ 465

4 832 ◯ 897

5 483 ◯ 469

6 327 ◯ 326

7 578 ◯ 576

단계 2 개념 집중 연습

뜀어 세기

[1~3] 100씩 뛰어 세어 보세요.

1
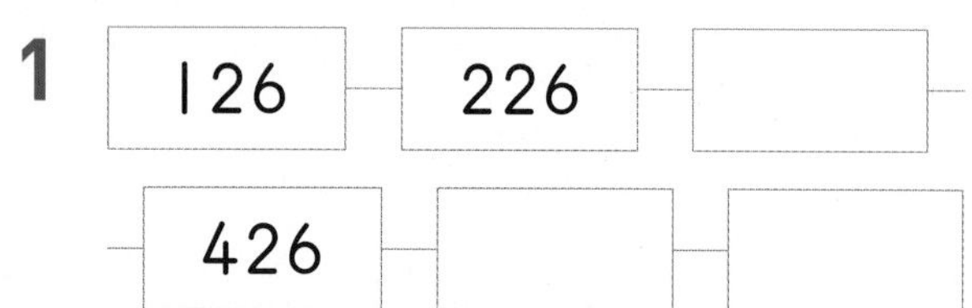
126 — 226 — □ — 426 — □ — □

2
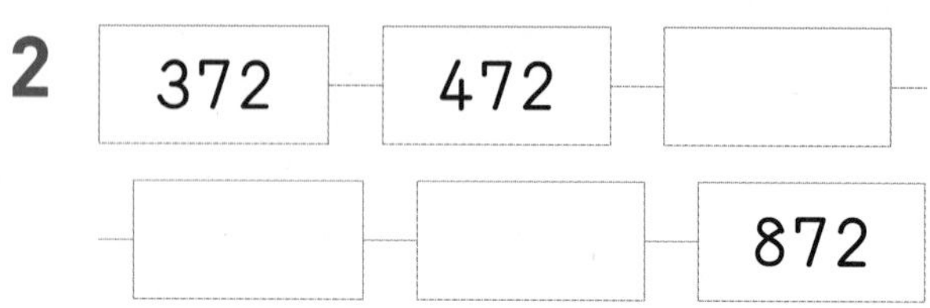
372 — 472 — □ — □ — □ — 872

3
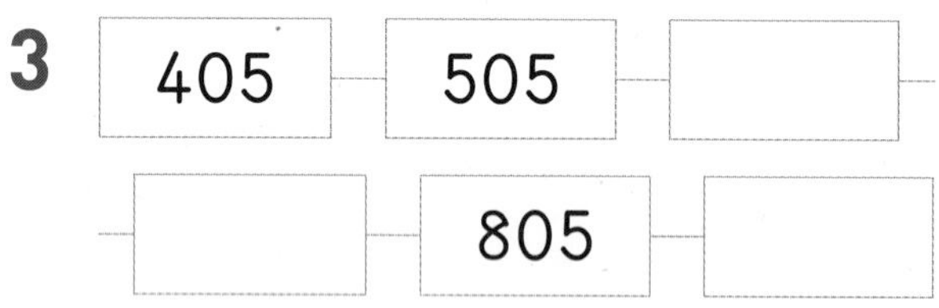
405 — 505 — □ — □ — 805 — □

[4~6] 10씩 뛰어 세어 보세요.

4
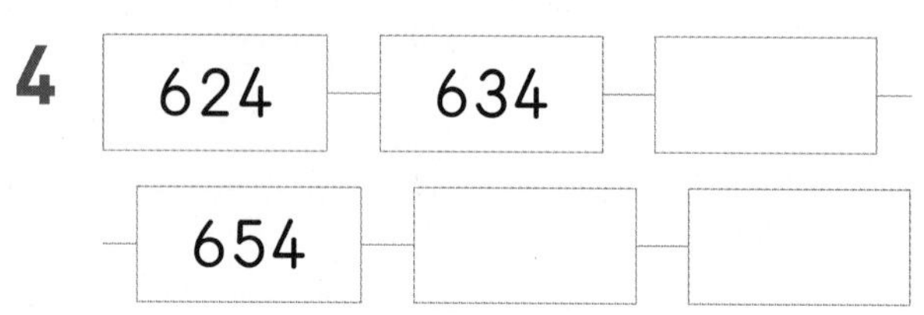
624 — 634 — □ — 654 — □ — □

5
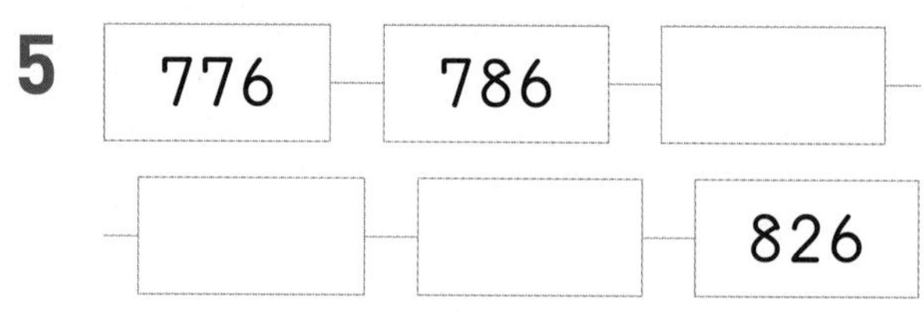
776 — 786 — □ — □ — □ — 826

6
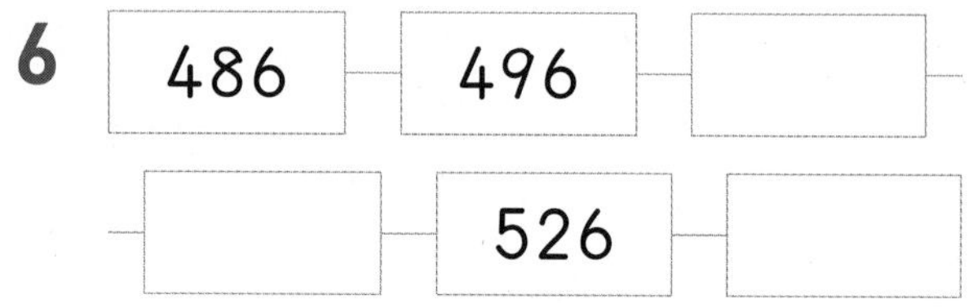
486 — 496 — □ — □ — 526 — □

[7~9] 1씩 뛰어 세어 보세요.

7
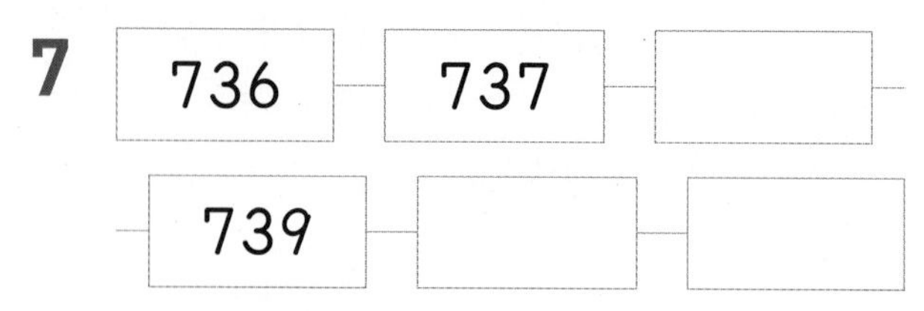
736 — 737 — □ — 739 — □ — □

8
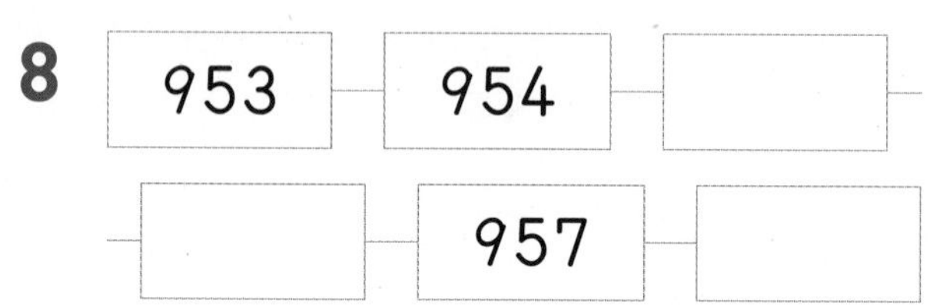
953 — 954 — □ — □ — 957 — □

9
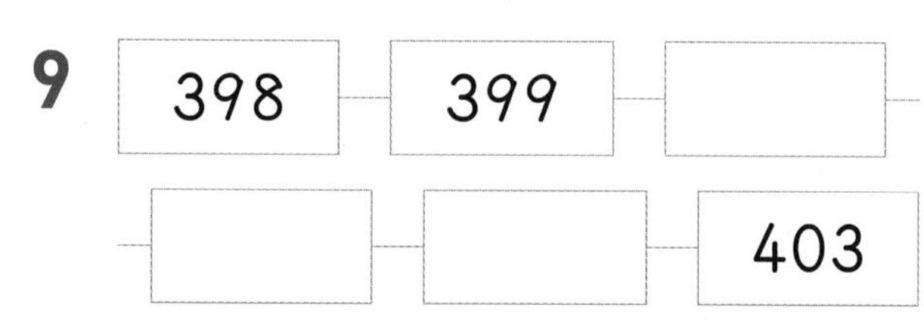
398 — 399 — □ — □ — □ — 403

[10~11] 뛰어 세는 규칙을 찾아 □ 안에 알맞은 수를 써넣으세요.

10
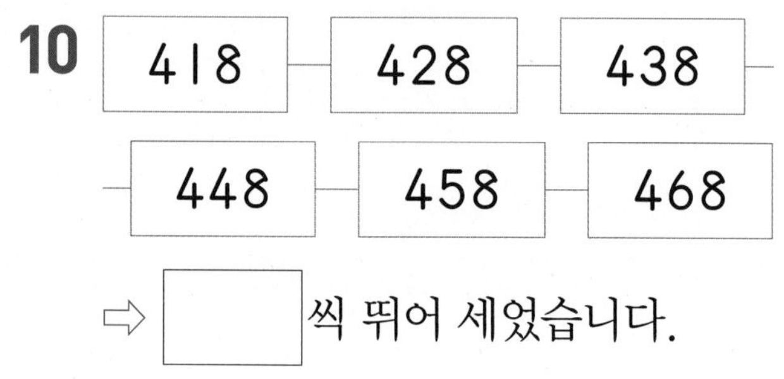
418 — 428 — 438 — 448 — 458 — 468

⇨ □씩 뛰어 세었습니다.

11
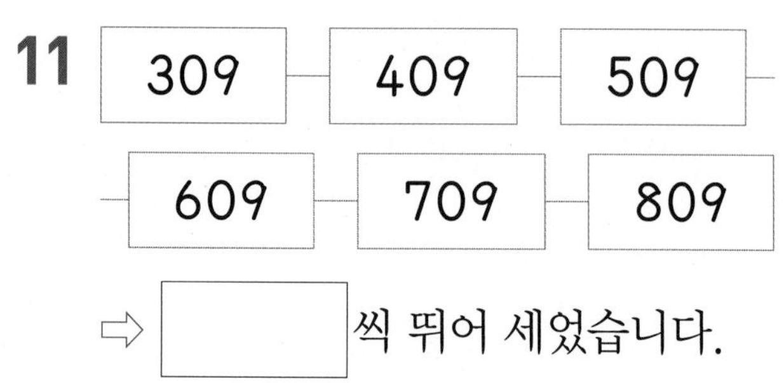
309 — 409 — 509 — 609 — 709 — 809

⇨ □씩 뛰어 세었습니다.

수의 크기 비교하기

[12~13] 수 모형을 보고 두 수의 크기를 비교하여 ◯ 안에 > 또는 <를 알맞게 써넣으세요.

12

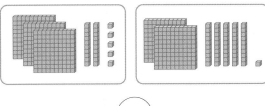

325 ◯ 251

13

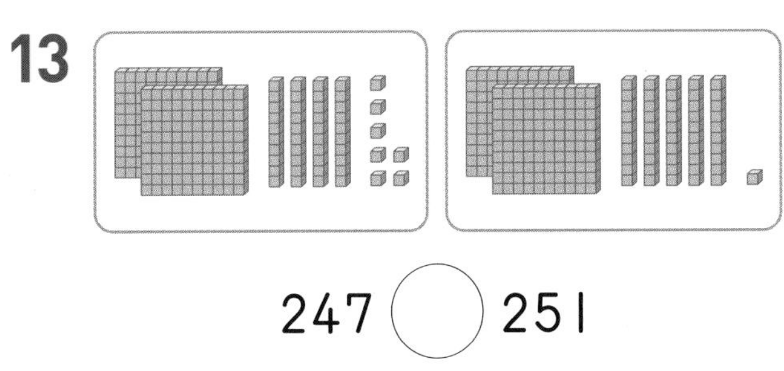

247 ◯ 251

[14~20] 두 수의 크기를 비교하여 ◯ 안에 > 또는 <를 알맞게 써넣으세요.

14 527 ◯ 943

15 829 ◯ 827

16 902 ◯ 930

17 241 ◯ 284

18 580 ◯ 584

19 925 ◯ 907

20 481 ◯ 624

[21~23] 세 수의 크기를 비교하여 가장 큰 수를 써 보세요.

21

640	376	682

( )

22

583	524	406

( )

23

701	748	746

( )

단계 3 익힘 문제 연습

1 □ 안에 알맞은 수를 써넣으세요.

(1) 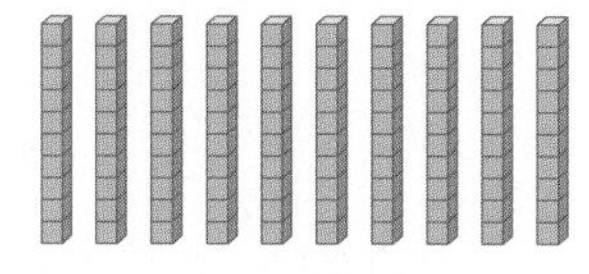

십 모형	일 모형
□개	□개

100

(2) 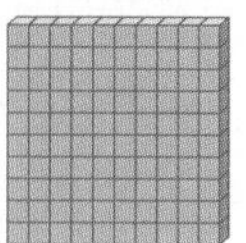

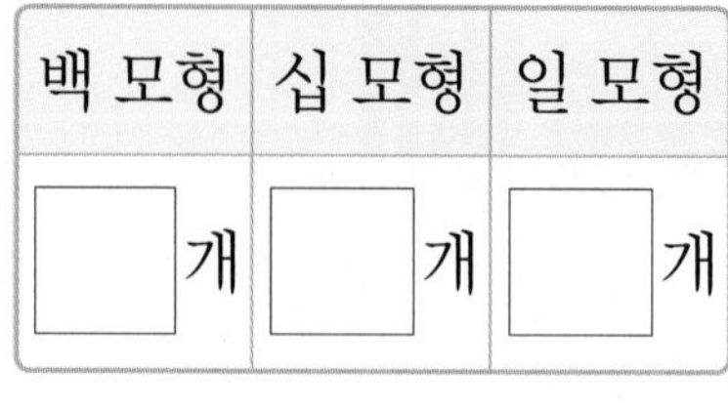

백 모형	십 모형	일 모형
□개	□개	□개

□

다시 확인

- 100 ─ 일 모형이 100개 / 십 모형이 10개 / 백 모형이 1개

2 □ 안에 알맞은 수를 써넣으세요.

(1) 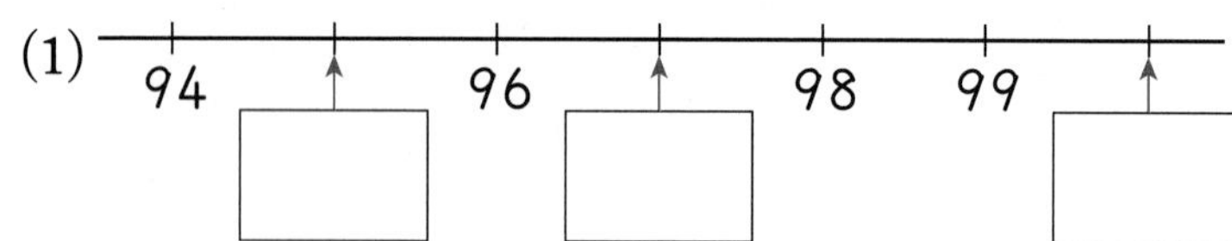

(2) 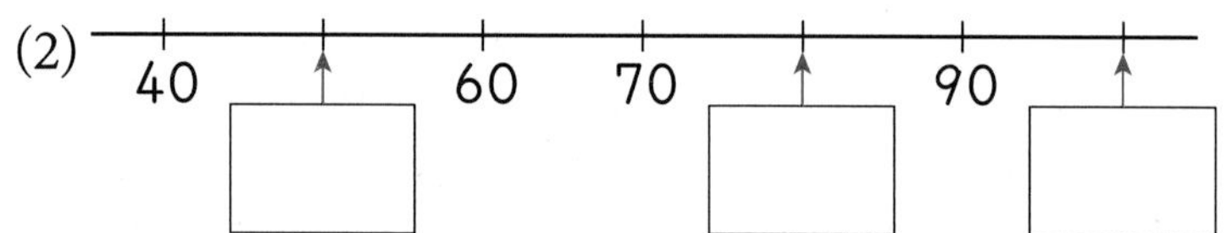

3 수 모형을 보고 □ 안에 알맞은 수를 써넣으세요.

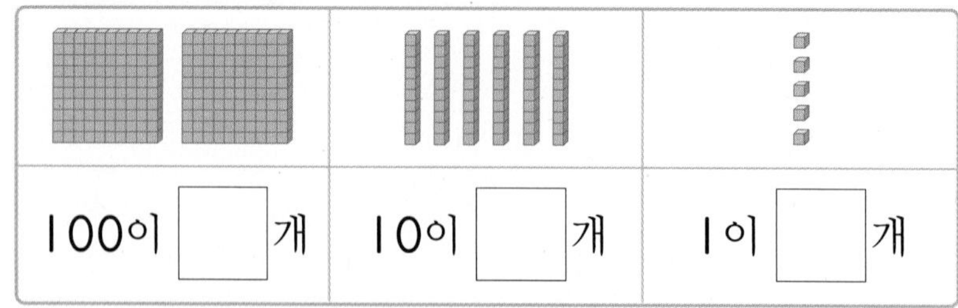

100이 □개	10이 □개	1이 □개

⇨ □

- 100이 ▲개 ⇨ ▲00
  10이 ■개 ⇨ ■0
  1이 ●개 ⇨ ●
  ⇨ ▲■●

4 수를 읽어 보세요.

(1) 500 (2) 900

( ) ( )

다시 확인

1 단원

5 □ 안에 수로 써 보세요.

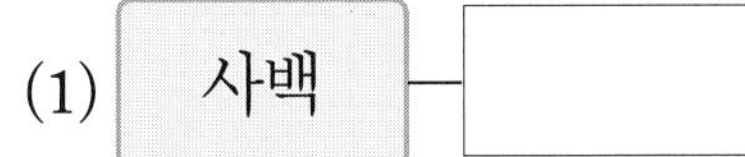

(1) 사백 — □ (2) 팔백 — □

몇백을 수로 나타낼 때에는 몇을 숫자로 나타낸 후 0을 2개 붙여요.

6 설명이 옳은 것은 ○표, 틀린 것은 ×표 하세요.

(1) 100이 6개이면 60입니다. ······ ( )

(2) 900은 100이 9개인 수입니다. ······ ( )

7 □ 안에 알맞은 수를 써넣으세요.

639

백의 자리 숫자: □ ⇨ □ 을/를 나타냅니다.

십의 자리 숫자: □ ⇨ □ 을/를 나타냅니다.

일의 자리 숫자: □ ⇨ □ 을/를 나타냅니다.

• 같은 숫자라도 어느 자리에 있느냐에 따라 나타내는 값이 달라집니다.

333
- 백의 자리 숫자, 300
- 십의 자리 숫자, 30
- 일의 자리 숫자, 3

단계 3 익힘 문제 연습

8 376만큼 색칠하고 □ 안에 알맞은 수를 써넣으세요.

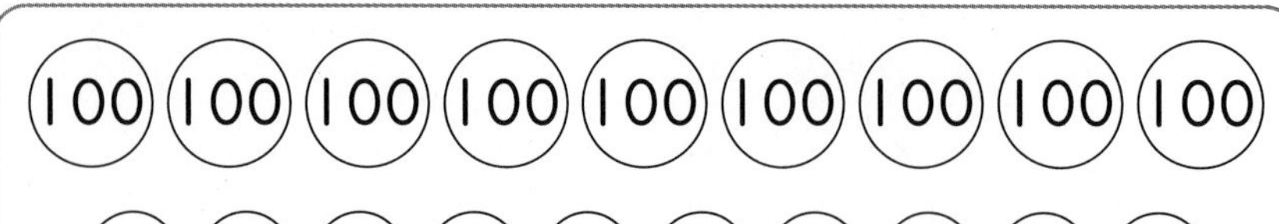

(100) (100) (100) (100) (100) (100) (100) (100) (100)

(10) (10) (10) (10) (10) (10) (10) (10) (10) (10)

(1) (1) (1) (1) (1) (1) (1) (1) (1) (1)

376= [300] + [ ] + [ ]

다시 확인

9 수를 바르게 읽은 말을 찾아 선으로 이어 보세요.

240 •	• 사백이십
402 •	• 이백사십
420 •	• 사백이

10 밑줄 친 숫자가 얼마를 나타내는지 써 보세요.

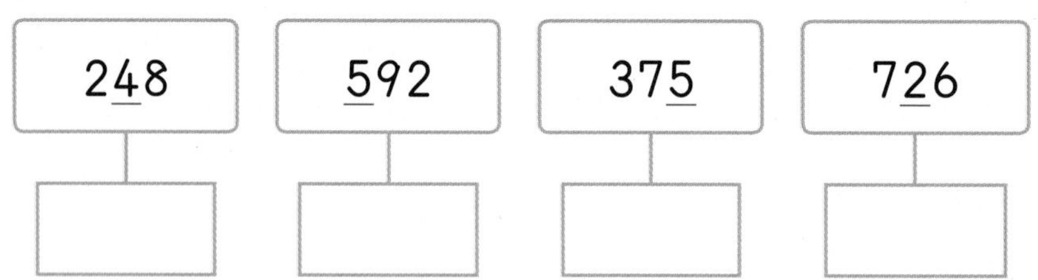

$2\underline{4}8$	$\underline{5}92$	$37\underline{5}$	$7\underline{2}6$
[ ]	[ ]	[ ]	[ ]

11 100씩 뛰어 세어 보세요.

• 100씩 뛰어 세면 백의 자리 수가 1씩 커집니다.

12 1씩 뛰어 세어 보세요.

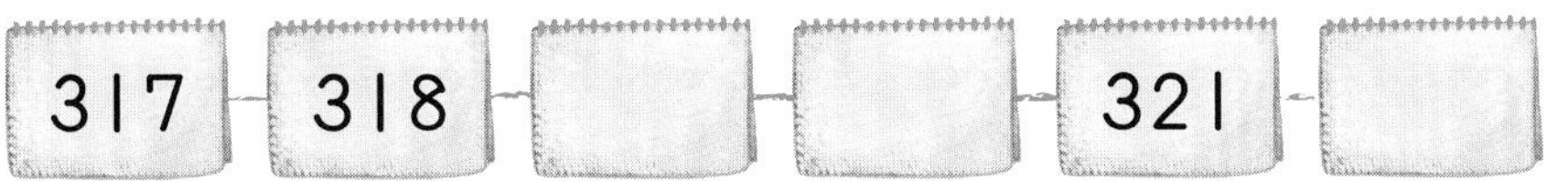

13 동하와 서윤이가 나눈 대화를 읽고 물음에 답하세요.

- 동하: 350에서 출발해서 10씩 뛰어 세었어.
- 서윤: 900에서 출발해서 100씩 거꾸로 뛰어 세었어.

(1) 동하의 방법으로 뛰어 세어 보세요.

(2) 서윤이의 방법으로 뛰어 세어 보세요.

900 – ☐ – ☐ – ☐ – ☐

14 빈칸에 알맞은 수를 쓰고, 두 수의 크기를 비교하여 ○ 안에 > 또는 <를 알맞게 써넣으세요.

	백의 자리	십의 자리	일의 자리
254 ⇨	2		
242 ⇨	2		

254 ○ 242

15 수의 크기를 비교하여 작은 수부터 차례대로 써 보세요.

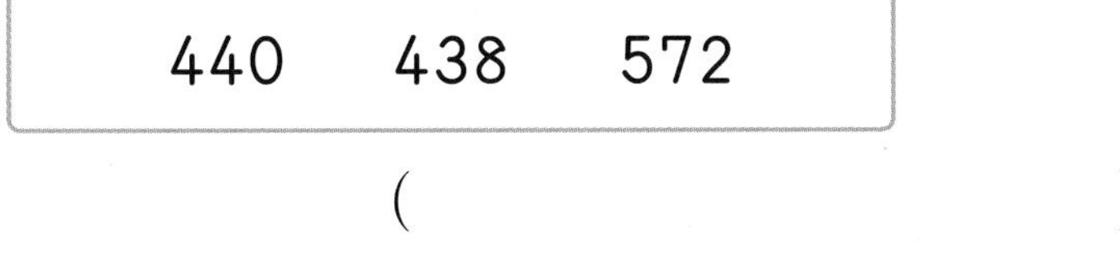

( )

다시 확인

100씩 거꾸로 뛰어 세면 백의 자리 수가 1씩 작아져요.

• 백, 십, 일의 자리 순서대로 같은 자리 수끼리 크기를 비교합니다.

1 단원

단계 4 단원 평가

1 □ 안에 알맞은 수를 써넣으세요.

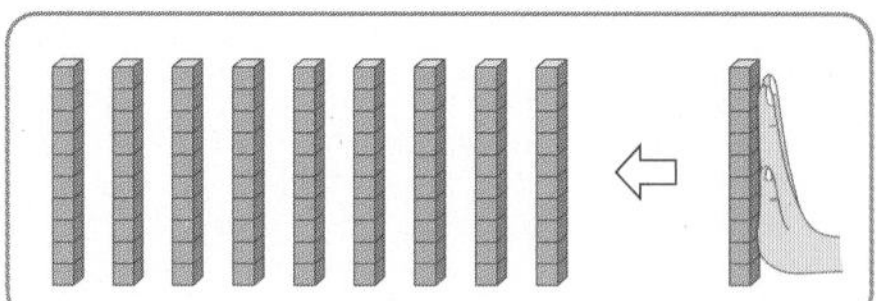

90보다 10만큼 더 큰 수는 □입니다.

2 수 모형을 보고 □ 안에 알맞은 수나 말을 써넣으세요.

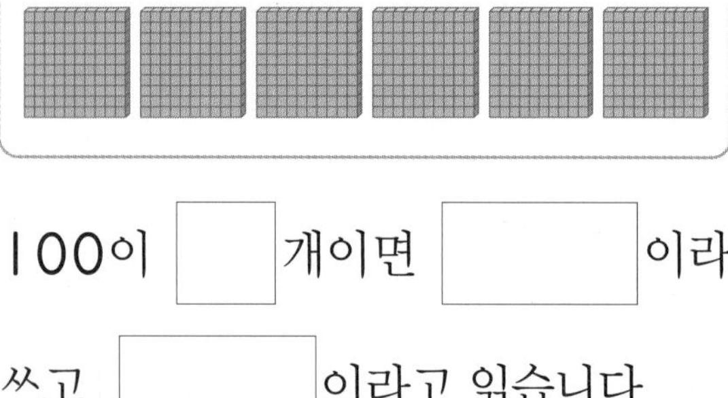

100이 □개이면 □이라 쓰고, □이라고 읽습니다.

3 □ 안에 알맞은 수를 써넣으세요.

100이 8개
10이 7개
1이 5개
이면 □

4 다음 중에서 수를 바르게 읽은 것을 모두 고르세요. ( )

① 800 ⇨ 팔영영
② 520 ⇨ 오백이십
③ 325 ⇨ 삼백이십오일
④ 716 ⇨ 칠백일십육
⑤ 904 ⇨ 구백사

5 동전은 모두 얼마일까요?

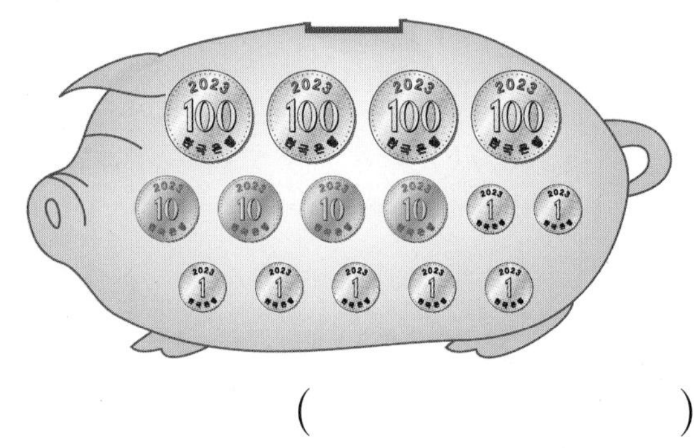

( )

6 세 자리 수를 보고 □ 안에 알맞은 수를 써넣으세요.

796

나타내는 값

백의 자리 숫자: □ ⇨ 700
십의 자리 숫자: □ ⇨ □
일의 자리 숫자: □ ⇨ □

7 수 모형을 보고 두 수의 크기를 비교하여 ○ 안에 > 또는 <를 알맞게 써넣으세요.

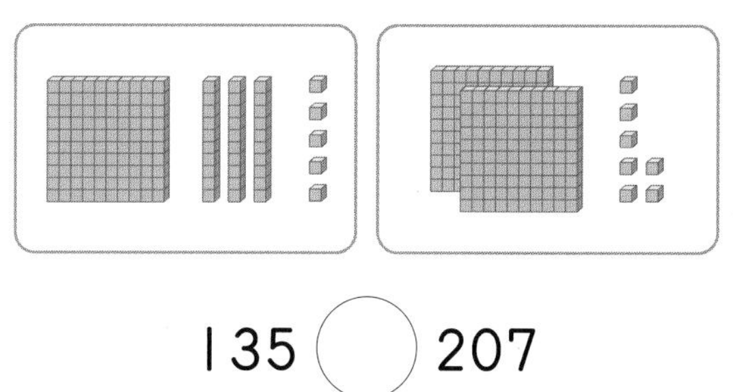

135 ○ 207

8 같은 것끼리 선으로 이어 보세요.

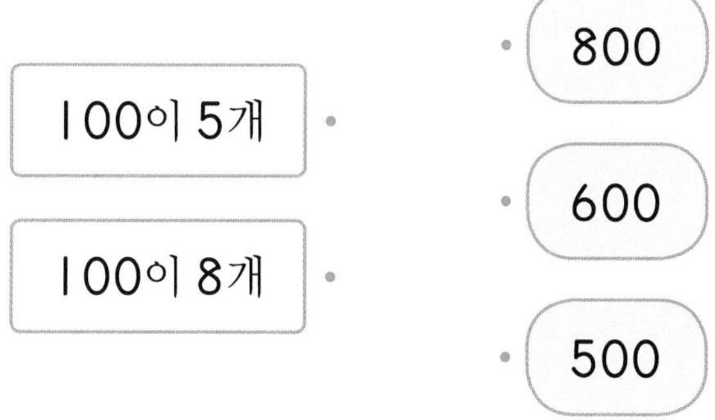

9 100이 4개, 10이 7개, 1이 3개인 세 자리 수는 얼마일까요?

(　　　　　　　)

10 다음을 > 또는 <를 써서 나타내 보세요.

237은 185보다 큽니다.

⇨ ＿＿＿＿＿＿＿＿

11 10씩 뛰어 세어 보세요.

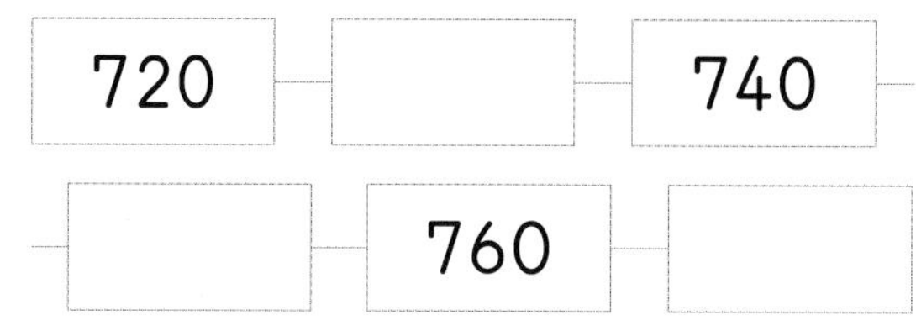

12 수를 1씩 뛰어 센 것입니다. ㉠에 알맞은 수를 쓰고, 읽어 보세요.

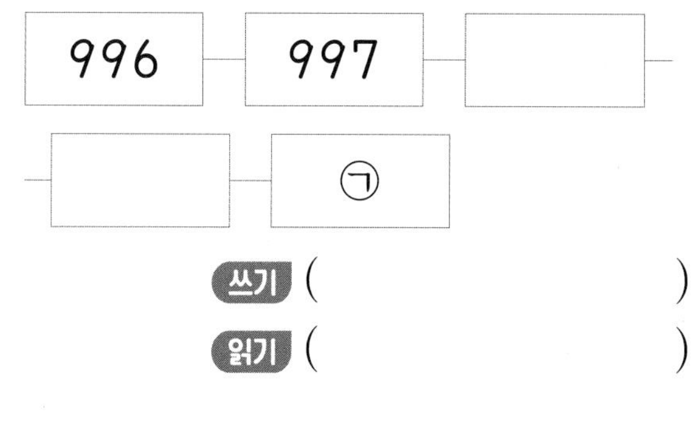

쓰기 (　　　　　　　)

읽기 (　　　　　　　)

13 두 수의 크기를 비교하여 ○ 안에 > 또는 <를 알맞게 써넣으세요.

349 ○ 372

14 백의 자리 숫자가 7인 수에 모두 ○표 하세요.

714	527	742
247	971	279

15 뛰어 세는 규칙을 찾아 빈칸에 알맞은 수를 써넣으세요.

⇨ [ ] 씩 뛰어 세었습니다.

16 숫자 6이 60을 나타내는 수를 모두 찾아 써 보세요.

261 546 627 369

( )

17 더 큰 수를 들고 있는 사람의 이름을 써 보세요.

( )

18 642를 보기 와 같이 나타내 보세요.

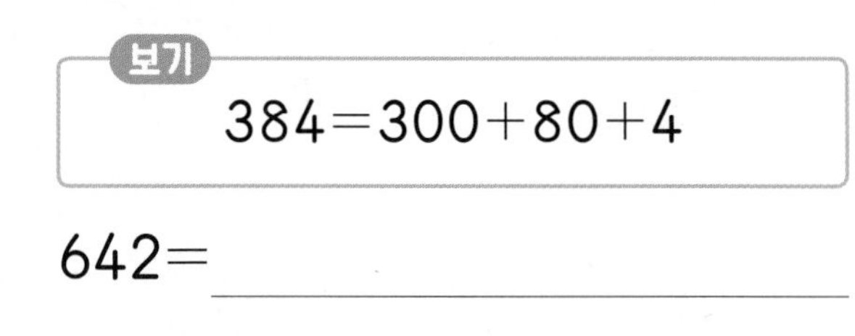

642=__________

19 가장 큰 수에 ○표, 가장 작은 수에 △표 하세요.

426 507 179 524

20 수 카드를 한 번씩만 사용하여 세 자리 수를 만들어 보세요.

5 8 3

가장 큰 세 자리 수 [ ]

가장 작은 세 자리 수 [ ]

스피드 정답 2쪽 · 정답 및 풀이 18쪽

스스로 학습장

스스로 학습장은 이 단원에서 배운 것을 확인하는 코너입니다.
몰랐던 것은 꼭 다시 공부해서 내 것으로 만들어 보아요.

세 자리 수에 대하여 떠오르는 것을 정리해 보세요.

1

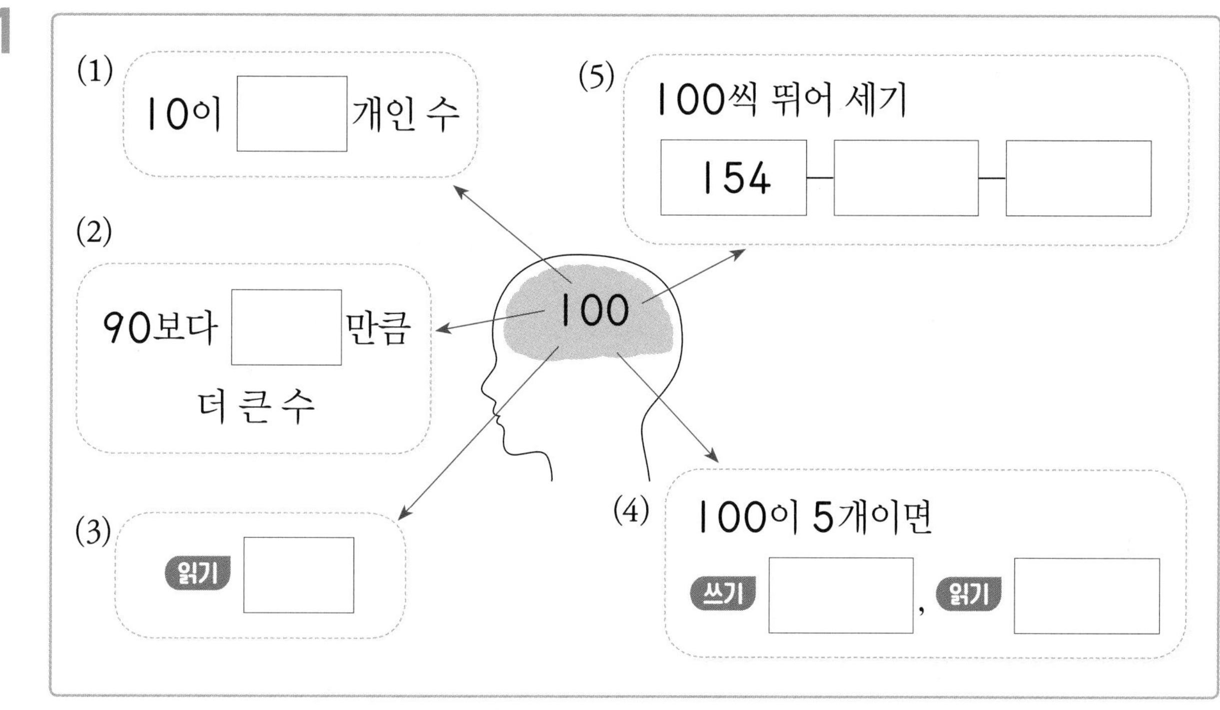
100
(1) 10이 □ 개인 수
(2) 90보다 □ 만큼 더 큰 수
(3) 읽기 □
(4) 100이 5개이면
쓰기 □, 읽기 □
(5) 100씩 뛰어 세기
154 – □ – □

2

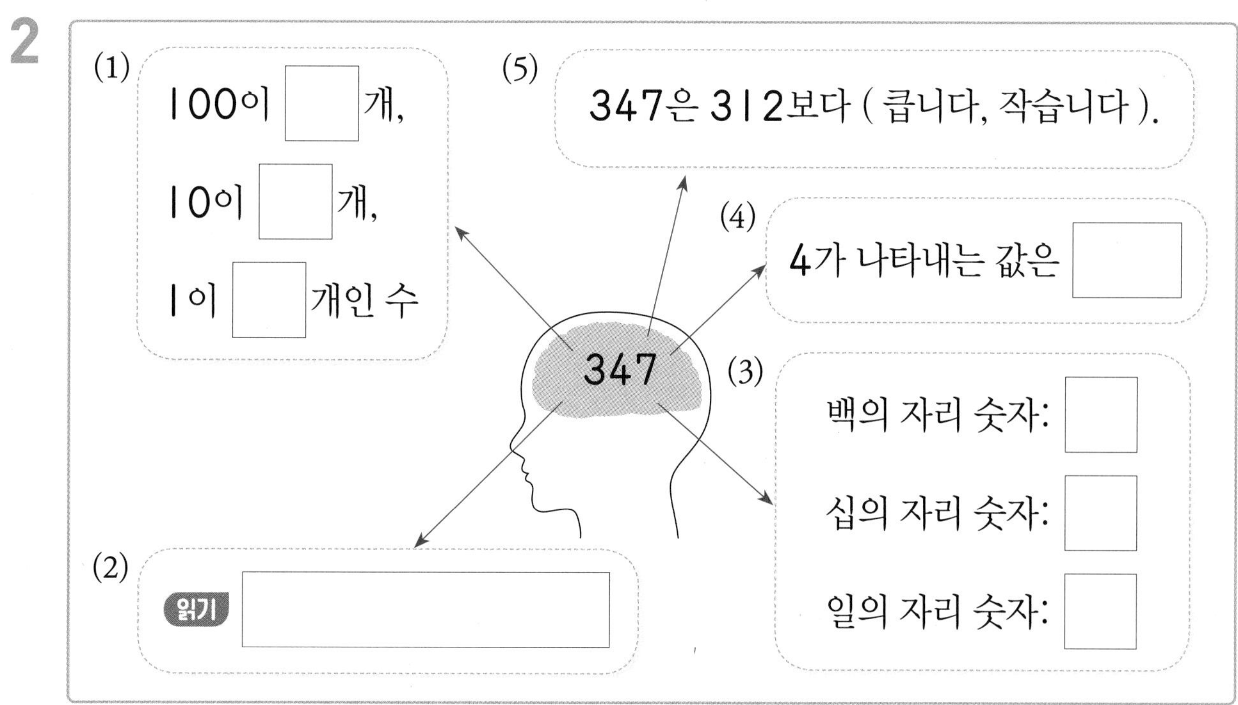
347
(1) 100이 □ 개,
10이 □ 개,
1이 □ 개인 수
(2) 읽기 □
(3) 백의 자리 숫자: □
십의 자리 숫자: □
일의 자리 숫자: □
(4) 4가 나타내는 값은 □
(5) 347은 312보다 (큽니다, 작습니다).

1 단원

2 여러 가지 도형

재아야, 여긴 어디지?

글쎄… 그런데 박사님은 어디 계시지?

내가 좀 늦었구나.

흠흠

자, 이제 악당들을 잡으러 가자!

네!!

우아~ 여긴 신기한 모양들이 많구나.

여긴 여러 가지 모양을 모아놓은 방인가 보구나.

재아, 나로야~ 각 모양에는 특징이 있단다.

모양은 뾰족한 부분이 있고 잘 쌓을 수 있지.

또, 모양은 평평한 부분과 둥근 부분이 다 있단다.

뾰족한 부분

평평한 부분

둥근 부분

QR 코드를 찍어 개념 동영상 강의를 보세요. 게임도 하고 문제도 풀 수 있어요.

이번에 배울 내용

- 삼각형, 사각형, 원
- 칠교판으로 모양 만들기
- 쌓은 모양 알아보기
- 여러 가지 모양으로 쌓기

모양은
잘 굴러가고 모든 부분이 둥글단다.
여기까지 쫓아오다니 대단하구나!
하 하하~
!
깜짝~
! !
ㅋㅋㅋ
복면엑스?
앗!
ㅋㅋㅋ~
나의 정체를 한 번에 알다니!
복면엑스!
당장 우리 아빠를 풀어줘!
그렇게 쉽게 풀어줄 수는 없지!
거기 서라!
복면엑스!
당장 멈춰!
ㅋㅋㅋ
박사님, 얼른 쫓아가요.
날 쉽게 잡을 순 없을 거다.
트롯!
저들을 막아라.
네!
이번에는 쉽게 빠져 나갈 수 없다!
우
웅

1단계 교과서 개념

삼각형을 알아보고 찾아볼까요

개념 클릭

• **삼각형 알아보기**

그림과 같은 모양의 도형을 삼각형이라고 합니다.

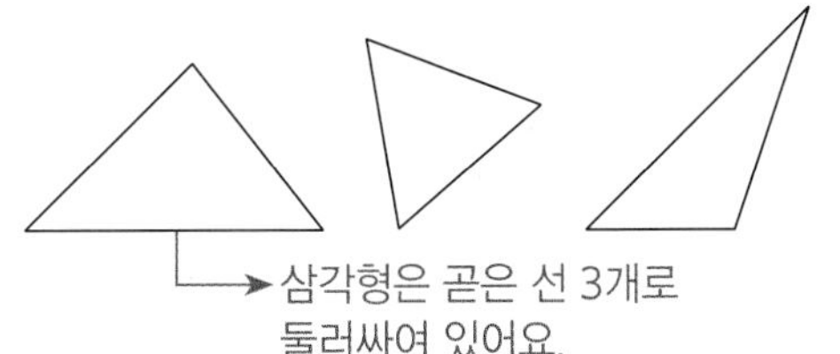
삼각형은 곧은 선 3개로
둘러싸여 있어요.

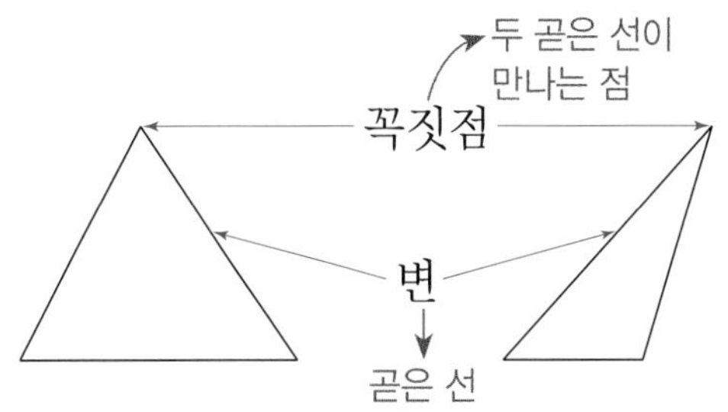
두 곧은 선이
만나는 점
꼭짓점
변
곧은 선

⇨ 삼각형은 변과 꼭짓점이 각각 ❶ ☐ 개씩 있습니다.

정답 | ❶ 3

1 그림을 보고 ☐ 안에 알맞은 말을 써넣으세요.

곧은 선 3개로
둘러싸인 도형이에요.

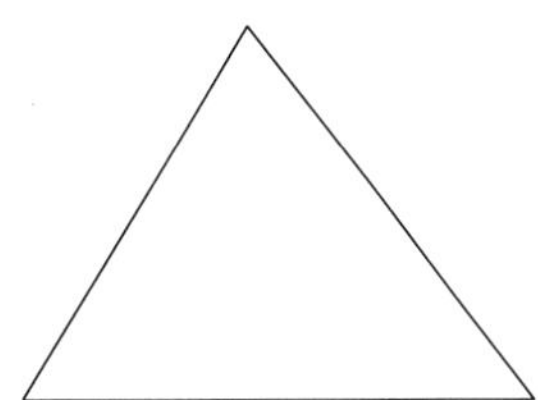

(1) 위의 그림과 같은 모양의 도형을 ☐ 이라고 합니다.

(2) 위의 도형에서 두 곧은 선이 만나는 점을 ☐, 곧은 선을 ☐ 이라고 합니다.

[2~6] 삼각형에 ○표, 삼각형이 아닌 것에 ×표 하세요.

삼각형은 곧은
선들로만 둘러싸여 있어요.

2

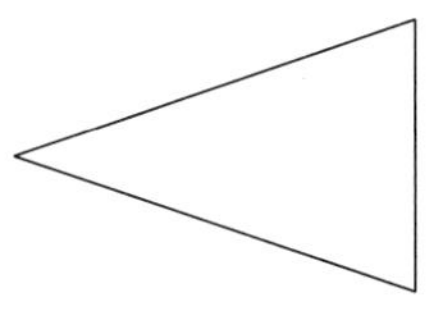

( )

3

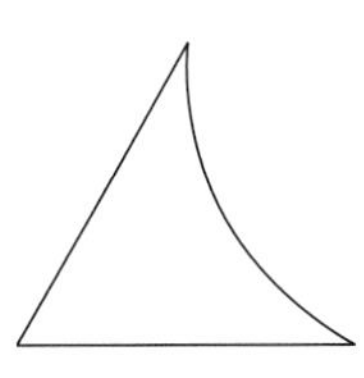

( )

4

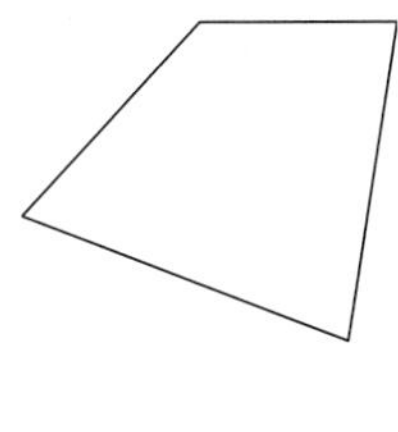

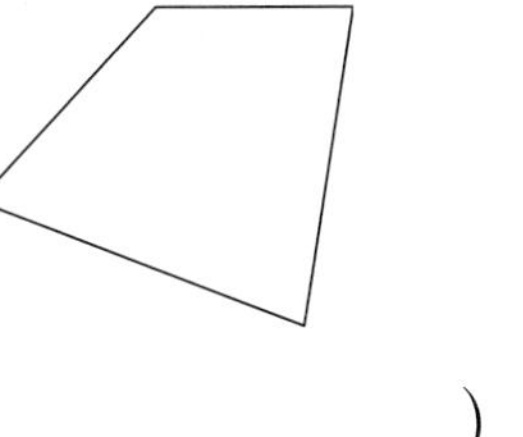

( )

5

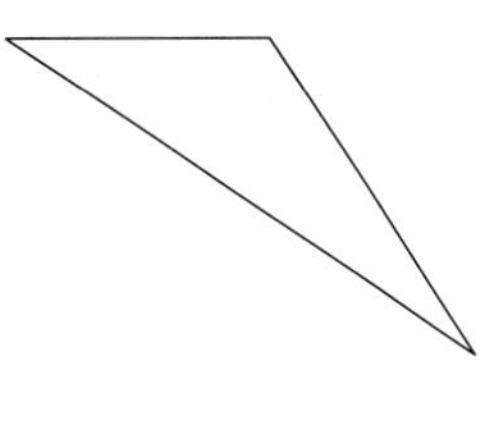

( )

6

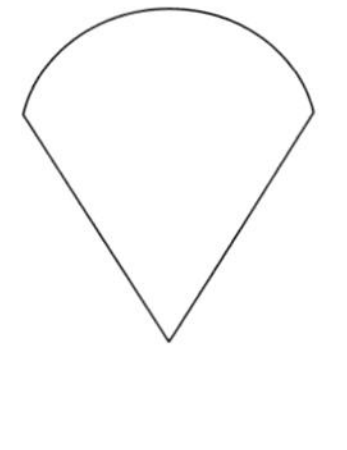

( )

단계 1 교과서 개념

사각형을 알아보고 찾아볼까요

• 사각형 알아보기

그림과 같은 모양의 도형을 사각형이라고 합니다.

사각형은 곧은 선 4개로 둘러싸여 있어요.

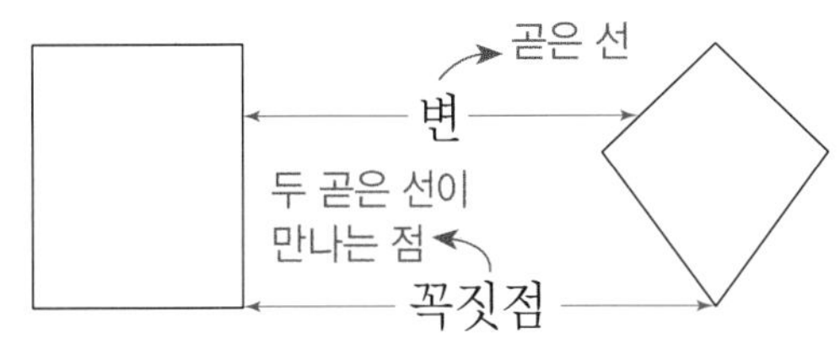

⇨ 사각형은 변과 꼭짓점이 각각 ❶ ☐ 개씩 있습니다.

정답 | ❶ 4

1 그림을 보고 알맞은 말에 ○표 하세요.

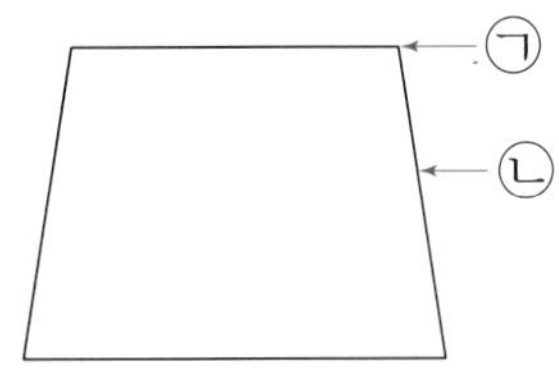

곧은 선이 4개인 도형이에요.

(1) 위의 그림과 같은 모양의 도형을 (삼각형 , 사각형 , 원)이라고 합니다.

(2) 위의 도형에서 ㉠을 (꼭짓점 , 변)이라고 하고, ㉡을 (꼭짓점 , 변)이라고 합니다.

[2~6] 사각형에 ○표, 사각형이 아닌 것에 ×표 하세요.

둘러싸여 있지 않으면 사각형이 아니에요.

2

(　　　　　　　　)

3

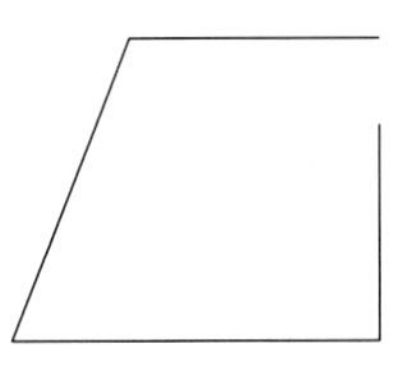

(　　　　　　　　)

4

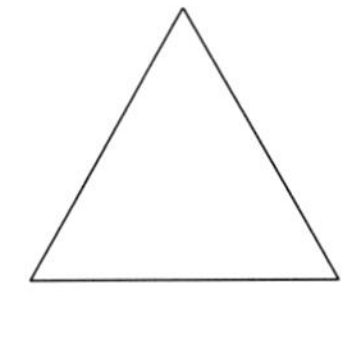

(　　　　　　　　)

5

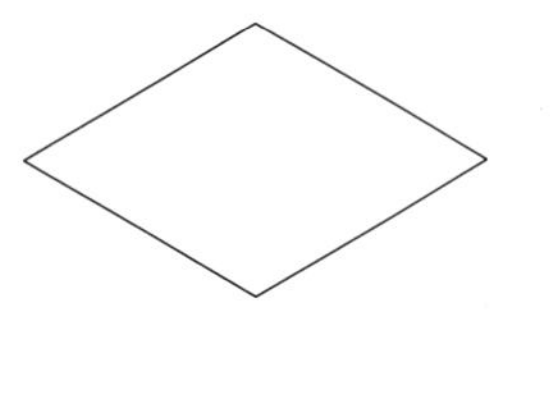

(　　　　　　　　)

6

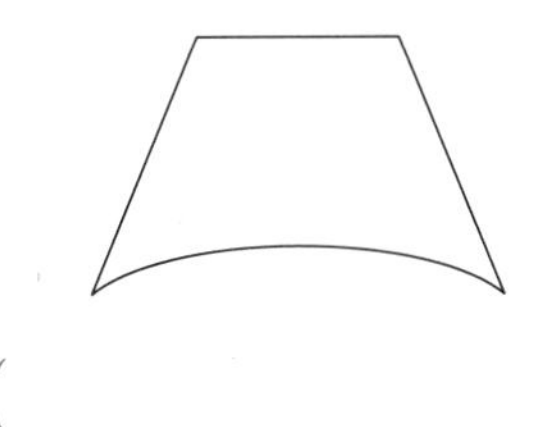

(　　　　　　　　)

단계 2 개념 집중 연습

삼각형 알아보기

[1~5] 삼각형에 ○표, 삼각형이 아닌 것에 ×표 하세요.

1

( )

2

( )

3

( )

4

( )

5

( )

6 삼각형을 모두 찾아 기호를 써 보세요.

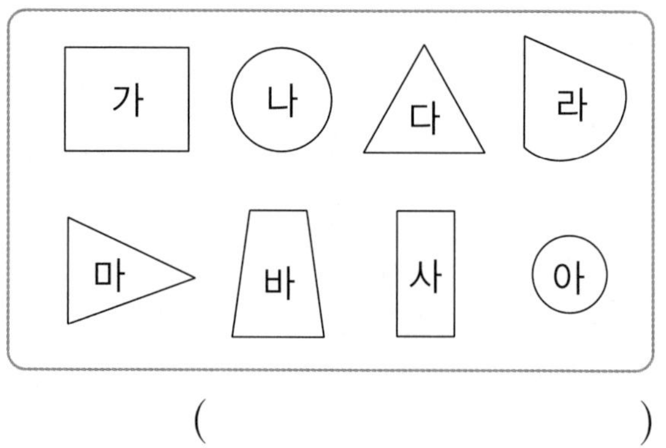

( )

7 다음 도형은 삼각형입니다. □ 안에 알맞은 말을 써넣으세요.

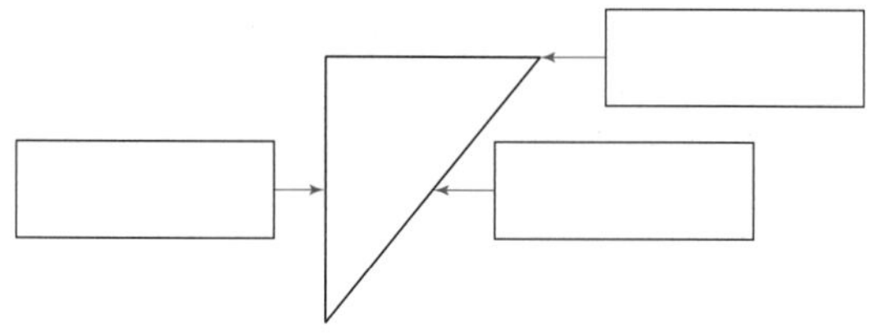

[8~9] 다음 삼각형을 보고 물음에 답하세요.

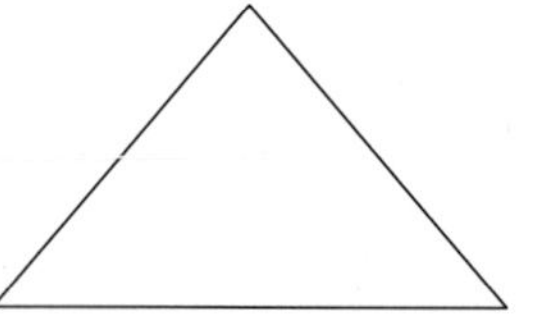

8 삼각형에서 변은 몇 개일까요?

( )

9 삼각형에서 꼭짓점은 몇 개일까요?

( )

월 일

사각형 알아보기

[10~13] 사각형을 찾아 ○표 하세요.

10

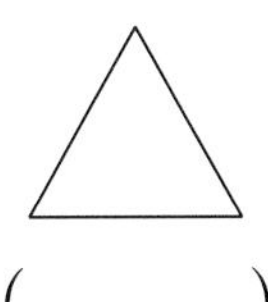 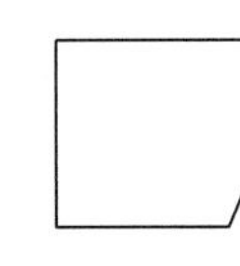 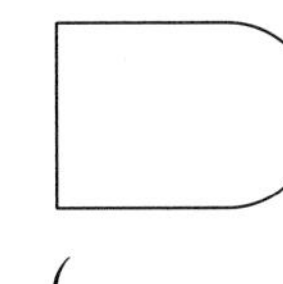

( ) ( ) ( )

11

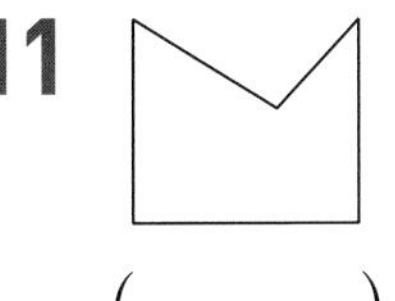 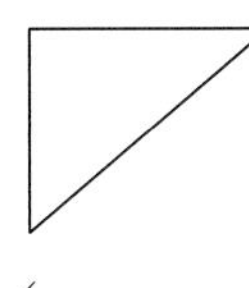 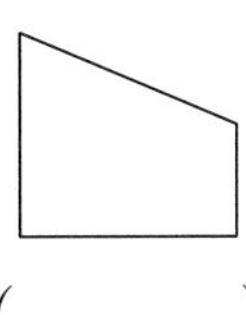

( ) ( ) ( )

12

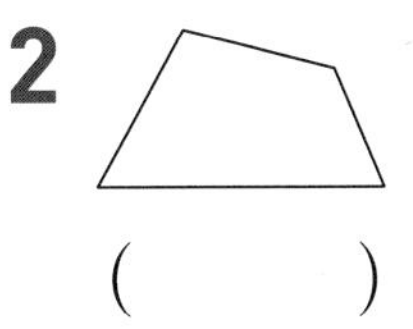 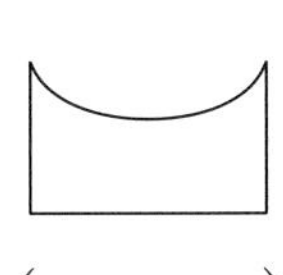 

( ) ( ) ( )

13

( ) ( ) ( )

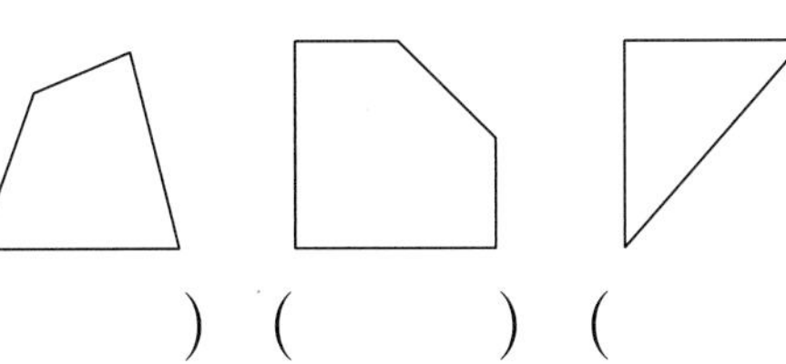

14 사각형을 모두 찾아 선을 따라 그려 보세요.

15 다음 도형은 사각형입니다. □ 안에 알맞은 말을 써넣으세요.

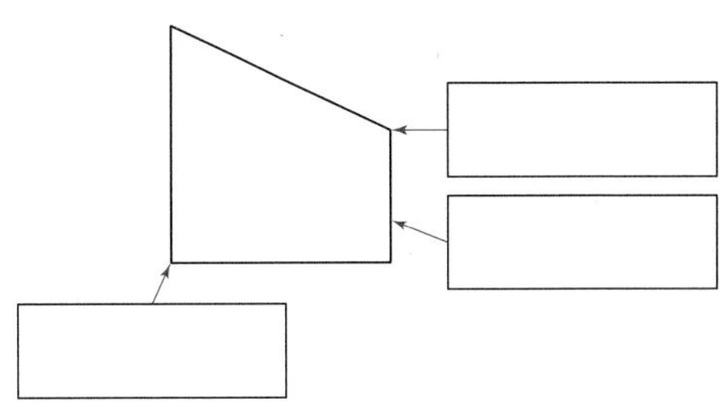

[16~17] □ 안에 알맞은 수를 써넣으세요.

16

사각형에는 변이 □개 있습니다.

17

사각형에는 꼭짓점이 □개 있습니다.

18 사각형을 완성해 보세요.

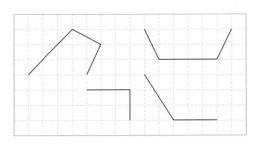

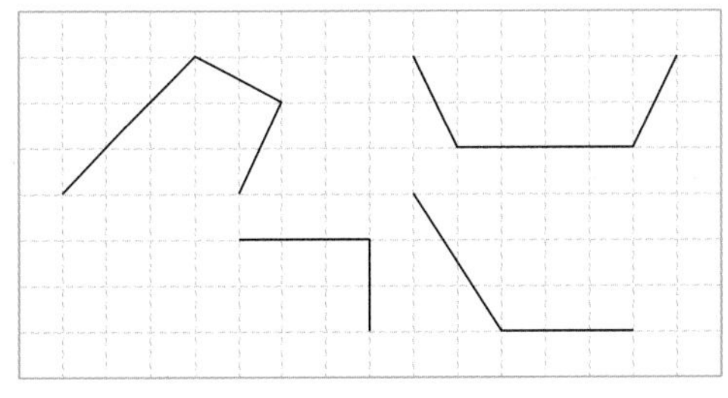

2 단원

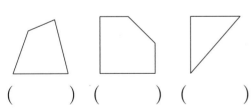

1 단계

교과서 개념

원을 알아보고 찾아볼까요

• 원 알아보기

그림과 같은 모양의 도형을 원이라고 합니다.

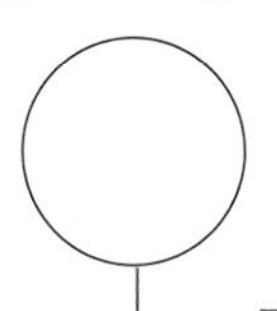 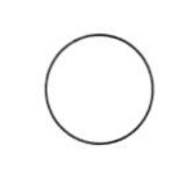 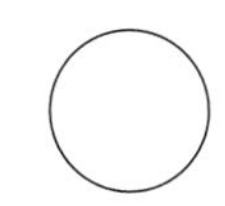

→ 크기는 달라도 모양은 모두 같습니다.

❶ 은 뾰족한 부분이 없는 도형이에요.

정답 | ❶ 원

1 통조림 통을 이용하여 다음과 같이 그렸습니다. □ 안에 알맞은 말을 써넣으세요.

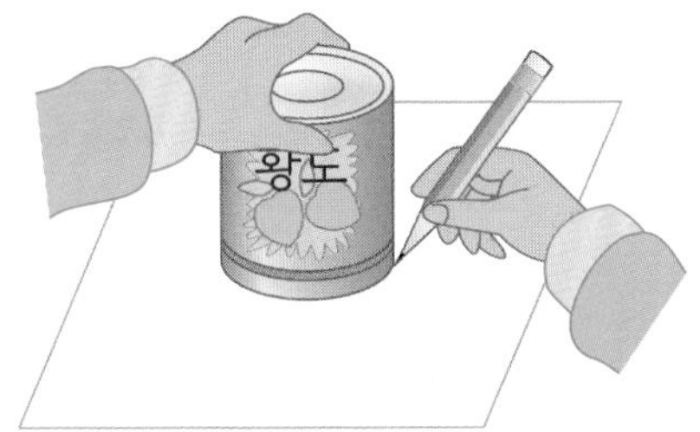

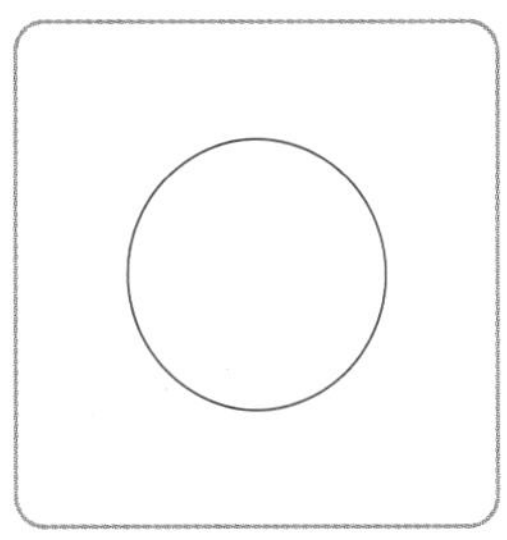

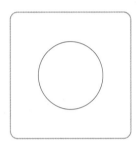

통조림 통을 이용하여 위와 같이 그린 모양의 도형을 □이라고 합니다.

[2~6] 원에 ○표, 원이 아닌 것에 ×표 하세요.

2

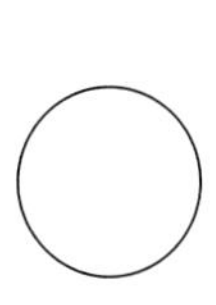

(　　　　　　)

3

(　　　　　　)

원은 어느 쪽에서 보아도 똑같이 동그란 모양이에요.

4

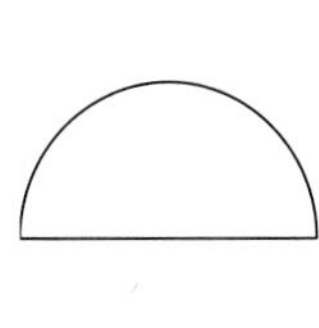

(　　　　　　)

5

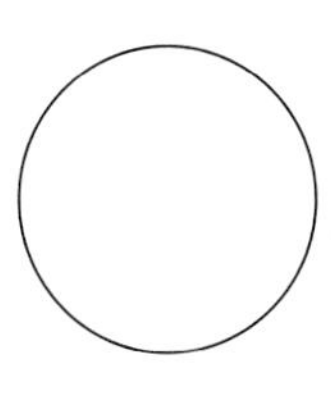

(　　　　　　)

6

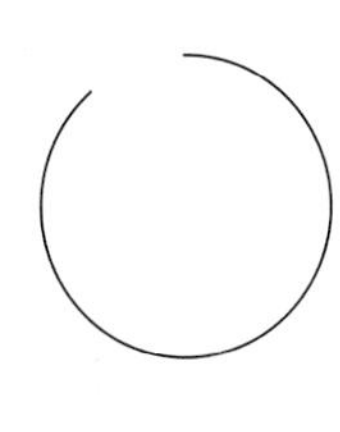

(　　　　　　)

1단계 교과서 개념

칠교판으로 모양을 만들어 볼까요

• 칠교판으로 모양 만들기

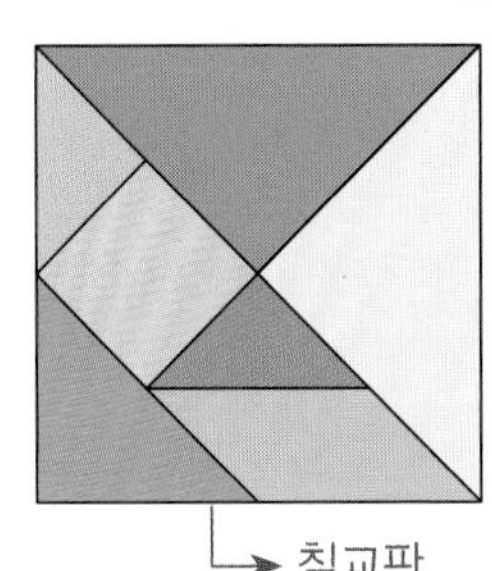

└→ 칠교판

① 두 조각으로 삼각형 만들기 ⟶ 여러 가지 방법으로 만들 수 있어요.

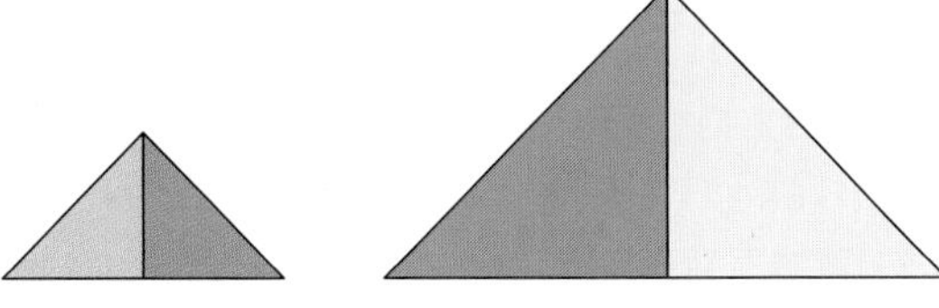

② 두 조각으로 사각형 만들기

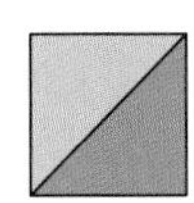

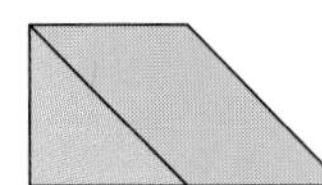

정답 | ❶ 7

1 칠교판을 보고 □ 안에 알맞은 수나 말을 써넣으세요.

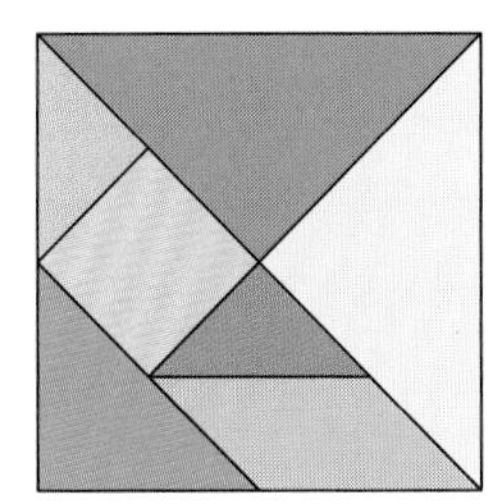

(1) 칠교 조각은 삼각형과 □ 이 있습니다.

(2) 칠교 조각은 삼각형이 □ 개, □ 이 2개 있습니다.

칠교 조각은
가장 작은 삼각형 2개,
중간 크기 삼각형 1개, 가장 큰
삼각형 2개, 서로 다른 사각형이
2개 있어요.

[2~3] 위 1의 다음 칠교 조각을 모두 이용하여 삼각형 또는 사각형을 만들어 보세요.

2

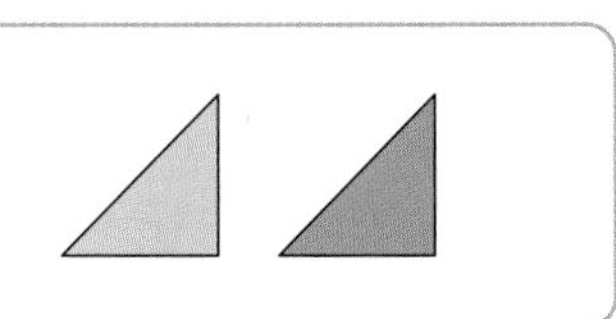

사각형

3

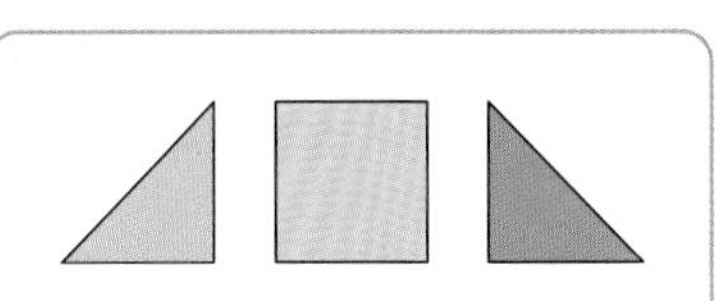

삼각형

단계 2 개념 집중 연습

원 알아보기

1 도형의 이름을 써 보세요.

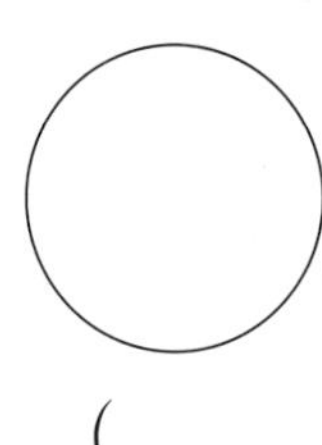

(　　　　　　　　　　)

(2~3) 원을 찾아 기호를 써 보세요.

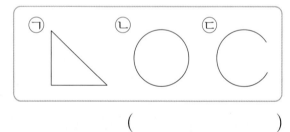

2

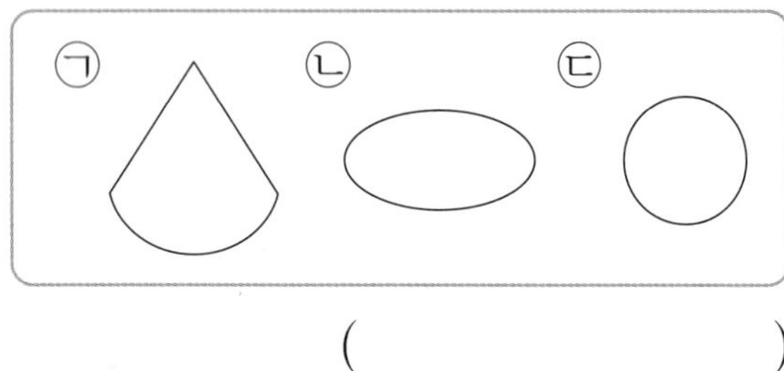

(　　　　　　　　　　)

3

㉠　　㉡　　㉢

(　　　　　　　　　　)

(4~5) 원에 대한 설명이 맞으면 ○표, 틀리면 ×표 하세요.

4 곧은 선이 없습니다.

(　　　　　　　　　　)

5 뾰족한 점이 1개 있습니다.

(　　　　　　　　　　)

칠교판으로 모양 만들기

(6~11) 칠교판을 보고 물음에 답하세요.

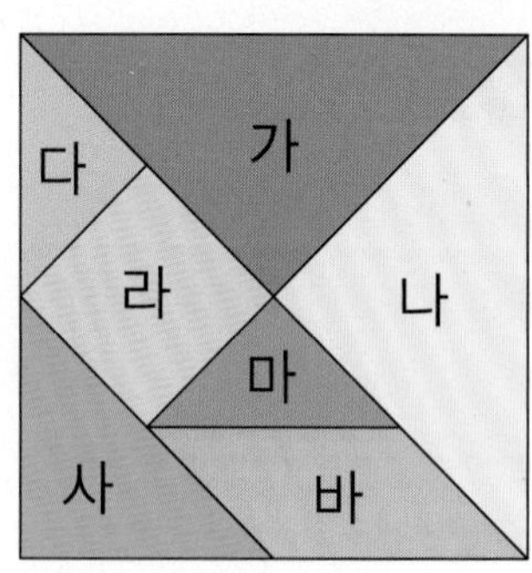

6 칠교 조각 중에서 삼각형 조각을 모두 찾아 써 보세요.

가, 나, ☐, 마, ☐

7 칠교 조각 중에서 사각형 조각을 모두 찾아 써 보세요.

☐, ☐

8 칠교 조각에 대해 바르게 설명한 것을 찾아 기호를 써 보세요.

㉠ 칠교 조각에는 삼각형만 있습니다.
㉡ 칠교 조각은 삼각형 5개, 사각형 2개입니다.
㉢ 칠교 조각 중 크기가 가장 큰 조각은 사각형입니다.

(　　　　　　　　　　)

9 칠교판의 다음 두 조각을 모두 이용하여 삼각형을 만들어 보세요.

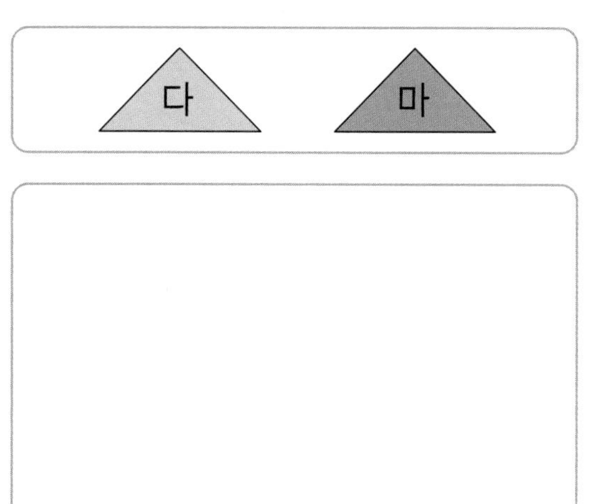

10 칠교판의 다음 세 조각을 모두 이용하여 사각형을 만들어 보세요.

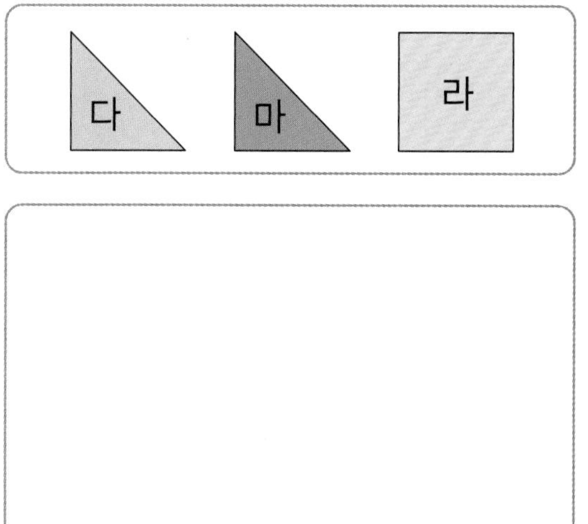

11 칠교 조각을 이용하여 다음 모양을 만들어 보세요.

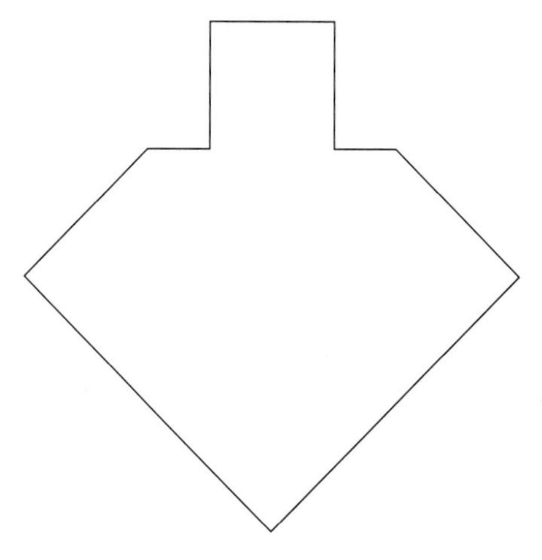

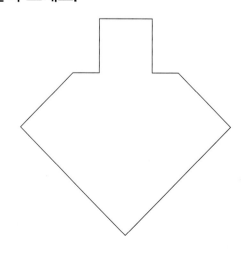

[12~13] 모양을 만들 때 이용한 삼각형과 사각형 조각의 수를 각각 세어 빈칸에 써넣으세요.

12

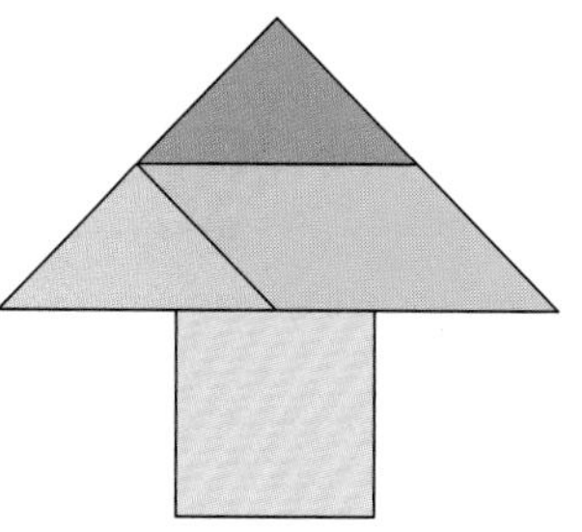

삼각형의 수(개)	사각형의 수(개)

13

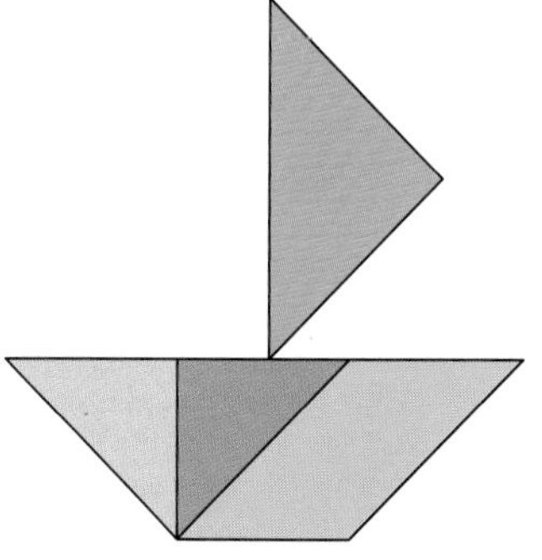

삼각형의 수(개)	사각형의 수(개)

2 단원

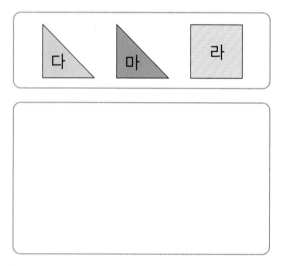

1단계 교과서 개념

쌓은 모양을 알아볼까요

아인슈타인 일행이 또 함정을 탈출했습니다.

역시 세계 정복은 무리였나?

무슨 말씀! 저 트롯이 있는 한 가능합니다.

그… 그래 알겠어.

이번에야 말로 확실히 잡겠습니다.

으악~! 박사 살려~!

박사님! 눈 떠 보세요. 잘 착륙했어요!

착

착

착

그렇구나!

그런데 누가 재아에게 힌트 메시지를 보내는 걸까요?

글쎄다….

내가 보는 쪽이 앞쪽이고 오른손이 있는 쪽이 오른쪽이란다.

아하! 그렇다면…

빨간색 쌓기나무 1개가 있습니다. 빨간색 쌓기나무 오른쪽에 쌓기나무 1개가 있고 빨간색 쌓기나무 위쪽에 쌓기나무 1개가 있습니다.

지 잉-

열렸다!!

개념 클릭

• 쌓은 모양 알아보기

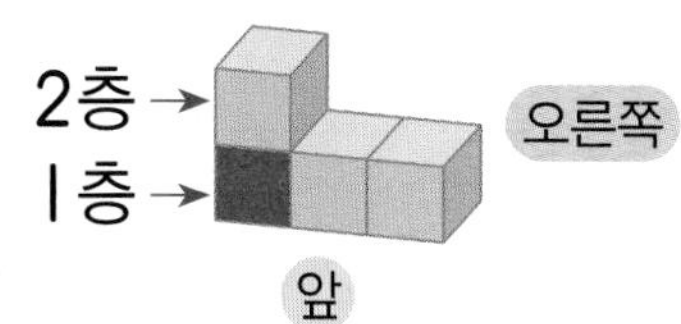

빨간색 쌓기나무 1개가 있습니다.
빨간색 쌓기나무 오른쪽에 쌓기나무 ❶ [ ] 개가 나란히 있고 빨간색 쌓기나무 위쪽에 쌓기나무 ❷ [ ] 개가 있습니다.

쌓기나무의
모양, 개수, 놓는 위치나 방향,
층수 등을 잘 살펴 봐요.

정답 | ❶ 2 ❷ 1

1 설명 을 보고 똑같이 쌓은 것에 ○표 하세요.

설명

빨간색 쌓기나무 1개가 있습니다.
빨간색 쌓기나무 오른쪽에 쌓기나무 2개가 나란히 있고 왼쪽에 1개가 있습니다.
빨간색 쌓기나무 위쪽에 쌓기나무 1개가 있습니다.

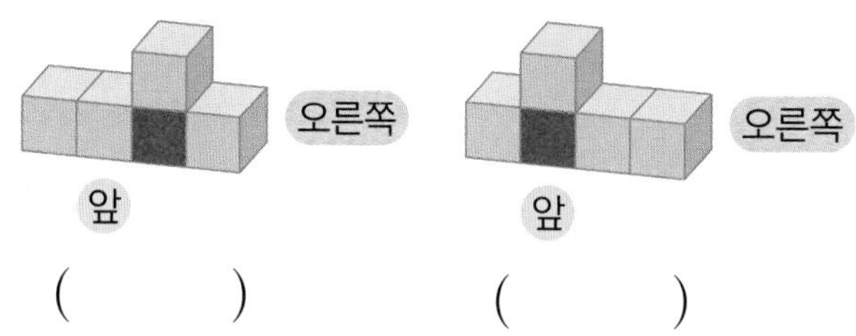

( ) ( )

2 쌓기나무로 쌓은 모양을 보고 물음에 답하세요.

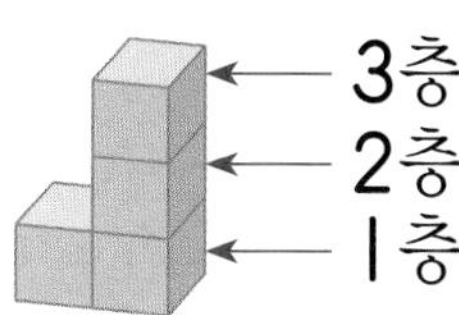

(1) 각 층에 놓인 쌓기나무의 개수를 빈칸에 써넣으세요.

층	1층	2층	3층
쌓기나무의 개수(개)			

(2) 똑같은 모양으로 쌓으려면 쌓기나무가 몇 개 필요할까요?
→ 각 층에 놓인 쌓기나무의 수를 모두 더해요.

( )

[3~5] 다음과 똑같은 모양으로 쌓으려면 쌓기나무가 몇 개 필요한지 구하세요.

3 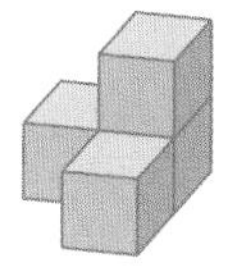 [ ]개

4 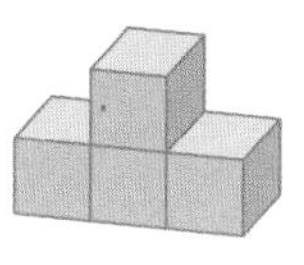 [ ]개

5 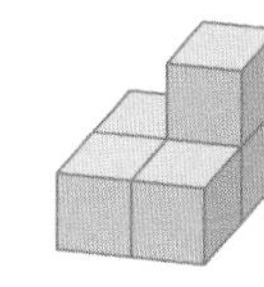 [ ]개

단계 1

교과서 개념

여러 가지 모양으로 쌓아볼까요

개념 클릭

• 여러 가지 모양으로 쌓기

① 쌓기나무 3개

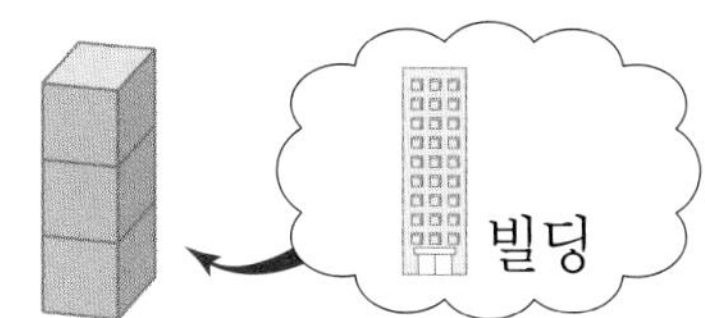

② 쌓기나무 4개

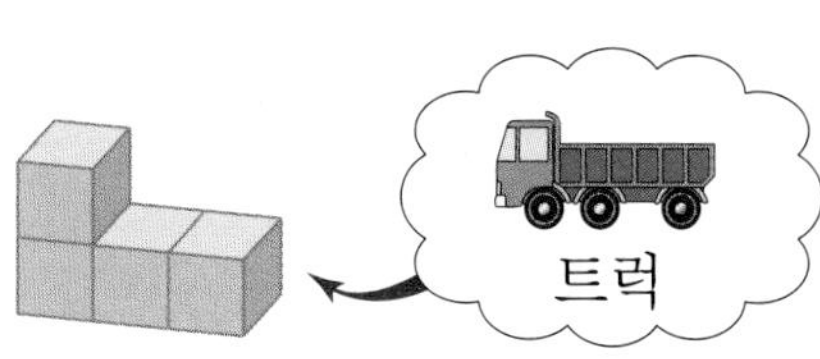

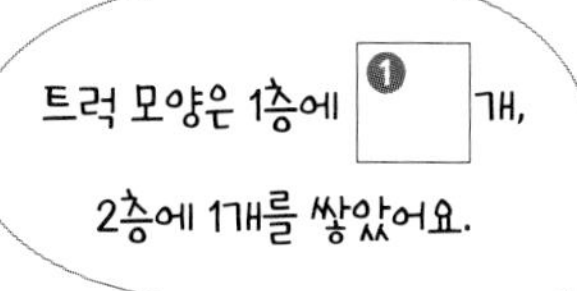

트럭 모양은 1층에 ❶ 개,
2층에 1개를 쌓았어요.

⇨ 여러 가지 물건을 생각하며 쌓기나무로 모양을 만들어 봅니다.

정답 | ❶ 3

1 다음 설명에 맞는 모양을 찾아 기호를 써 보세요.

쌓기나무 5개로 말굽 자석( )을 앞에서 본 모습을 생각하며 만들었습니다.

말굽 자석의 모양을 생각하며 만든 모양을 찾아요.

㉠ 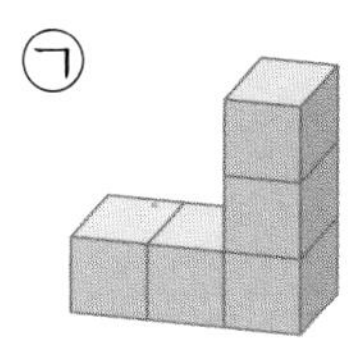

㉡ 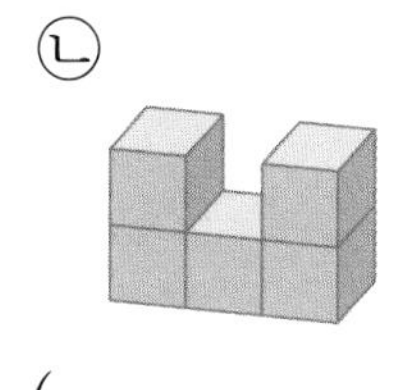

( )

2 쌓기나무 4개로 만든 모양을 모두 찾아 ○표 하세요.

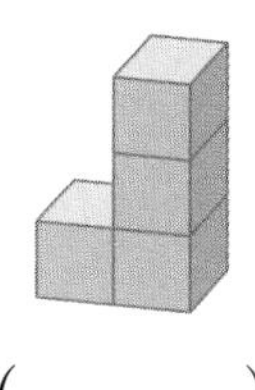 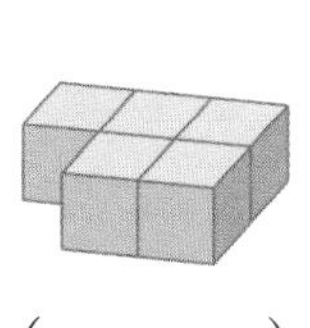 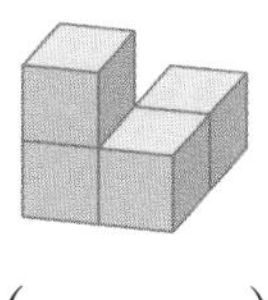 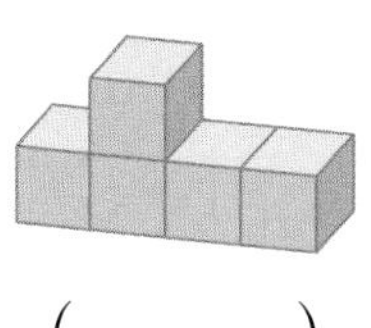

( ) ( ) ( ) ( )

3 설명에 맞게 쌓은 모양을 찾아 ○표 하세요.

1층에 쌓기나무 3개가 나란히 있고 2층에 2개를 놓았습니다. 2층은 맨 오른쪽과 가운데 위에 쌓기나무가 1개씩 있습니다.

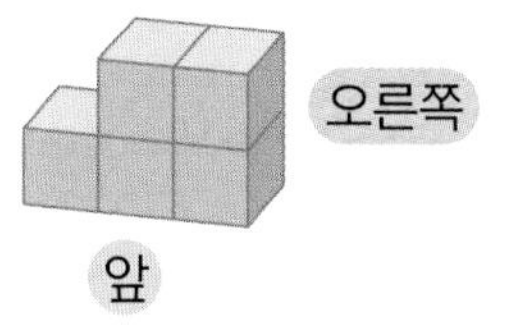

( ) ( )

단계 2 개념 집중 연습

쌓은 모양 알아보기

[1~3] 쌓기나무로 쌓은 모양을 보고 □ 안에 알맞은 수를 써넣으세요.

1 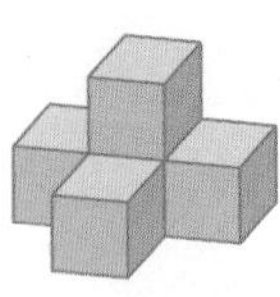

쌓기나무를 1층에 □개, 2층에 □개를 쌓았습니다.

2 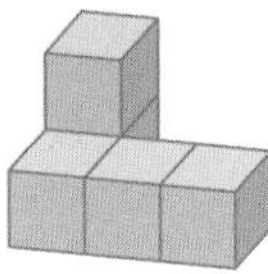

쌓기나무를 1층에

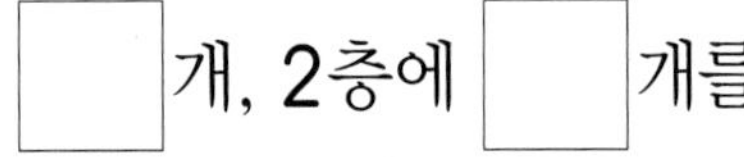

□개, 2층에 □개를 쌓았습니다.

3 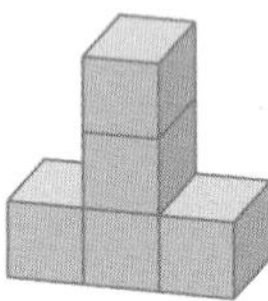

쌓기나무를 1층에

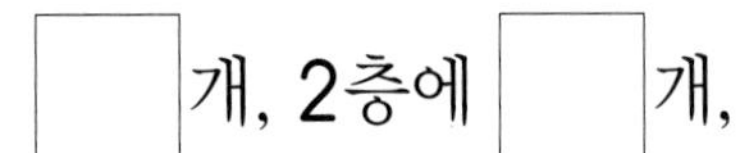

□개, 2층에 □개,

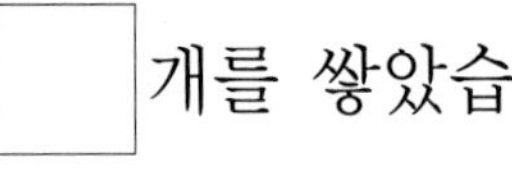

3층에 □개를 쌓았습니다.

[4~8] 다음과 똑같은 모양으로 쌓으려면 쌓기나무가 몇 개 필요한지 구하세요.

4 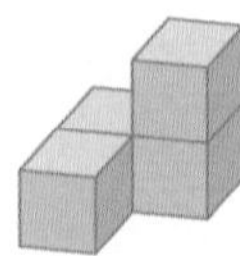

(　　　　　　　　)

5 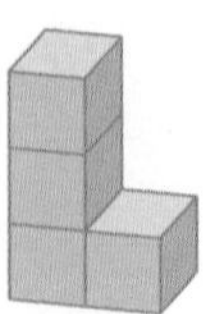

(　　　　　　　　)

6 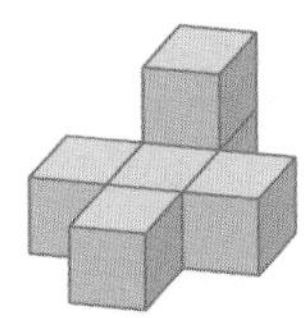

(　　　　　　　　)

7 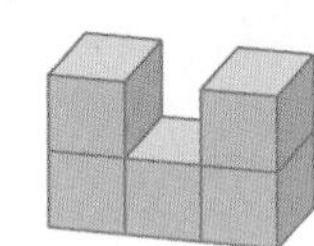

(　　　　　　　　)

8 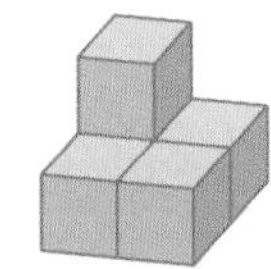

(　　　　　　　　)

[9~10] 쌓은 모양에서 설명하는 쌓기나무를 찾아 ○표 하세요.

9

빨간색 쌓기나무의 왼쪽에 있는 쌓기나무

10

빨간색 쌓기나무의 위에 있는 쌓기나무

여러 가지 모양으로 쌓기

11 쌓기나무 4개로 만든 모양을 찾아 기호를 써 보세요.

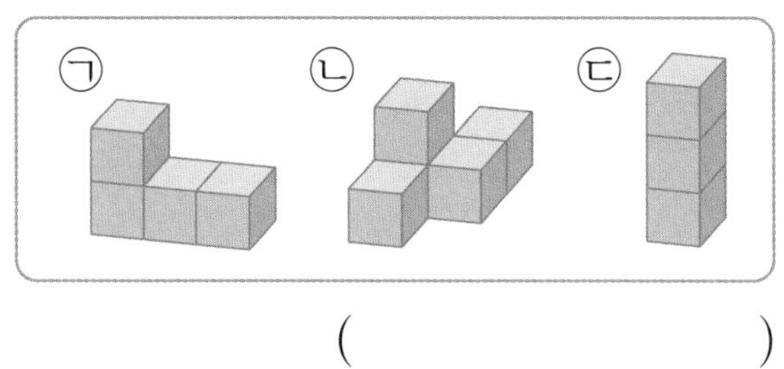

( )

12 쌓기나무 5개로 만든 모양을 찾아 기호를 써 보세요.

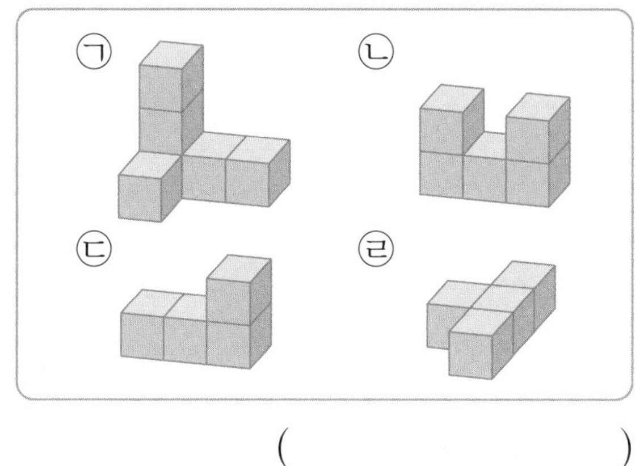

( )

13 쌓기나무 6개로 만든 모양을 찾아 기호를 써 보세요.

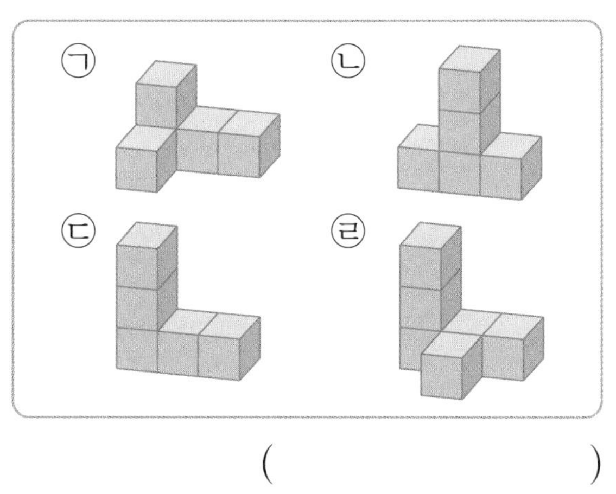

( )

[14~16] 설명에 맞게 쌓은 모양을 찾아 ○표 하세요.

14 1층에 4개를 나란히 놓고, 맨 왼쪽에 있는 쌓기나무 위에 1개를 놓았습니다.

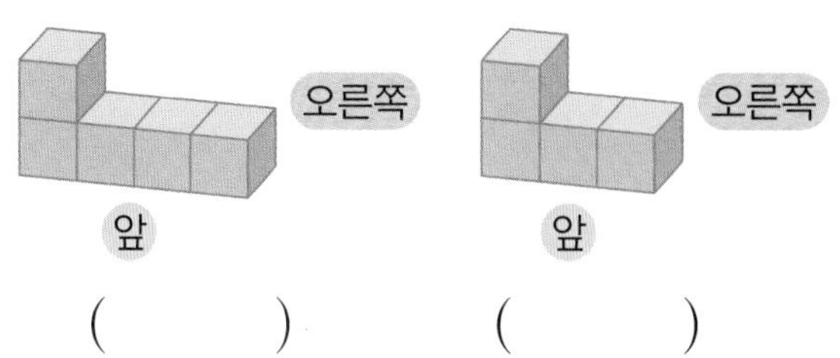

( ) ( )

15 1층에 3개, 2층에 1개를 쌓았습니다. 2층의 쌓기나무는 가운데 쌓기나무 위에 있습니다.

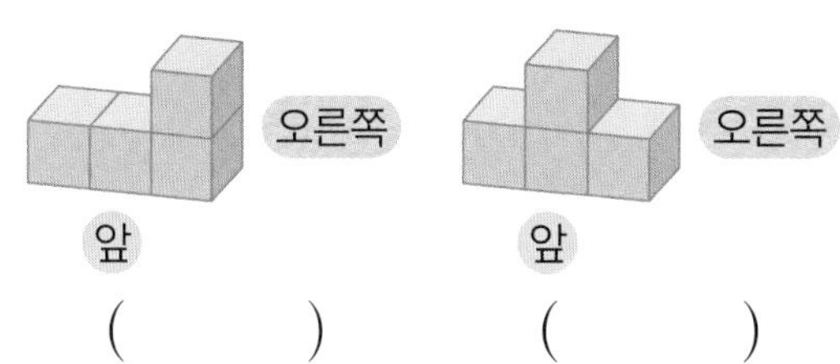

( ) ( )

16 쌓기나무 1개가 있고, 그 쌓기나무 왼쪽에 쌓기나무 3개를 쌓았습니다.

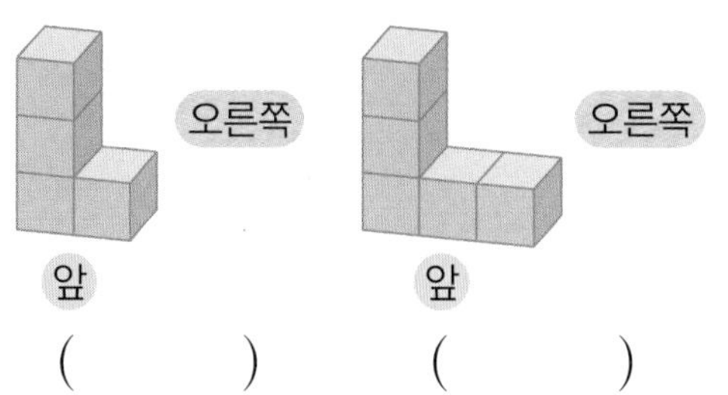

( ) ( )

단계 3 익힘 문제 연습

다시 확인

1 삼각형을 찾아 기호를 써 보세요.

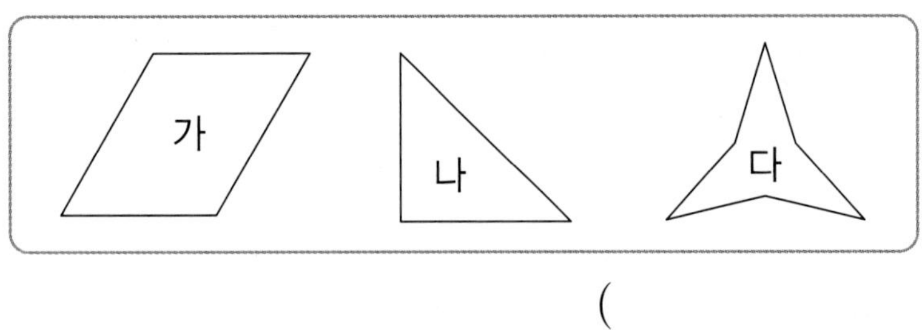

( )

2 사각형을 찾아 기호를 써 보세요.

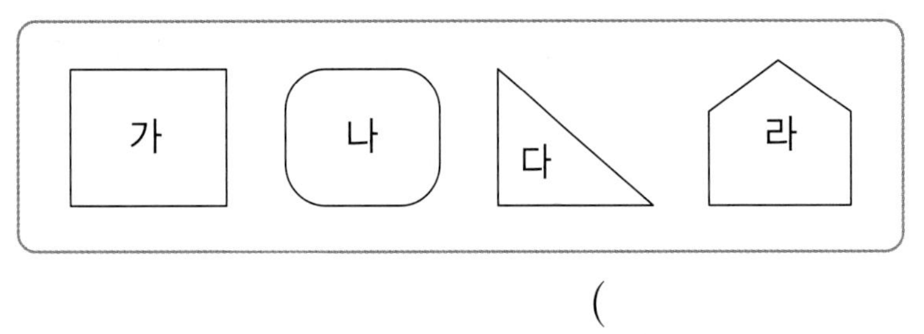

( )

3 원을 찾아 기호를 써 보세요.

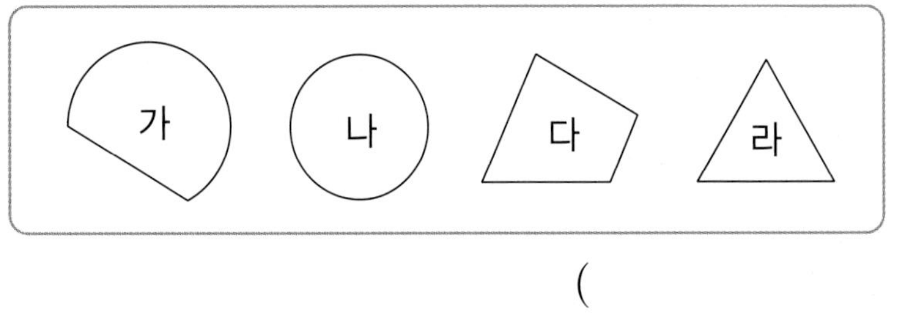

( )

원은 어느 쪽에서 보아도 똑같이 동그란 모양이에요.

4 원은 모두 몇 개일까요?

( )

• 오륜기
올림픽 대회기에 그려진 마크로 둥근 고리가 세계를 뜻하는 World의 W 모양으로 이루어져 있습니다.

5 삼각형을 완성해 보세요.

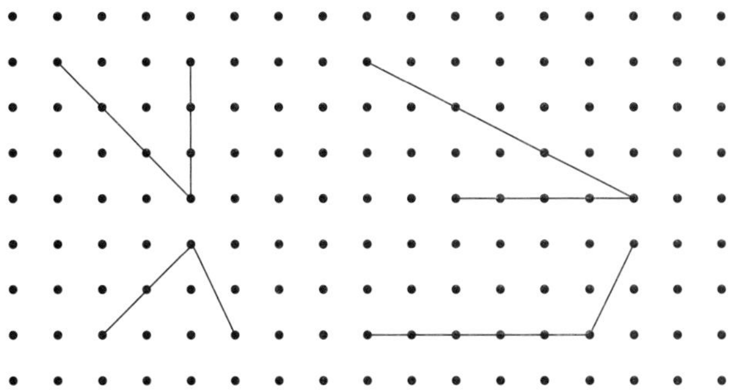

다시 확인

6 주변에 있는 물건이나 모양 자를 이용하여 서로 다른 원을 3개 그려 보세요.

• 원은 어느 방향에서 보더라도 동그란 모양입니다.

2 단원

7 □ 안에 알맞은 수를 써넣으세요.

삼각형은 변이 □개, 꼭짓점이 □개입니다.

8 주어진 점을 이용하여 사각형을 그려 보세요.

(1) (2)

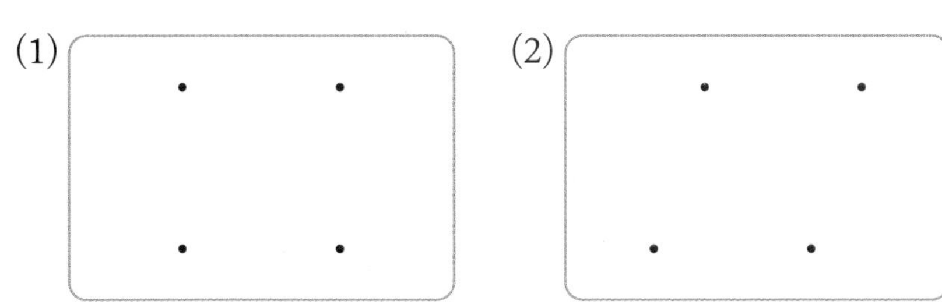

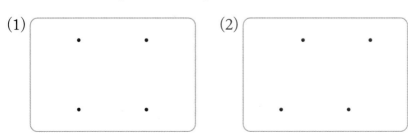

• 주어진 점 4개를 곧은 선으로 이어 사각형을 그립니다.

9 칠교 조각이 삼각형 모양이면 빨간색, 사각형 모양이면 노란색으로 색칠해 보세요.

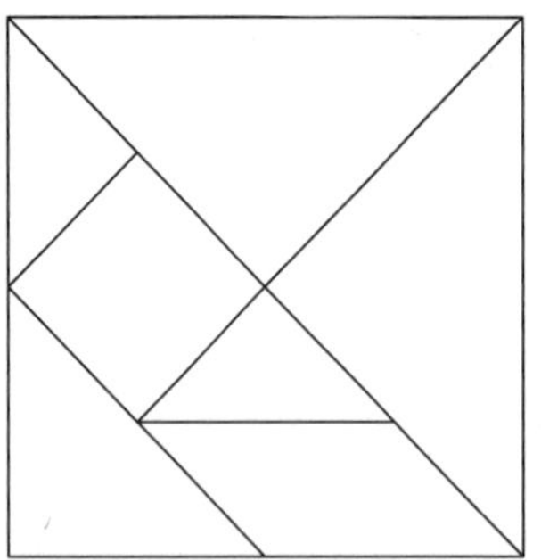

다시 확인

- 삼각형은 변이 3개인 도형이고, 사각형은 변이 4개인 도형입니다.

10 로봇에게 "정리해."라고 말하면 명령대로 쌓기나무를 정리합니다. 다음 모양으로 정리하려고 할 때 보기에서 필요한 명령어를 모두 찾아 기호를 써 보세요.

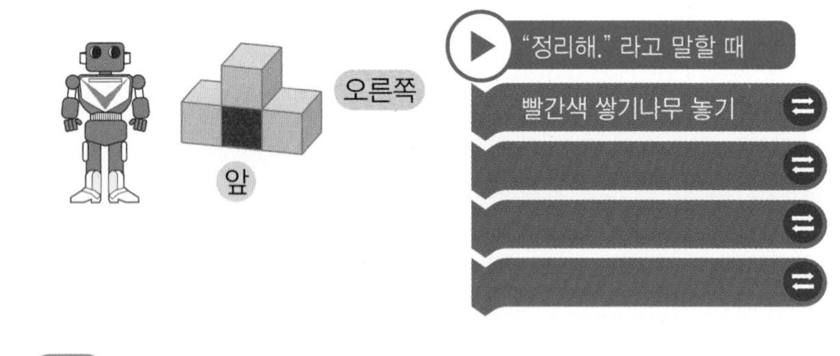

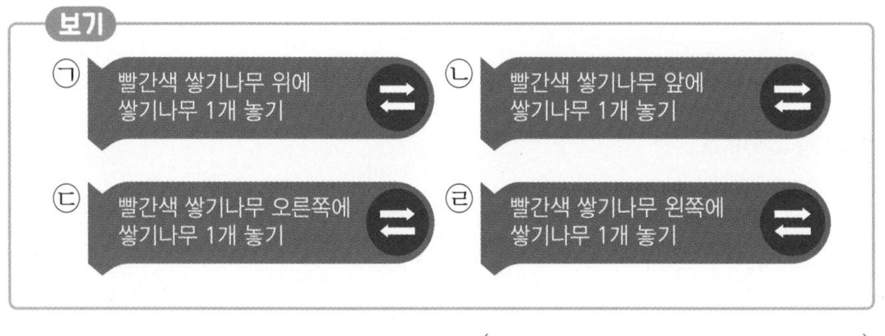

보기
㉠ 빨간색 쌓기나무 위에 쌓기나무 1개 놓기
㉡ 빨간색 쌓기나무 앞에 쌓기나무 1개 놓기
㉢ 빨간색 쌓기나무 오른쪽에 쌓기나무 1개 놓기
㉣ 빨간색 쌓기나무 왼쪽에 쌓기나무 1개 놓기

(　　　　　　　　)

11 똑같은 모양으로 쌓으려면 쌓기나무가 몇 개 필요한지 구하세요.

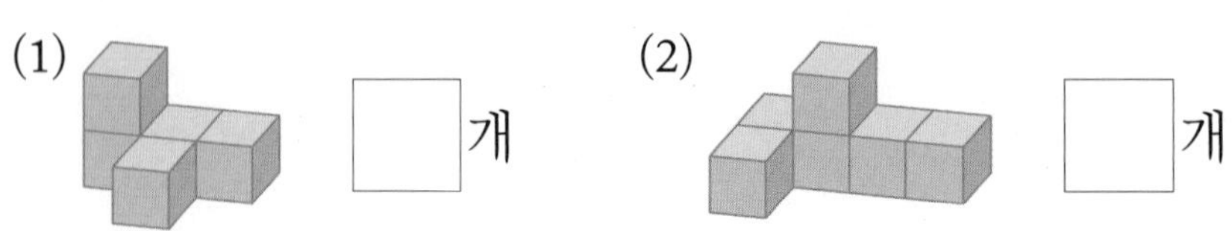

12 다음에서 설명하는 쌓기나무를 찾아 ○표 하세요.

(1) 빨간색 쌓기나무의 왼쪽에 있는 쌓기나무

(2) 빨간색 쌓기나무의 위에 있는 쌓기나무

다시 확인

쌓기나무가 놓여 있는 위치와 모양을 잘 살펴보세요.

13 쌓기나무로 쌓은 모양에 대한 설명입니다. □ 안에 알맞은 수나 말을 써넣으세요.

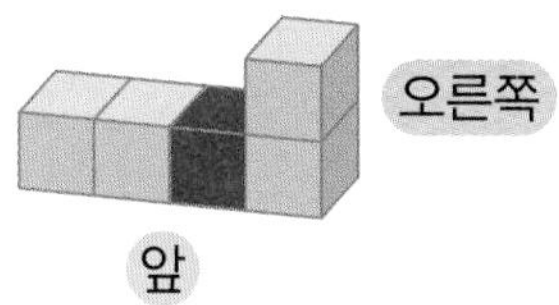

빨간색 쌓기나무가 1개 있고, 그 □에 쌓기나무 2개가 2층으로 있습니다.
그리고 왼쪽으로 쌓기나무 □개가 나란히 있습니다.

• 빨간색 쌓기나무를 기준으로 쌓기나무로 쌓은 모양을 설명해 봅니다.

14 왼쪽 모양에서 쌓기나무 1개를 옮겨 오른쪽과 똑같은 모양을 만들려고 합니다. 옮겨야 할 쌓기나무는 어느 것일까요?

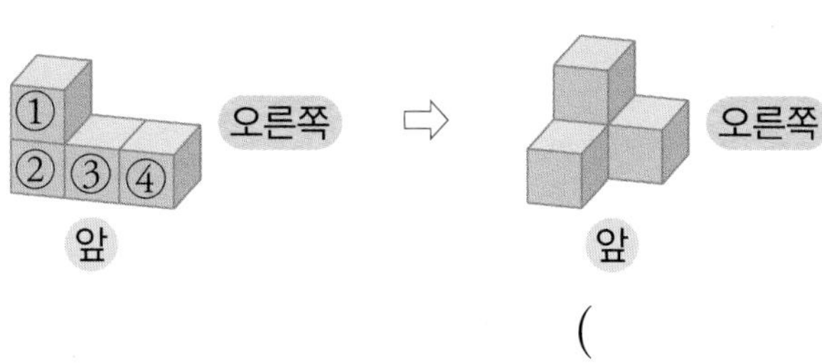

( )

2 단원

단계 4 단원 평가

1 다음과 같은 도형의 이름을 써 보세요.

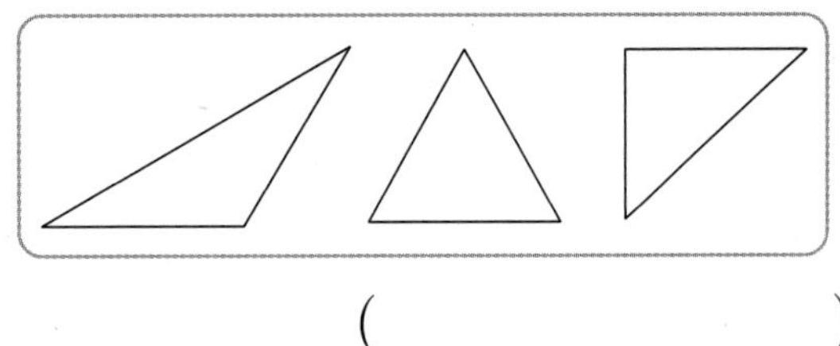

(　　　　　　　)

2 원을 찾아 기호를 써 보세요.

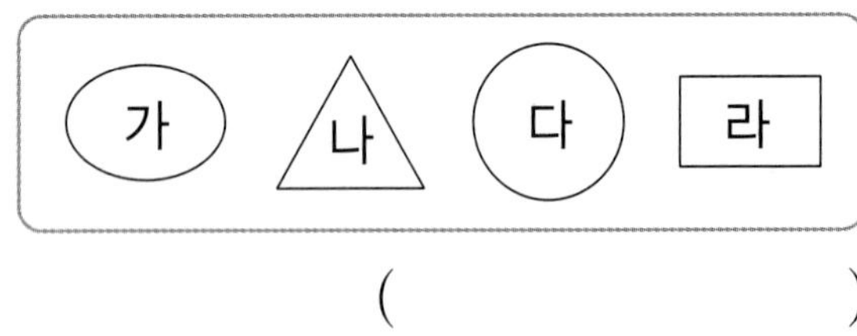

(　　　　　　　)

3 다음 중 사각형이 아닌 것을 모두 고르세요. ·························(　　　　)

① 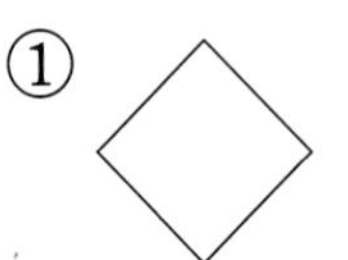

② 

③ 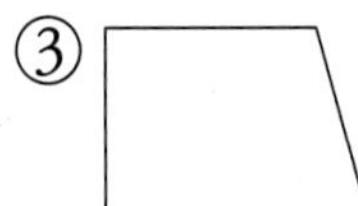

④ 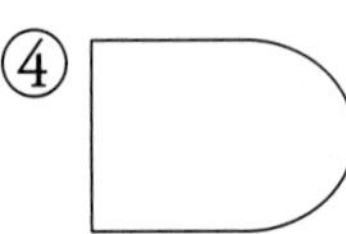

⑤ 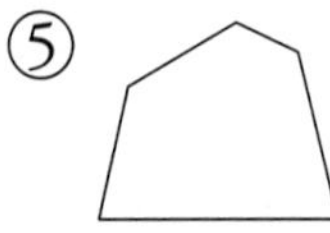

4 □ 안에 알맞은 말을 써넣으세요.

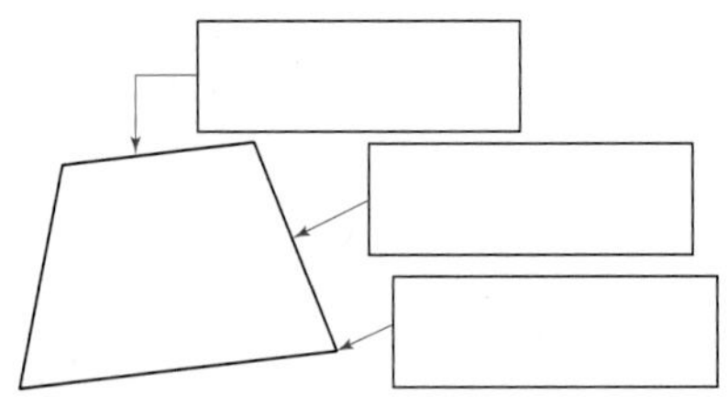

5 빈칸에 알맞은 수를 써넣으세요.

	삼각형	사각형
변의 수(개)		
꼭짓점의 수(개)		

6 다음 종이 위에 사각형과 삼각형을 각각 1개씩 그려 보세요.

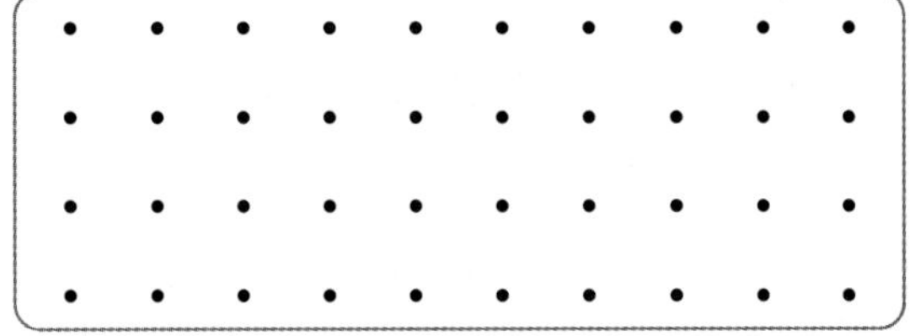

7 크기는 다를 수 있지만 모양은 항상 같은 것을 찾아 기호를 써 보세요.

㉠ 삼각형　　㉡ 사각형　　㉢ 원

(　　　　　　　)

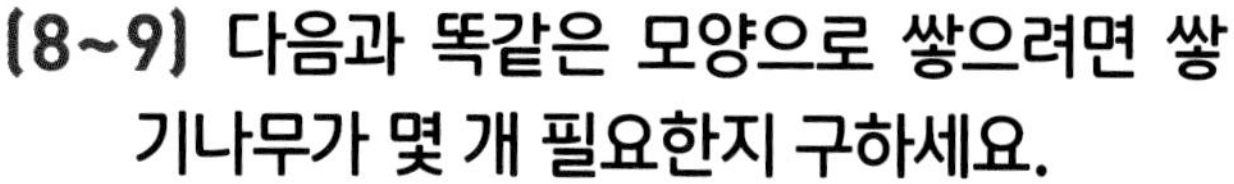

[8~9] 다음과 똑같은 모양으로 쌓으려면 쌓기나무가 몇 개 필요한지 구하세요.

8

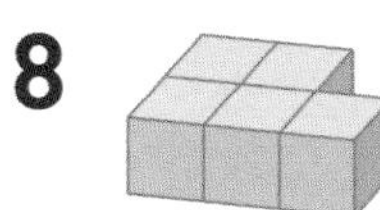

( )

9

( )

10 쌓기나무 5개로 만든 모양을 모두 찾아 기호를 써 보세요.

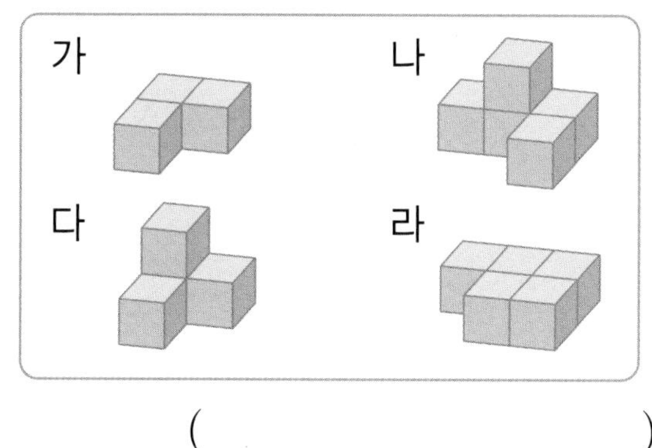

( )

11 위쪽 모양에서 쌓기나무 1개를 옮겨 아래쪽과 똑같은 모양을 만들려고 합니다. 옮겨야 할 쌓기나무에 ○표 하세요.

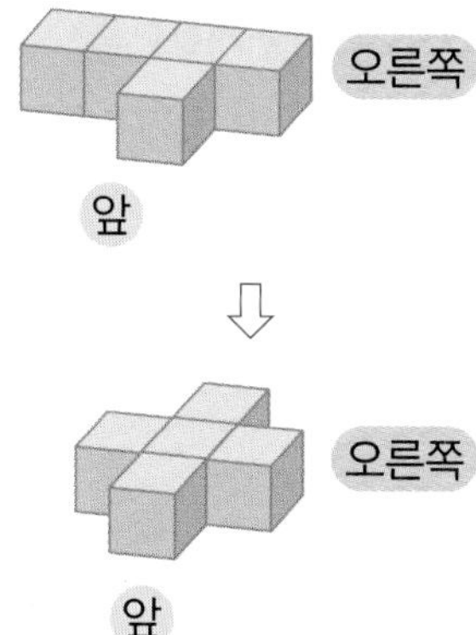

[12~14] 칠교판을 보고 물음에 답하세요.

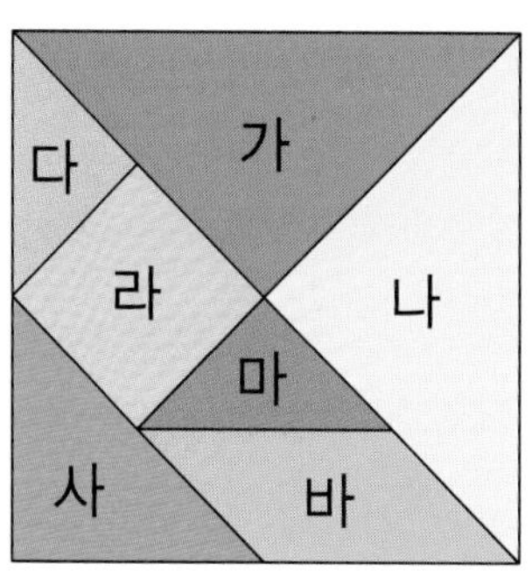

12 칠교 조각 중에서 삼각형은 몇 개일까요?

( )

13 칠교 조각 다, 마, 바를 이용하여 사각형을 만들어 보세요.

14 칠교 조각 다, 마, 바를 이용하여 삼각형을 만들어 보세요.

2 단원

15 설명대로 쌓은 모양을 찾아 선으로 이어 보세요.

쌓기나무 3개가 옆으로 나란히 있습니다.	쌓기나무 4개가 1층에 옆으로 나란히 있고, 맨 오른쪽 쌓기나무 위에 1개가 있습니다.

16 이용한 삼각형과 사각형 조각은 각각 몇 개일까요?

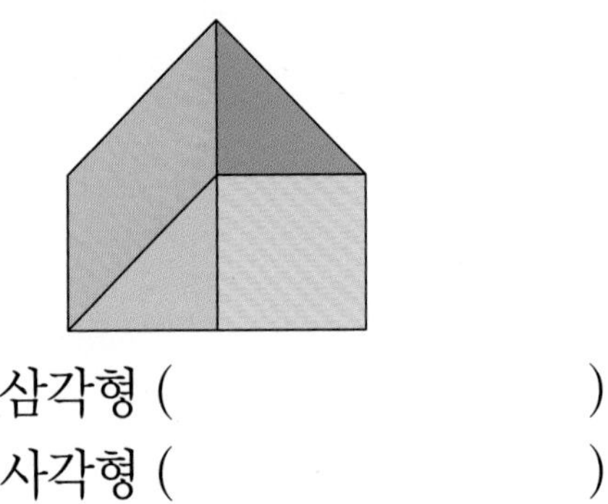

삼각형 (　　　　　　)
사각형 (　　　　　　)

17 원에 대하여 바르게 말한 사람의 이름을 써 보세요.

모든 원은 크기가 같아.
원은 뾰족한 부분이 없어.
나로
재아

(　　　　　　)

18 다음에서 ㉠, ㉡, ㉢의 합을 구하세요.

> ㉠ 원의 변의 수
> ㉡ 삼각형의 꼭짓점의 수
> ㉢ 사각형의 변의 수

(　　　　　　)

19 쌓은 모양을 바르게 나타내도록 보기 에서 알맞은 말을 찾아 □ 안에 써넣으세요.

> **보기**
> 위, 앞, 뒤, 오른쪽, 왼쪽

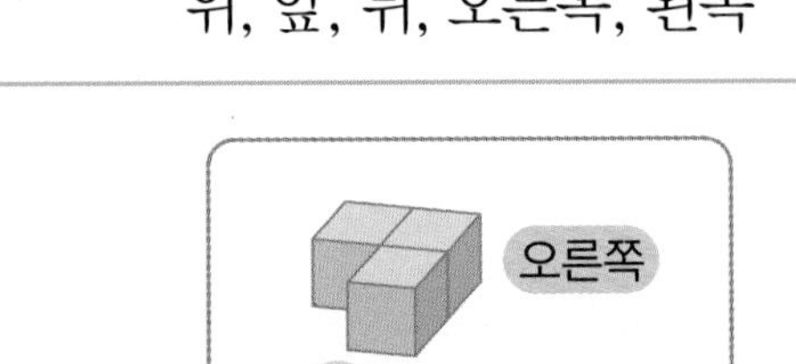

쌓기나무 2개를 나란히 옆으로 놓고, 오른쪽 쌓기나무의 □ 에 쌓기나무 1개를 놓습니다.

20 왼쪽 모양에서 쌓기나무 1개를 옮겨 오른쪽 모양과 똑같은 모양을 만들려고 합니다. 옮겨야 할 쌓기나무 1개를 찾아 기호를 써 보세요.

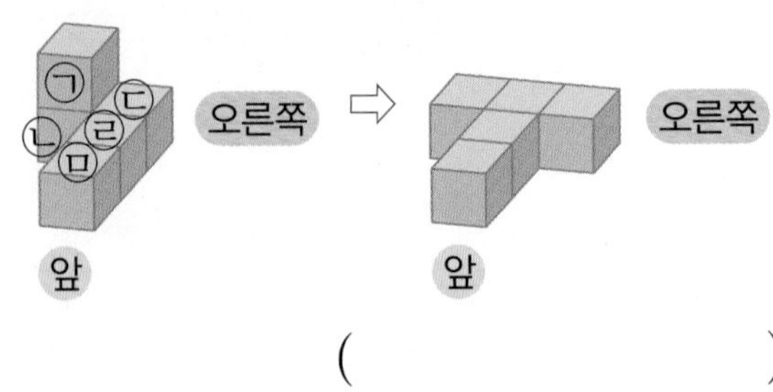

(　　　　　　)

스피드 정답 4쪽 · 정답 및 풀이 23쪽

스스로 학습장은 이 단원에서 배운 것을 확인하는 코너입니다.
몰랐던 것은 꼭 다시 공부해서 내 것으로 만들어 보아요.

설명을 읽고 맞으면 ○표, 틀리면 ×표 하세요.

1 원은 곧은 선이 없습니다. ( )

2 삼각형에서 두 곧은 선이 만나는 점을 꼭짓점이라고 합니다. ( )

3 사각형의 변은 6개입니다. ( )

4 은 쌓기나무 5개로 쌓은 모양입니다. ( )

5 꼭짓점이 3개인 도형은 삼각형입니다. ( )

6 사각형은 곧은 선끼리 만나는 점이 없습니다. ( )

7 사각형의 변의 수가 삼각형의 변의 수보다 많습니다. ( )

8 칠교판의 조각은 모두 6개입니다. ( )

9 과 똑같은 모양으로 쌓으려면 쌓기나무가 5개 필요합니다. ( )

맞은 개수 0~4개 □
이런! 수학 실력을 더 쌓아야겠네요.

맞은 개수 5~7개 □
좀 더 노력하면 수학왕이 될 수 있어요.

맞은 개수 8~9개 □
야호! 당신은 수학왕!

3 덧셈과 뺄셈

QR 코드를 찍어 개념 동영상 강의를 보세요. 게임도 하고 문제도 풀 수 있어요.

이번에 배울 내용

- 받아올림이 있는 덧셈
- 받아내림이 있는 뺄셈
- 세 수의 계산
- 덧셈과 뺄셈의 관계
- 덧셈식, 뺄셈식에서 □의 값 구하기

이상한 건 함정에 빠질 때마다 재아가 휴대전화를 보더군요.

그리고 모든 함정을 쉽게 빠져 나갔죠.

아……

아마도 누군가 재아에게 힌트를 알려주는 것 같습니다.

그… 그럴 수도 있겠군.

누굴까요?

글…쎄?

트롯의 상태를 확인해 보자.

두리번 두리번

어디가 잘못 됐지?

삑삑

이 계산이 잘못되어 있었구나.

13+5=8

13+5는 일의 자리 수끼리 더해 쓰고 십의 자리 수는 그대로 내려쓰면 돼요.

$$\begin{array}{rcc} & 1 & 3 \\ + & & 5 \\ \hline & & \end{array} \Rightarrow \begin{array}{rcc} & 1 & 3 \\ + & \downarrow & 5 \\ \hline & 1 & 8 \end{array}$$

13+5=□

삑삑

이제 알맞은 답을 입력하자.

이봐, 당신이군.

척

당신이 재아에게 메시지를 보냈었군!

그걸 어떻게 알았지?

단계 1 교과서 개념

덧셈을 하는 여러 가지 방법을 알아볼까요 (1)

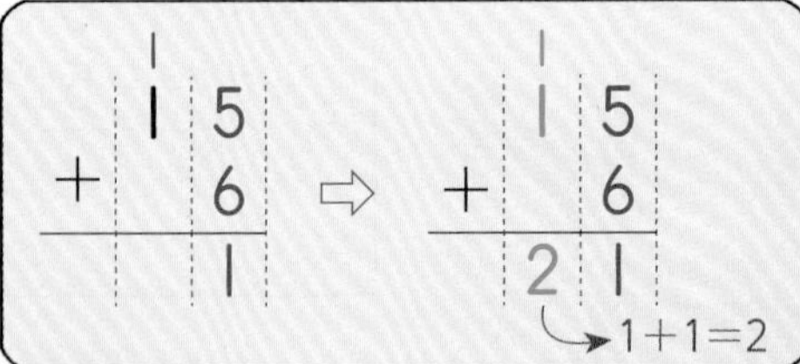

개념 클릭

• 받아올림이 있는 (두 자리 수)+(한 자리 수)

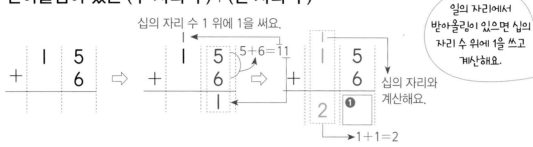

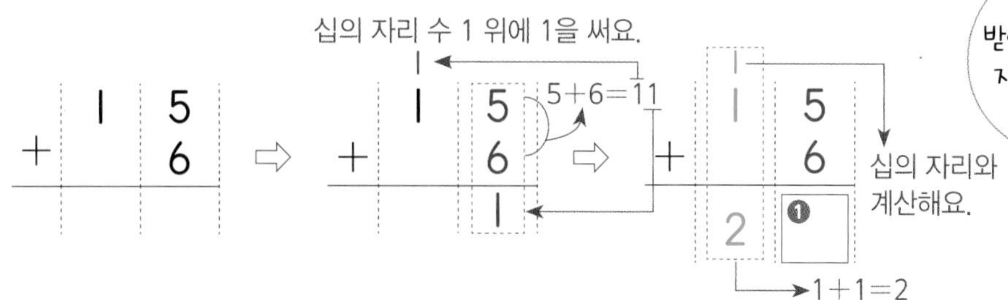
십의 자리 수 1 위에 1을 써요.
5+6=11
십의 자리와 계산해요.
1+1=2

일의 자리에서 받아올림이 있으면 십의 자리 수 위에 1을 쓰고 계산해요.

일의 자리의 수끼리의 합 5+6=❷☐에서 10은 십의 자리로 받아올림합니다.

정답 | ❶ 1 ❷ 11

1 인형이 모두 몇 개인지 구하세요.

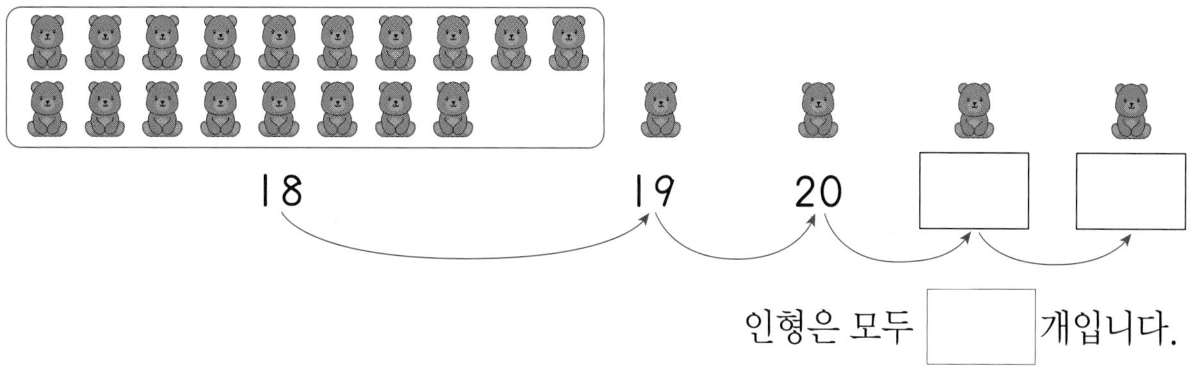
18
19
20

인형은 모두 ☐개입니다.

2 ☐ 안에 알맞은 수를 써넣으세요.

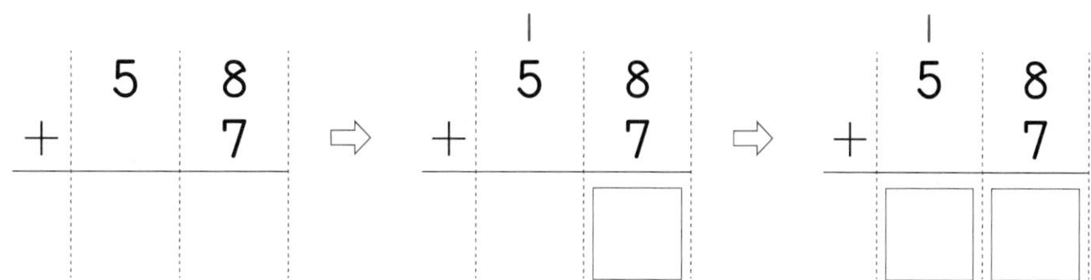
5 8
+ 7
1
5 8
+ 7
1
5 8
+ 7

(3~7) 계산해 보세요.

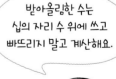

받아올림한 수는 십의 자리 수 위에 쓰고 빠뜨리지 말고 계산해요.

3 $\begin{array}{r} 36 \\ +\ \ 8 \\ \hline \end{array}$

4 $\begin{array}{r} 56 \\ +\ \ 9 \\ \hline \end{array}$

5 87+5

6 68+8

7 74+8

1단계 교과서 개념

덧셈을 하는 여러 가지 방법을 알아볼까요 (2)

이제 다시
나만재 박사를
구하러 가자.
네, 박사님.

재아야,
여기에 이상한 게
있어.

벌집인 것
같은데….
박사님,
저게
뭘까요?

드디어 걸려 들었군.

그건 바로 무시무시한
로봇 벌들의 집이지.

이쪽엔
23마리의
로봇 벌들이,
다른 쪽엔
19마리의 로봇
벌들이 있지.

양쪽의 로봇 벌들을
합하여 공격하자.
모두 몇 마리지?

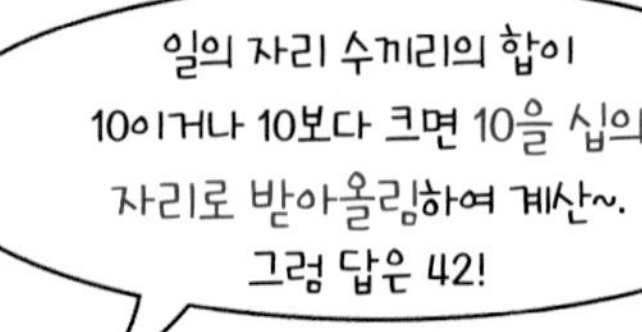
일의 자리 수끼리의 합이
10이거나 10보다 크면 10을 십의
자리로 받아올림하여 계산~.
그럼 답은 42!

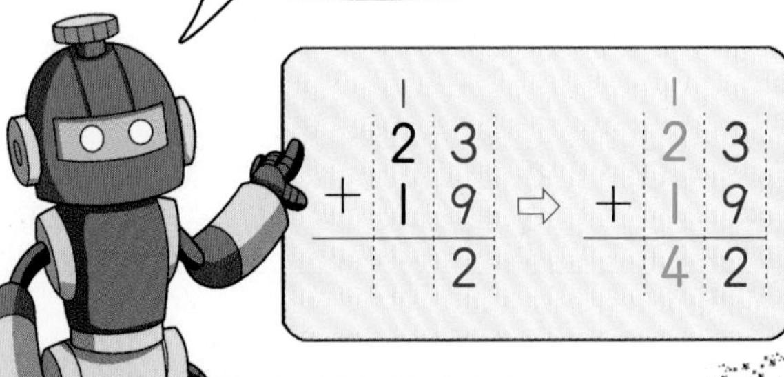
1
2 3
+ 1 9
2
⇨
1
2 3
+ 1 9
4 2

로봇 벌 42마리
공격하라!

끼릭
끼릭

앵
앵
어째
불길하구나.
앵
앵
앵

앵
앵
앵
도망쳐!
벌들이 공격해
와요!!

• 일의 자리에서 받아올림이 있는 (두 자리 수)+(두 자리 수)

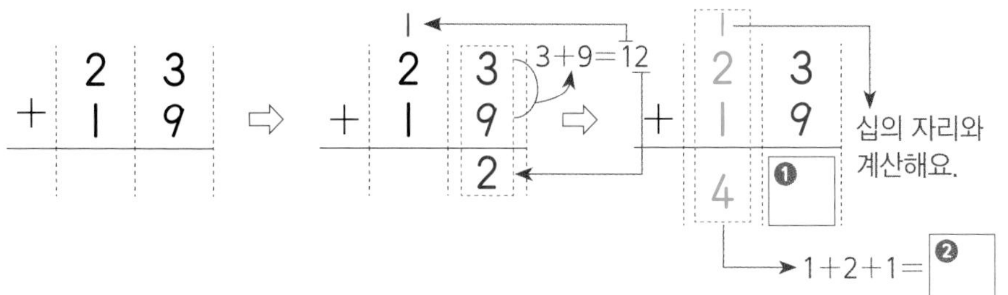
3+9=12
십의 자리와
계산해요.
1+2+1=

받아올림한 수 1은
실제로 10을 나타내요.

일의 자리부터 같은 자리 수끼리 더하고, 일의 자리 수끼리의 합이 10이거나 10보다 크면 10을 십의 자리로 받아올림합니다.

정답 | ❶ 2 ❷ 4

1 □ 안에 알맞은 수를 써넣으세요.

$\begin{array}{r} 46 \\ +27 \\ \hline \end{array}$ ⇨ $\begin{array}{r} \square\ \ \\ 46 \\ +27 \\ \hline \square \end{array}$ ⇨ $\begin{array}{r} \square\ \ \\ 46 \\ +27 \\ \hline \square\square \end{array}$

(2~3) 가르기를 이용하여 계산해 보세요.

2 39+14=39+10+□=49+□=□

(14 → 10, 4)

3 28+33=20+30+□+3=50+□=□

(28 → 20, 8 / 33 → 30, 3)

일의 자리에서
받아올림한 수 10은
십의 자리 수 위에 1을
쓰고 계산해요.

(4~7) 계산해 보세요.

4 $\begin{array}{r} 55 \\ +26 \\ \hline \end{array}$

5 $\begin{array}{r} 48 \\ +37 \\ \hline \end{array}$

6 16+65

7 25+19

단계 2 개념 집중 연습

덧셈을 하는 여러 가지 방법 (1)

(1~2) 그림을 보고 계산해 보세요.

1

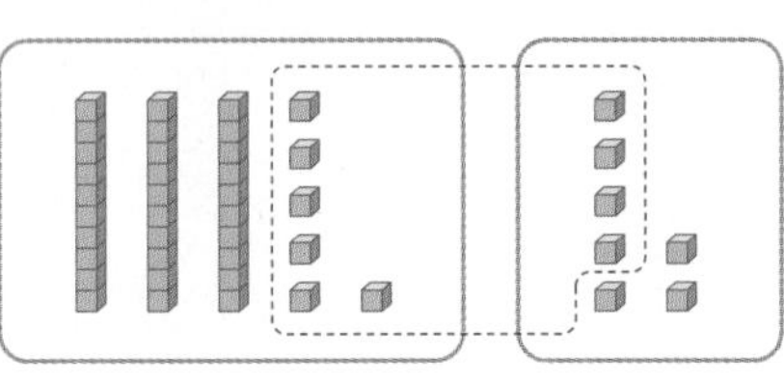

36+7=□

2

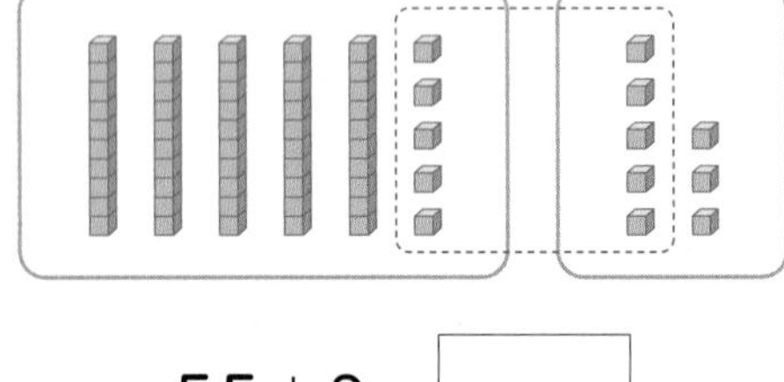

55+8=□

(3~6) □ 안에 알맞은 수를 써넣으세요.

3
$$\begin{array}{r} \square \\ 4\ 9 \\ +\quad 3 \\ \hline \square \end{array}$$

4
$$\begin{array}{r} \square \\ 2\ 6 \\ +\quad 5 \\ \hline \square \end{array}$$

5
$$\begin{array}{r} \square \\ 6\ 8 \\ +\quad 4 \\ \hline \square \end{array}$$

6
$$\begin{array}{r} \square \\ 5\ 7 \\ +\quad 8 \\ \hline \square \end{array}$$

(7~15) 계산해 보세요.

7
$$\begin{array}{r} 3\ 5 \\ +\quad 9 \\ \hline \end{array}$$

8
$$\begin{array}{r} 2\ 8 \\ +\quad 6 \\ \hline \end{array}$$

9
$$\begin{array}{r} 5\ 3 \\ +\quad 7 \\ \hline \end{array}$$

10
$$\begin{array}{r} 2\ 7 \\ +\quad 7 \\ \hline \end{array}$$

11
$$\begin{array}{r} 4\ 8 \\ +\quad 3 \\ \hline \end{array}$$

12
$$\begin{array}{r} 7\ 7 \\ +\quad 9 \\ \hline \end{array}$$

13 26+4

14 59+2

15 76+6

스피드 정답 4~5쪽 · 정답 및 풀이 24~25쪽

덧셈을 하는 여러 가지 방법 (2)

[16~21] □ 안에 알맞은 수를 써넣으세요.

16

$$\begin{array}{r} 1\ \ \\ 3\ 5 \\ +\ 4\ 7 \\ \hline \square \end{array} \Rightarrow \begin{array}{r} \square\ \ \\ 3\ 5 \\ +\ 4\ 7 \\ \hline \square\ \square \end{array}$$

17

$$\begin{array}{r} 1\ \ \\ 5\ 6 \\ +\ 2\ 8 \\ \hline \square \end{array} \Rightarrow \begin{array}{r} \square\ \ \\ 5\ 6 \\ +\ 2\ 8 \\ \hline \square\ \square \end{array}$$

18

$$\begin{array}{r} \square\ \ \\ 4\ 7 \\ +\ 2\ 7 \\ \hline \square \end{array}$$

19

$$\begin{array}{r} \square\ \ \\ 6\ 3 \\ +\ 1\ 9 \\ \hline \square \end{array}$$

20

$$\begin{array}{r} \square\ \ \\ 2\ 8 \\ +\ 3\ 8 \\ \hline \square \end{array}$$

21

$$\begin{array}{r} \square\ \ \\ 4\ 5 \\ +\ 2\ 6 \\ \hline \square \end{array}$$

[22~30] 계산해 보세요.

22

$$\begin{array}{r} 3\ 5 \\ +\ 4\ 6 \\ \hline \end{array}$$

23

$$\begin{array}{r} 5\ 7 \\ +\ 1\ 8 \\ \hline \end{array}$$

24

$$\begin{array}{r} 2\ 9 \\ +\ 3\ 2 \\ \hline \end{array}$$

25

$$\begin{array}{r} 4\ 6 \\ +\ 4\ 5 \\ \hline \end{array}$$

26

$$\begin{array}{r} 6\ 7 \\ +\ 1\ 6 \\ \hline \end{array}$$

27

$$\begin{array}{r} 2\ 5 \\ +\ 5\ 7 \\ \hline \end{array}$$

28 $53+17$

29 $26+59$

30 $47+34$

3 단원

1단계 교과서 개념

덧셈을 해 볼까요

다다
다다
얘들아!
저기 강으로
피하자.

풍
덩

앵
앵
앵

보글
보글
보글

어… 어디로
사라진 거지?

이대로 놓칠 순 없지.
더 많은 로봇 벌을
보내야겠다!
타닥 타닥

로봇 벌 42마리에
72마리를 더 모으면
모두 몇 마리지?
앵
앵
앵

십의 자리 수끼리의 합이
100이거나 100보다 크면 백의 자리로
받아올림하여 계산! 그럼
모두 114마리이군.

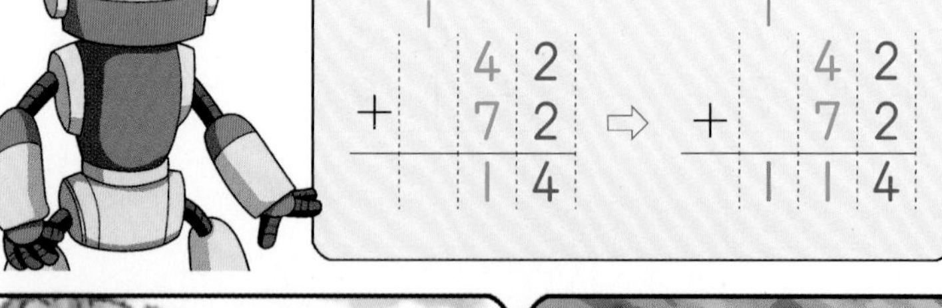
1
4 2
+ 7 2
1 4
⇨
1
4 2
+ 7 2
1 1 4

우웅
우
웅

박사님,
다음 계획은
뭐예요?
잠깐!

미안하다!
긴장해서 그런
거란다.
뿌웅~
윽! 박사님이
방귀를….

개념 클릭

• 백의 자리로 받아올림이 있는 (두 자리 수)+(두 자리 수)

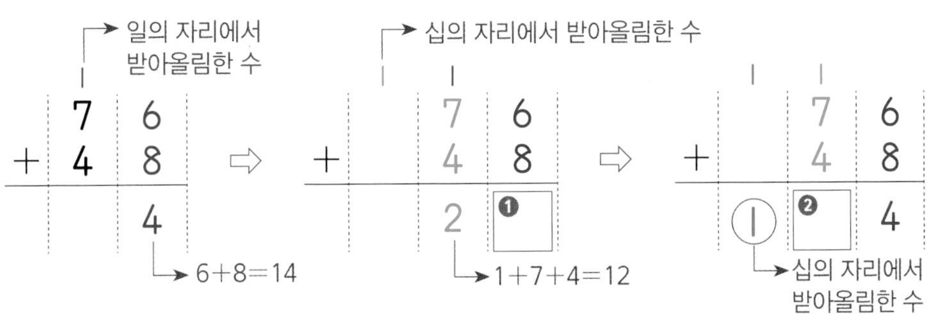

십의 자리에서 받아올림한 수는 백의 자리 위에 1을 써요.

① 일의 자리 수끼리의 합이 10이거나 10보다 크면 10을 십의 자리로 받아올림합니다. (십의 자리 수 위에 1을 써요.)

② 십의 자리 수끼리의 합이 100이거나 100보다 크면 100을 백의 자리로 받아올림합니다. (백의 자리 위에 1을 써요.)

정답 | ❶ 4 ❷ 2

1 □ 안에 알맞은 수를 써넣으세요.

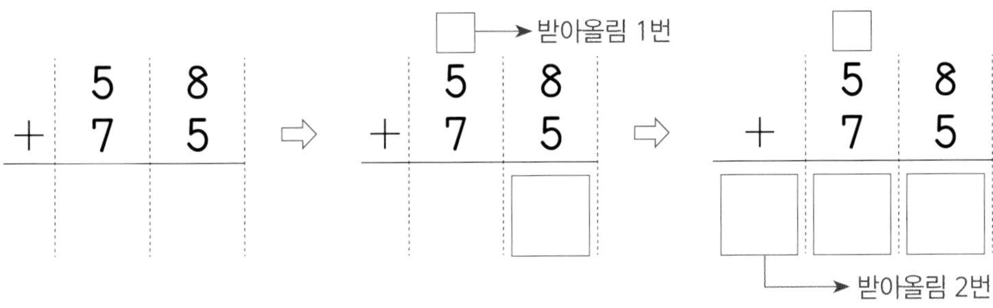

(2~8) 계산해 보세요.

십의 자리에서 받아올림한 수는 잊지 말고 백의 자리 위에 써요.

2 $\begin{array}{r} 63 \\ +45 \\ \hline \end{array}$

3 $\begin{array}{r} 85 \\ +61 \\ \hline \end{array}$

4 $\begin{array}{r} 35 \\ +68 \\ \hline \end{array}$

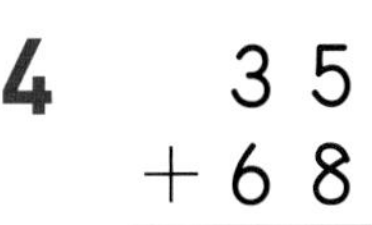

5 $\begin{array}{r} 67 \\ +55 \\ \hline \end{array}$

6 42+67

7 76+49

8 88+73

교과서 개념

뺄셈을 하는 여러 가지 방법을 알아볼까요 (1)

이번엔 쉽게 빠져나가기 힘들 거다.

트롯! 그러면 안돼!!

저의 진짜 계획을 위해선 어쩔 수 없습니다.
진짜 계획?

모든 인간들이 저의 명령에 따르도록 하는 겁니다.

내가 무서운 괴물 로봇을 만들었구나.

우선 여길 빠져 나가야겠어.

창살 32개 중 8개만 고정되어 있구나.
그럼 몇 개를 움직일 수 있지?

32-8은 일의 자리 수 2에서 8을 뺄 수 없으니까
십의 자리에서 10을 받아내림하여
계산하면 되지. 답은 24!

$$\begin{array}{r} \scriptstyle 2\ \ 10 \\ \not{3}\ 2 \\ -\quad 8 \\ \hline 4 \end{array} \Rightarrow \begin{array}{r} \scriptstyle 2\ \ 10 \\ \not{3}\ 2 \\ -\quad 8 \\ \hline 2\ 4 \end{array}$$

$3-1=2$

후, 성공이다.

나의 계획을 실행할 시간이 오고 있군.
터~엉

헐~
앗! 내가 너무 방심했구나.

개념 클릭

• 받아내림이 있는 (두 자리 수)−(한 자리 수)

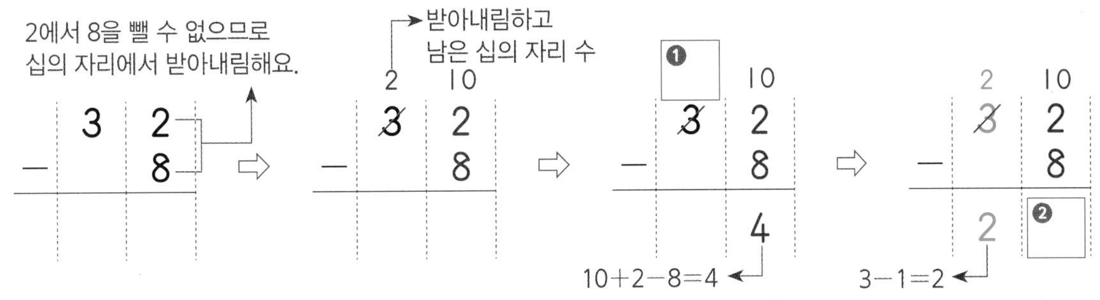

일의 자리 수끼리 뺄셈을 할 수 없으면 십의 자리에서 10을 받아내림하여 10+2−8을 계산합니다.

십의 자리 수는 1 작아져요.

정답 | ❶ 2 ❷ 4

1 젤리 13개 중 5개를 먹었습니다. 남은 젤리는 몇 개인지 구하세요.

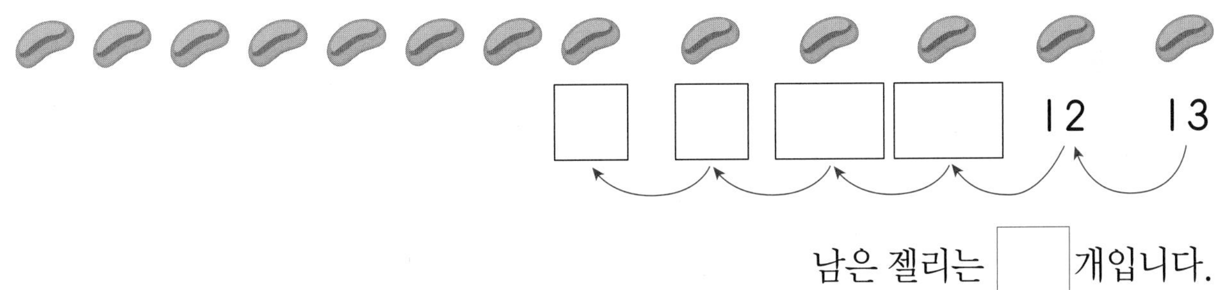

남은 젤리는 □개입니다.

(2~3) □ 안에 알맞은 수를 써넣으세요.

2

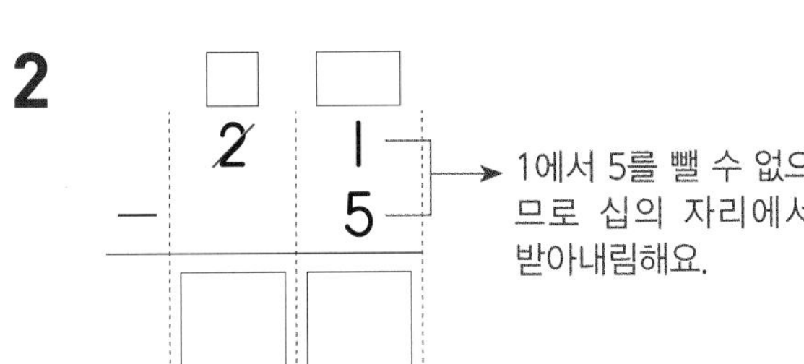

1에서 5를 뺄 수 없으므로 십의 자리에서 받아내림해요.

3

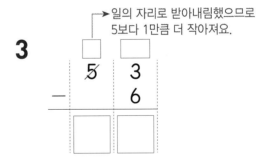

일의 자리로 받아내림했으므로 5보다 1만큼 더 작아져요.

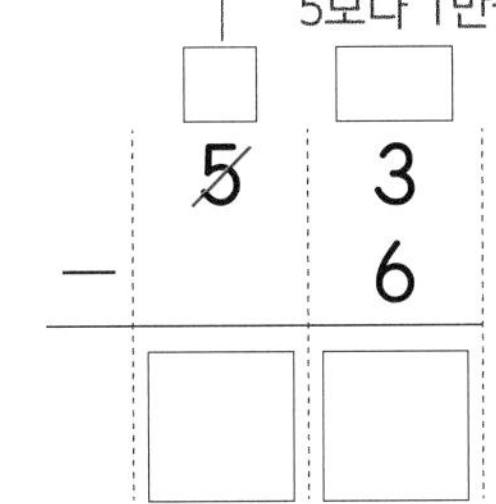

(4~8) 계산해 보세요.

4 $96 - 9$

5 $65 - 7$

6 75−8

7 52−3

8 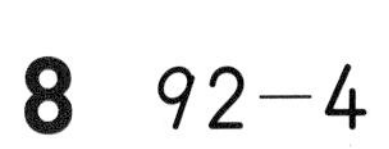
92−4

단계 2

개념 집중 연습

덧셈하기

[1~2] 그림을 보고 계산해 보세요.

1

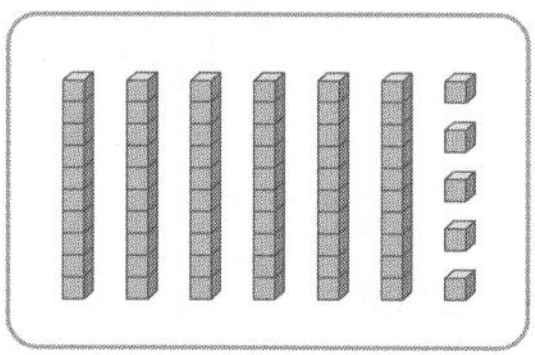
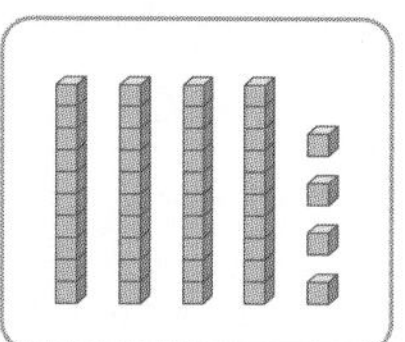

$65+44=\square$

2

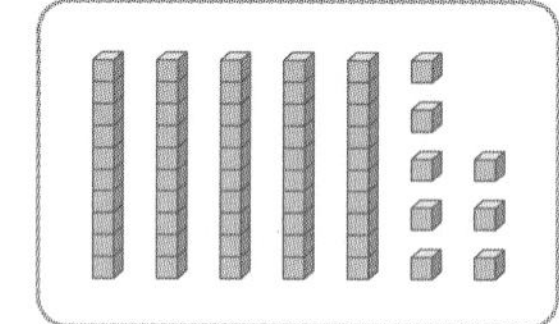
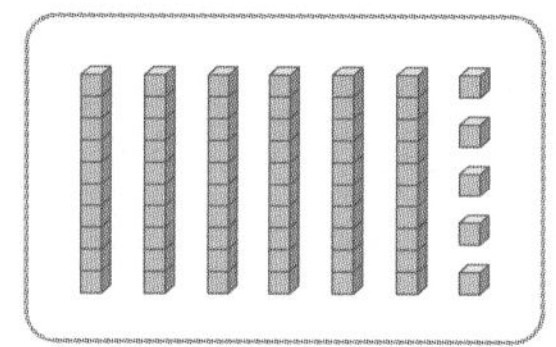

$58+65=\square$

[3~5] □ 안에 알맞은 수를 써넣으세요.

3

$$\begin{array}{r} 7\ 4 \\ +\ 4\ 3 \\ \hline \square \end{array} \Rightarrow \begin{array}{r} 7\ 4 \\ +\ 4\ 3 \\ \hline \square\square\square \end{array}$$

4

$$\begin{array}{r} 1 \\ 6\ 7 \\ +\ 4\ 5 \\ \hline \square \end{array} \Rightarrow \begin{array}{r} \square \\ 6\ 7 \\ +\ 4\ 5 \\ \hline \square\square\square \end{array}$$

5

$$\begin{array}{r} 1 \\ 4\ 6 \\ +\ 8\ 8 \\ \hline \square \end{array} \Rightarrow \begin{array}{r} \square \\ 4\ 6 \\ +\ 8\ 8 \\ \hline \square\square\square \end{array}$$

[6~14] 계산해 보세요.

6
$$\begin{array}{r} 5\ 4 \\ +\ 7\ 1 \\ \hline \end{array}$$

7
$$\begin{array}{r} 6\ 5 \\ +\ 5\ 3 \\ \hline \end{array}$$

8
$$\begin{array}{r} 7\ 3 \\ +\ 6\ 2 \\ \hline \end{array}$$

9
$$\begin{array}{r} 8\ 5 \\ +\ 2\ 9 \\ \hline \end{array}$$

10
$$\begin{array}{r} 4\ 8 \\ +\ 5\ 6 \\ \hline \end{array}$$

11
$$\begin{array}{r} 3\ 5 \\ +\ 8\ 9 \\ \hline \end{array}$$

12 $74+86$

13 $36+75$

14 $64+58$

뺄셈을 하는 여러 가지 방법 (1)

[15~16] 그림을 보고 계산해 보세요.

15

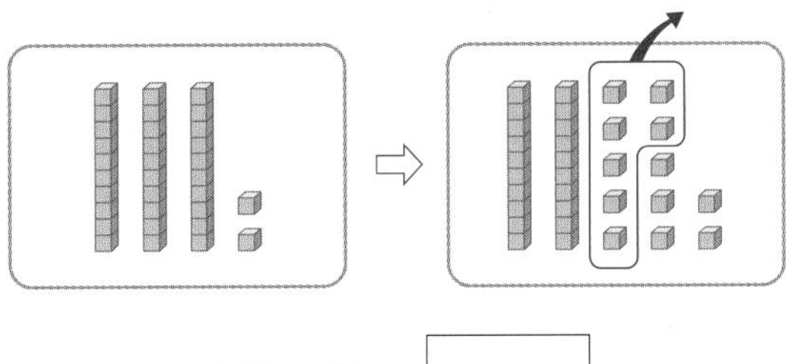

32−7=☐

16

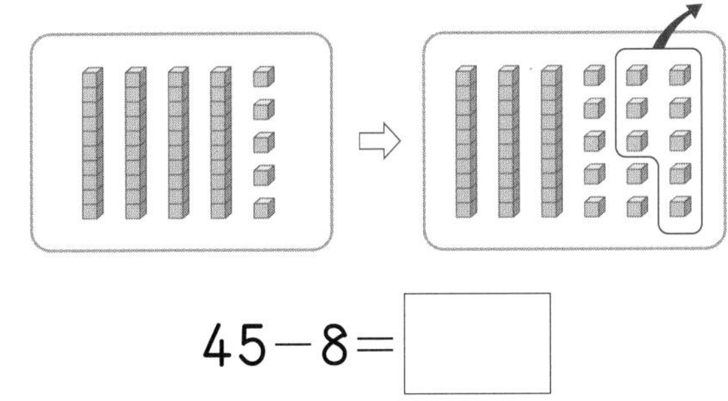

45−8=☐

[17~20] ☐ 안에 알맞은 수를 써넣으세요.

17 **18**

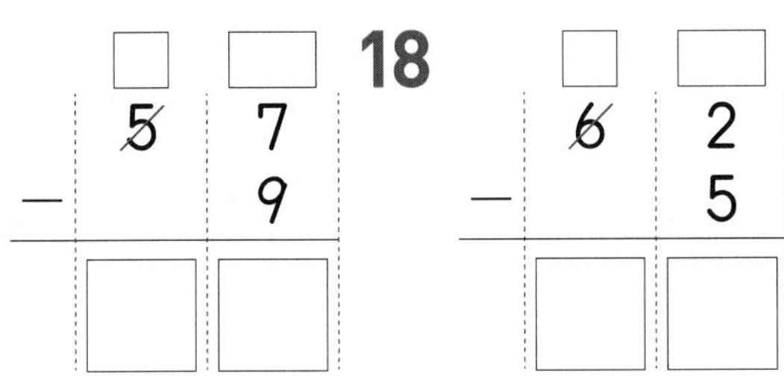

	☐	☐			☐	☐
	5̸	7			6̸	2
−		9		−		5
	☐	☐			☐	☐

19 **20**

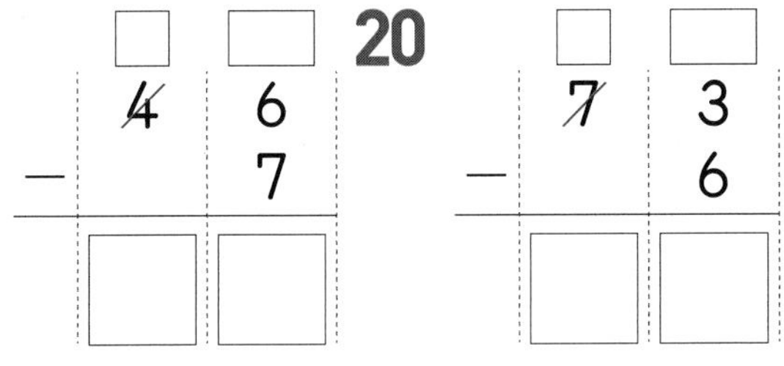

	☐	☐			☐	☐
	4̸	6			7̸	3
−		7		−		6
	☐	☐			☐	☐

[21~29] 계산해 보세요.

21 $\begin{array}{r} 66 \\ -\ \ 8 \\ \hline \end{array}$

22 $\begin{array}{r} 51 \\ -\ \ 4 \\ \hline \end{array}$

23 $\begin{array}{r} 74 \\ -\ \ 7 \\ \hline \end{array}$

24 $\begin{array}{r} 36 \\ -\ \ 9 \\ \hline \end{array}$

25 $\begin{array}{r} 44 \\ -\ \ 5 \\ \hline \end{array}$

26 $\begin{array}{r} 27 \\ -\ \ 8 \\ \hline \end{array}$

27 41−8

28 55−7

29 63−8

3 단원

1 단계

교과서 개념

뺄셈을 하는 여러 가지 방법을 알아볼까요 (2)

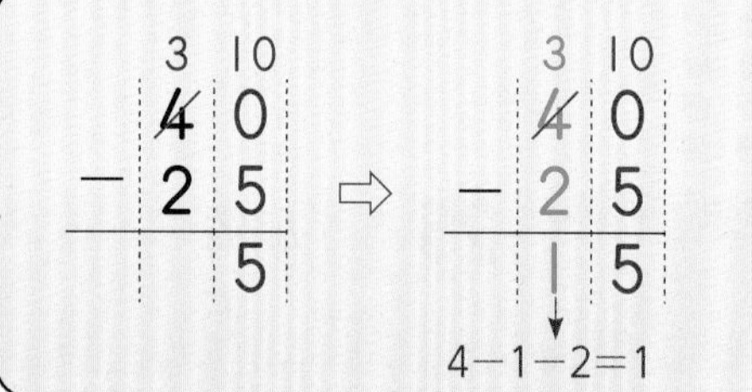

개념 클릭

• 받아내림이 있는 (몇십)−(두 자리 수)

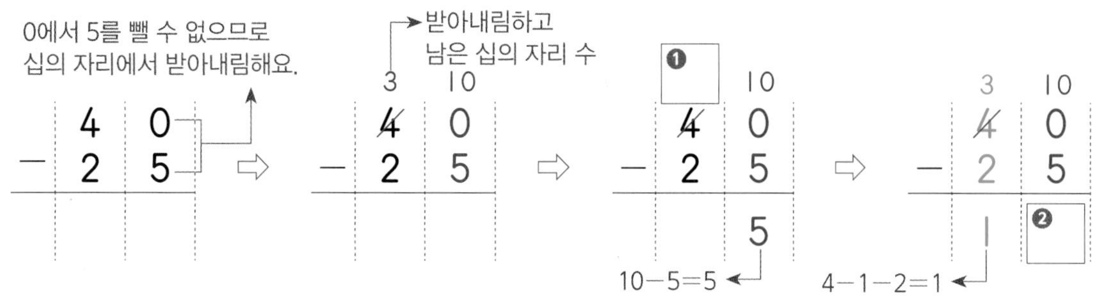
0에서 5를 뺄 수 없으므로
십의 자리에서 받아내림해요.
받아내림하고
남은 십의 자리 수
10−5=5
4−1−2=1

일의 자리 수끼리 뺄셈을 할 수 없으므로 십의 자리에서 10을 받아내림하여 10−5를 계산합니다.

정답 | ❶ 3 ❷ 5

1 □ 안에 알맞은 수를 써넣으세요.

$$\begin{array}{r} 80 \\ -\ 52 \\ \hline \end{array} \Rightarrow \begin{array}{r} \square\ \square \\ \not{8}\ 0 \\ -\ 5\ 2 \\ \hline \square \end{array} \Rightarrow \begin{array}{r} \square\ \square \\ \not{8}\ 0 \\ -\ 5\ 2 \\ \hline \square\ \square \end{array}$$

(2~3) 가르기를 이용하여 계산해 보세요.

2 70−47=70−40−□=30−□=□
(47 → 40, 7)

3 60−33=30−30+30−□=30−□=□
(60 → 30, 30; 33 → 30, 3)

(4~8) 계산해 보세요.

4
$$\begin{array}{r} 30 \\ -\ 19 \\ \hline \end{array}$$

5
$$\begin{array}{r} 40 \\ -\ 22 \\ \hline \end{array}$$

6 80−36

7 40−28

8 90−54

일의 자리 수끼리 뺄 수 없으므로 십의 자리에서 10을 받아내림 해요.

3
단원

1단계 교과서 개념

뺄셈을 해 볼까요

기다려라!! 내가 간다!
촤 아 악

아이들을 구할 그물이 필요하겠어.

내가 혹시 몰라 여기에 장치를 해 뒀지!

여기에 62-27을 계산하여 입력하자.
띠 띠

일의 자리 수끼리 뺄 수 없으니까 십의 자리에서 10을 받아내림하여 계산하면 답은 35!

$$\begin{array}{r} {\scriptstyle 5\ \ 10} \\ \not{6}\ \ 2 \\ -\ \ 2\ \ 7 \\ \hline 5 \end{array} \quad \Rightarrow \quad \begin{array}{r} {\scriptstyle 5\ \ 10} \\ \not{6}\ \ 2 \\ -\ \ 2\ \ 7 \\ \hline 3\ \ 5 \end{array}$$

저기다!

내가 바로 구해 줄게!

개념 클릭

• 받아내림이 있는 (두 자리 수)−(두 자리 수)

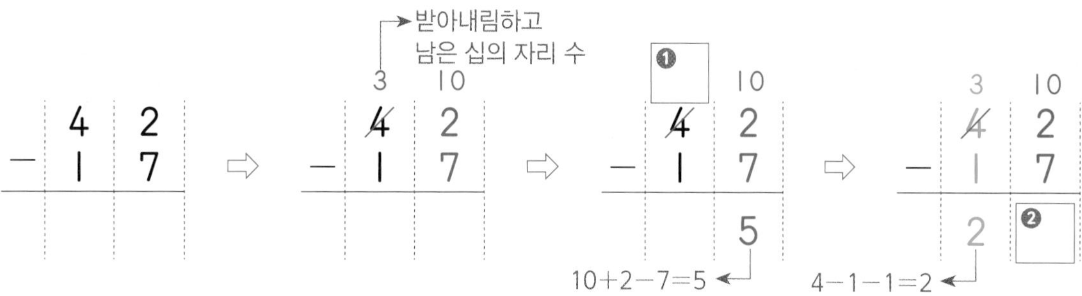

받아내림하고 남은 십의 자리 수
10+2−7=5
4−1−1=2

일의 자리 수끼리 뺄셈을 할 수 없으므로 십의 자리에서 10을 받아내림하여 10+2−7을 계산합니다.

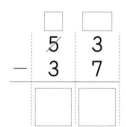

정답 | ❶ 3 ❷ 5

[1~2] □ 안에 알맞은 수를 써넣으세요.

1 $\begin{array}{r} \square \ \ \square \\ \not{5}\ \ 3 \\ -\ 3\ \ 7 \\ \hline \square\ \ \square \end{array}$

2 $\begin{array}{r} \square \ \ \square \\ \not{7}\ \ 4 \\ -\ 4\ \ 8 \\ \hline \square\ \ \square \end{array}$

[3~9] 계산해 보세요.

3 $\begin{array}{r} 8\ 1 \\ -\ 4\ 5 \\ \hline \end{array}$

4 $\begin{array}{r} 6\ 4 \\ -\ 2\ 8 \\ \hline \end{array}$

일의 자리로 10을
받아내림하면 십의
자리 수는 1만큼 더 작아져요.

5 $\begin{array}{r} 7\ 5 \\ -\ 3\ 7 \\ \hline \end{array}$

6 $\begin{array}{r} 9\ 6 \\ -\ 5\ 8 \\ \hline \end{array}$

7 52−24

8 85−49

9 64−36

3 단원

뺄셈을 하는 여러 가지 방법 (2)

[1~2] □ 안에 알맞은 수를 써넣으세요.

1

	4	□			□	□
	5̸	0			5̸	0
−	1	4	⇨	−	1	4
		□			□	□

2

	3	□			□	□
	4̸	0			4̸	0
−	1	7	⇨	−	1	7
		□			□	□

[3~6] □ 안에 알맞은 수를 써넣으세요.

3

	□	□
	6̸	0
−	1	5
	□	□

4

	□	□
	8̸	0
−	4	8
	□	□

5

	□	□
	4̸	0
−	2	3
	□	□

6

	□	□
	5̸	0
−	3	2
	□	□

[7~15] 계산해 보세요.

7 $\begin{array}{r} 80 \\ -\ 36 \\ \hline \end{array}$

8 $\begin{array}{r} 50 \\ -\ 29 \\ \hline \end{array}$

9 $\begin{array}{r} 40 \\ -\ 18 \\ \hline \end{array}$

10 $\begin{array}{r} 90 \\ -\ 64 \\ \hline \end{array}$

11 $\begin{array}{r} 70 \\ -\ 36 \\ \hline \end{array}$

12 $\begin{array}{r} 60 \\ -\ 33 \\ \hline \end{array}$

13 90−38

14 60−45

15 40−11

뺄셈하기

(16~17) 그림을 보고 계산해 보세요.

16

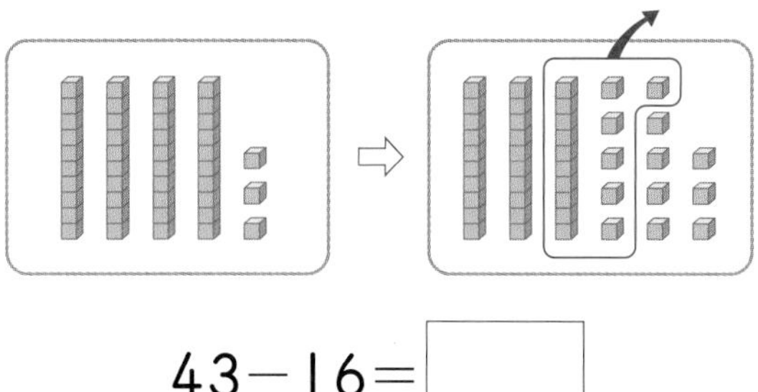

43−16= □

17

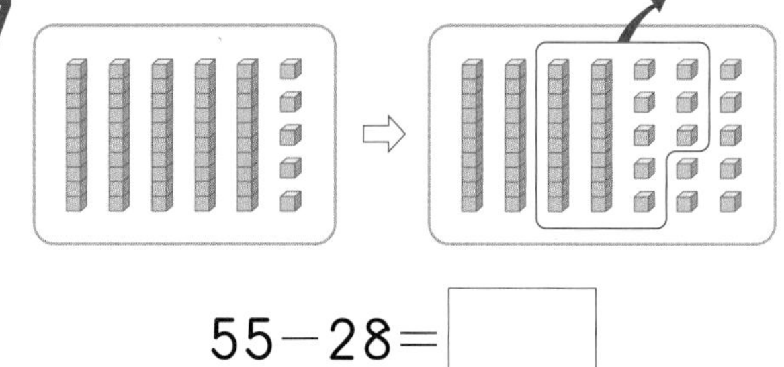

55−28= □

(18~21) □ 안에 알맞은 수를 써넣으세요.

18

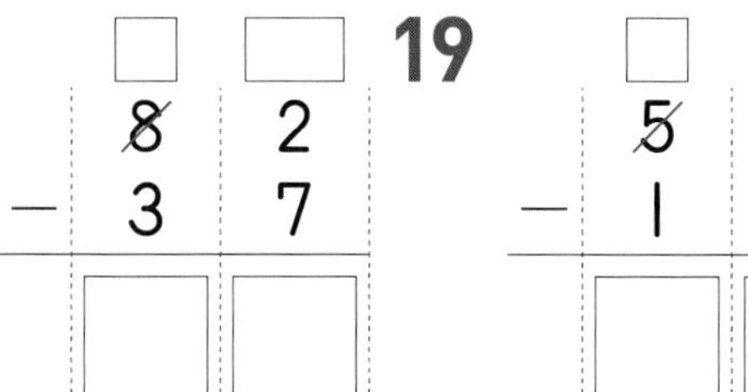

19

20

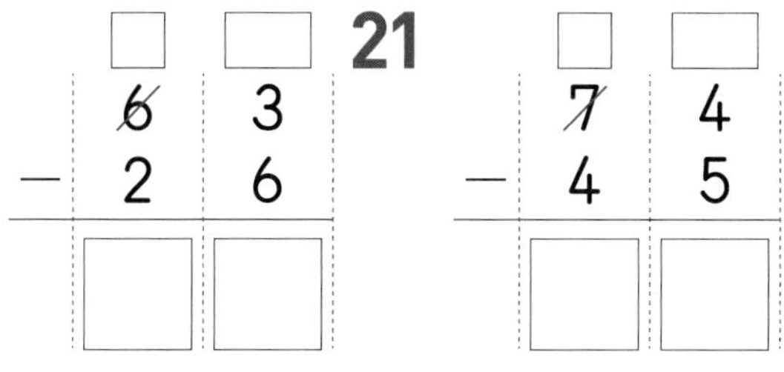

21

(22~30) 계산해 보세요.

22 $\begin{array}{r} 53 \\ -\ 26 \\ \hline \end{array}$

23 $\begin{array}{r} 41 \\ -\ 15 \\ \hline \end{array}$

24 $\begin{array}{r} 93 \\ -\ 54 \\ \hline \end{array}$

25 $\begin{array}{r} 76 \\ -\ 27 \\ \hline \end{array}$

26 $\begin{array}{r} 65 \\ -\ 28 \\ \hline \end{array}$

27 $\begin{array}{r} 82 \\ -\ 64 \\ \hline \end{array}$

28 64−26

29 72−47

30 56−29

3 단원

단계 1

교과서 개념

세 수의 계산을 해 볼까요

영차
영차~

얘들아! 괜찮니?
콜록
콜록
콜록
콜록

모두 무사해서 다행이에요.
이게 어떻게 된 건가?

얘들아, 미안하구나.
?
엥?

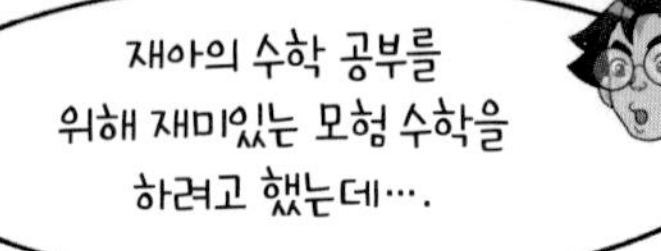
재아의 수학 공부를 위해 재미있는 모험 수학을 하려고 했는데….

박사님?
아빠?

트롯이 갑자기 진짜 악당이 되어 버렸단다.

이곳도 위험하니 일단 이동하자.

벌써 들킨 것 같은데?
앵
앵
앵

로봇 벌 61마리 중 28마리를 처리!
앗, 로봇 벌 11마리가 더 온다!
슝
슝
슝

앞에서부터 두 수씩 순서대로 계산하면 답은 44마리!

$$61-28+11$$
$$=33+11$$
$$=44$$

아직 44마리가 남았구나. 모두 도망치자!
앵
앵
앵

개념 클릭

• 세 수의 계산

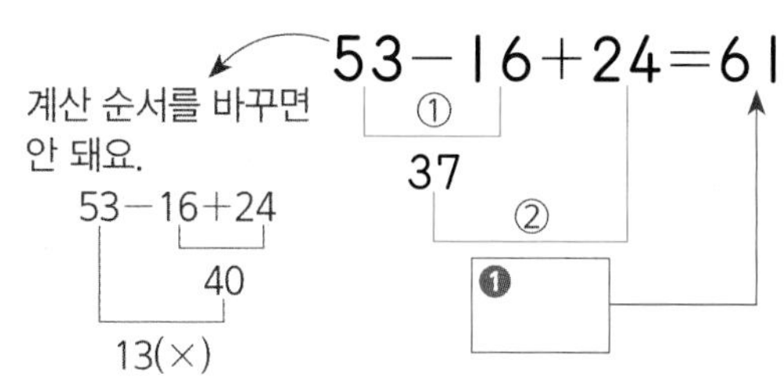
53－16＋24＝61
계산 순서를 바꾸면 안 돼요.
53－16＋24
40
13(×)
①
37
②
❶

$$\begin{array}{r} 53 \\ -\ 16 \\ \hline 37 \end{array} \quad \rightarrow \quad \begin{array}{r} 37 \\ +\ 24 \\ \hline \boxed{❷} \end{array}$$

덧셈과 뺄셈이 섞여 있는 세 수의 계산은 앞에서부터 순서대로 계산해요.

앞에서부터 순서대로 두 수를 계산하고, 그 결과와 셋째 번 수를 계산합니다.

정답 | ❶ 61 ❷ 61

(1~2) □ 안에 알맞은 수를 써넣으세요.

앞에서부터 두 수씩 순서대로 계산해요.

1 37＋45－67＝□

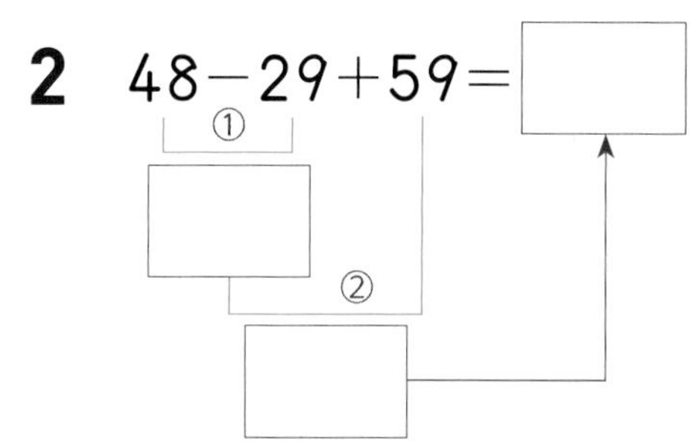

$$\begin{array}{r} 37 \\ +\ 45 \\ \hline \square \end{array} \ ① \quad \rightarrow \quad \begin{array}{r} \square \\ -\ 67 \\ \hline \square \end{array} \ ②$$

2 48－29＋59＝□

$$\begin{array}{r} 48 \\ -\ 29 \\ \hline \square \end{array} \ ① \quad \rightarrow \quad \begin{array}{r} \square \\ +\ 59 \\ \hline \square \end{array} \ ②$$

(3~4) □ 안에 알맞은 수를 써넣으세요.

3 17＋49－37＝□

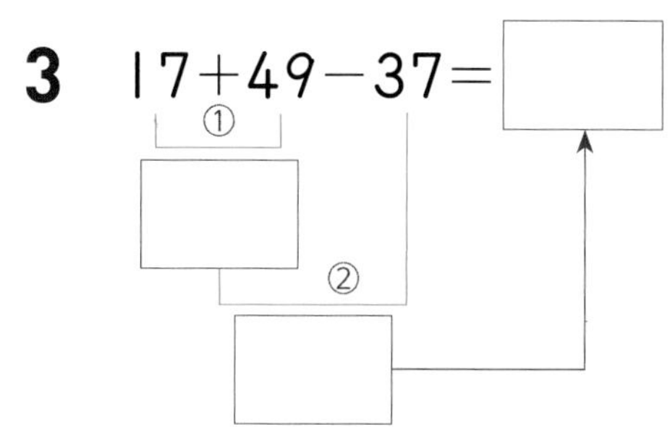

4 70－25＋27＝□

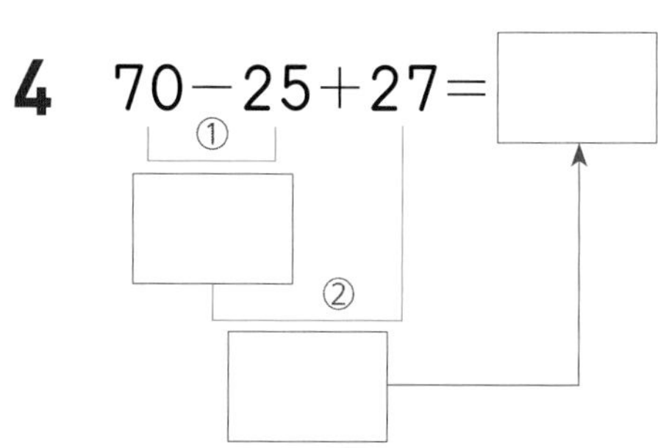

(5~6) 계산해 보세요.

5 86－18＋25

6 65＋16－34

1단계 교과서 개념

덧셈과 뺄셈의 관계를 식으로 나타내 볼까요

이쪽입니다.

일단 이 문을 열어야 해요.
안쪽으로 어떻게 들어 가는 건가?

그런데 암호가 기억이 안 나서….
어디 내가 한번 보겠네.

덧셈식을 보고 뺄셈식으로 나타내는 거군.
박사님, 서두르세요.
앵
앵
앵
앵
앵

덧셈식은 이렇게 두 개의 뺄셈식으로 나타낼 수 있지.

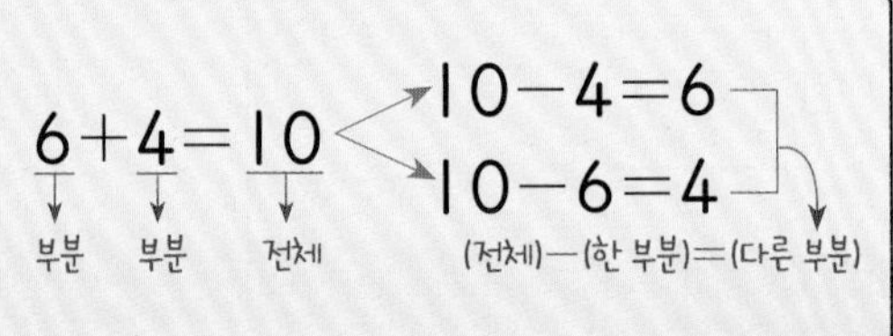

어이쿠~ 나도 어서 들어 가야겠다.
앵
앵

박사님, 슬리퍼 대신 이걸 신으세요.
고맙네.

앞으로 어떻게 해야 할지 걱정이네요.
잠깐!

뿌웅
미안~ 긴장만 하면 이러네.

정말 미안~.
또 방귀를….
으악! 냄새~.

◖스피드 정답 6쪽 · 정답 및 풀이 29쪽 월 일

개념 클릭

• **덧셈과 뺄셈의 관계**

〈덧셈식을 뺄셈식으로 나타내기〉

$6+4=10$ → $10-6=4$, $10-4=6$

전체인 ❶ □ 에서 부분인 6과 4를 각각 빼는 뺄셈식

덧셈식 (부분)+(부분)=(전체)를 뺄셈식 (전체)−(한 부분)=(다른 부분)으로 바꿀 수 있습니다.

〈뺄셈식을 덧셈식으로 나타내기〉

$9-5=4$ → $4+5=9$, $5+4=9$

부분인 4와 5의 합이 전체 ❷ □ 인 덧셈식

뺄셈식 (전체)−(한 부분)=(다른 부분)을 덧셈식 (부분)+(부분)=(전체)로 바꿀 수 있습니다.

정답 | ❶ 10 ❷ 9

1 검은 바둑돌 14개와 흰 바둑돌 8개가 있습니다. 물음에 답하세요.

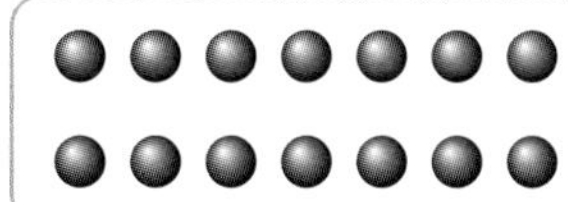
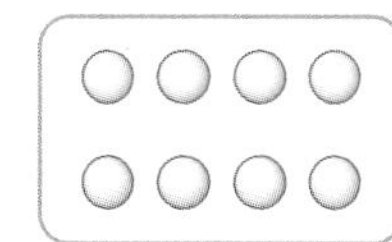

(1) 전체 바둑돌의 수를 덧셈식으로 나타내 보세요.

$14+8=$ □

(2) 위 (1)의 덧셈식을 보고 뺄셈식으로 나타내 보세요.

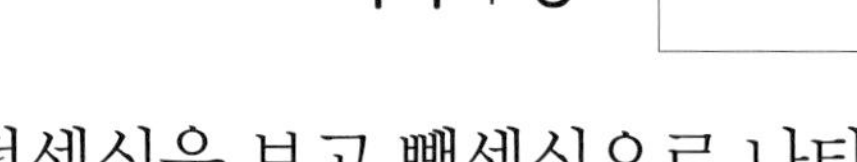

□ $-14=8$, □ $-8=14$

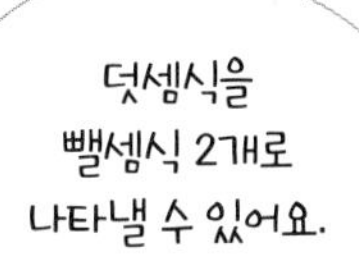

[2~5] 덧셈식은 뺄셈식으로, 뺄셈식은 덧셈식으로 나타내 보세요.

2 $15+36=51$

⇨ $51-15=$ □

$51-36=$ □

3 $64+19=83$

⇨ $83-$ □ $=19$

$83-$ □ $=64$

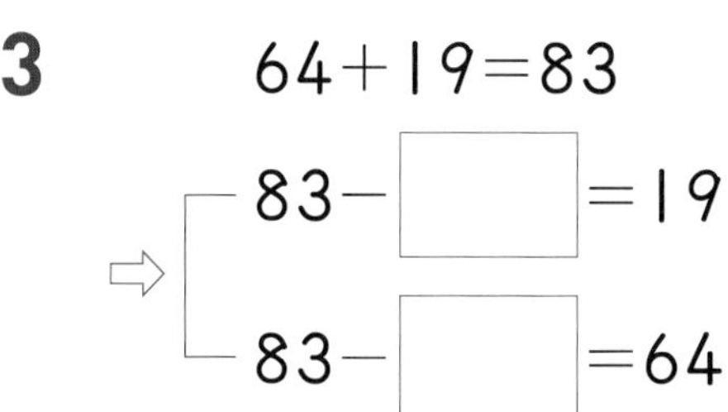

4 $62-24=38$

⇨ $38+24=$ □

$24+38=$ □

5 $53-16=37$

⇨ $37+$ □ $=53$

$16+$ □ $=53$

개념 집중 연습

세 수의 계산

(1~5) □ 안에 알맞은 수를 써넣으세요.

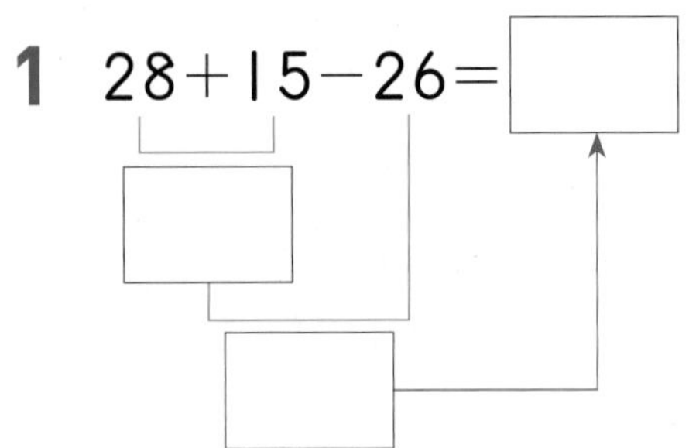

1 $28+15-26=\square$

2 $72-36+19=\square$

3 $45+27-38=\square$

4 $57-38=\square$, $\square+14=\square$

5 $48+26=\square$, $\square-17=\square$

(6~11) 계산해 보세요.

6 $41-26+39$

7 $54+29-46$

8 $63-45+17$

9 $36+37-18$

10 $52-16+45$

11 $43+29-13$

덧셈과 뺄셈의 관계

[12~14] 그림을 보고 □ 안에 알맞은 수를 써넣으세요.

12 (46, 27 / 73)

46+27=73

⇨ 73−□=27

73−27=□

13 (34, 58 / 92)

34+58=92

⇨ 92−□=58

□−58=□

14 (81 / 36, 45)

81−45=36

⇨ 36+□=□

45+□=81

[15~18] 덧셈식은 뺄셈식으로, 뺄셈식은 덧셈식으로 나타내 보세요.

15 35+48=83

⇨ 83−□=48

83−□=35

16 26+37=63

⇨ 63−26=□

□−37=□

17 94−37=57

⇨ 57+□=□

37+□=94

18 40−18=22

⇨ 22+□=□

18+□=40

3 단원

1단계 교과서 개념

□가 사용된 덧셈식을 만들고 □의 값을 구해 볼까요

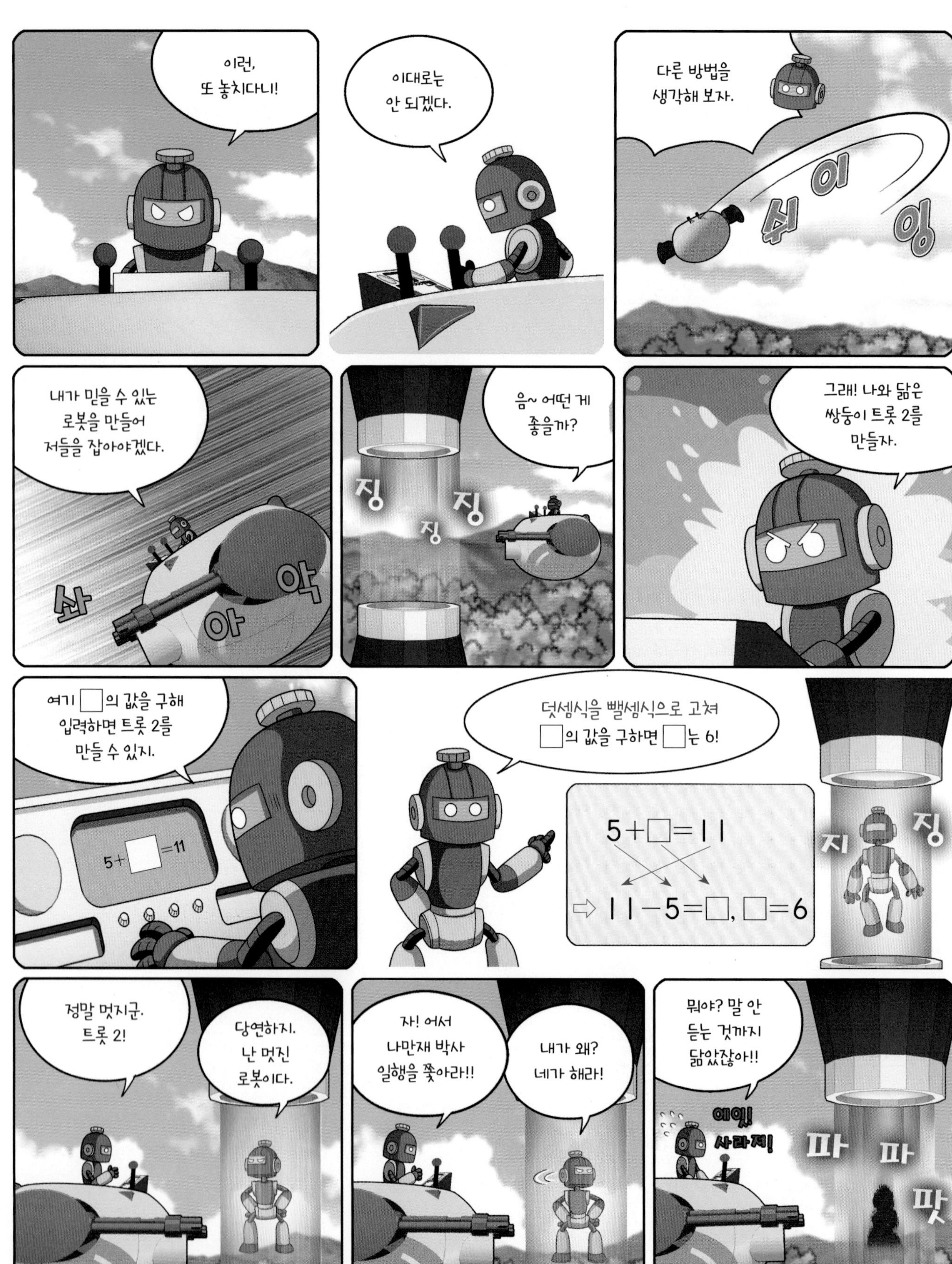

이런, 또 놓치다니!
이대로는 안 되겠다.
다른 방법을 생각해 보자.
쉬이잉
내가 믿을 수 있는 로봇을 만들어 저들을 잡아야겠다.
쇄아악
음~ 어떤 게 좋을까?
징 징 징
그래! 나와 닮은 쌍둥이 트롯 2를 만들자.
여기 □의 값을 구해 입력하면 트롯 2를 만들 수 있지.
5+□=11
덧셈식을 뺄셈식으로 고쳐 □의 값을 구하면 □는 6!
5+□=11
⇨ 11−5=□, □=6
지징
정말 멋지군. 트롯 2!
당연하지. 난 멋진 로봇이다.
자! 어서 나만재 박사 일행을 쫓아라!!
내가 왜? 네가 해라!
뭐야? 말 안 듣는 것까지 닮았잖아!!
에잇! 사라져!
파 파 팟

◀스피드 정답 7쪽 · 정답 및 풀이 30쪽

월 일

• 덧셈식에서 □의 값 구하기

① 모르는 어떤 수를 □를 사용하여 나타내기

바나나 5개에 몇 개를 더했더니 11개가 되었어요.

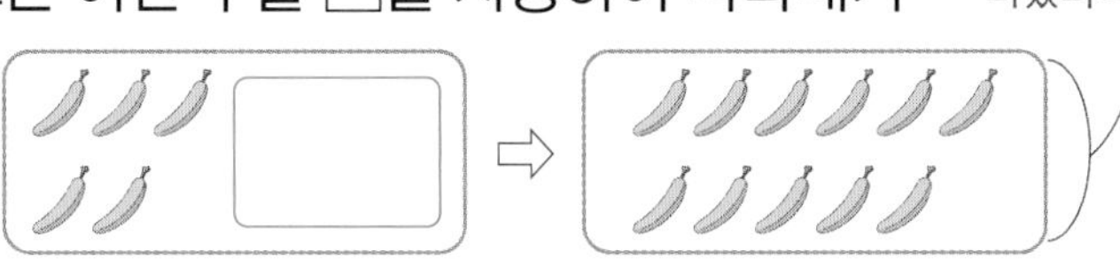

5+□=11

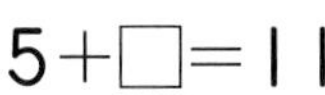

더한 수를 □로 하여 덧셈식으로 나타내요.

② 덧셈식을 뺄셈식으로 고쳐 □의 값을 구하기

5+□=11 ⇨ 11−❶□=□, □=❷□

정답 | ❶ 5 ❷ 6

1 연수는 초콜릿이 8개 있었습니다. 친구에게 몇 개를 받아 모두 14개가 되었습니다. 친구에게 받은 초콜릿은 몇 개인지 알아보세요.

(1) 친구에게 받은 초콜릿 수를 ■로 하여 덧셈식으로 나타내 보세요.

8+■=□

(2) 위 (1)의 덧셈식을 뺄셈식으로 고쳐 ■의 값을 구하세요.

14−8=■, ■=□

(3) 연수가 친구에게 받은 초콜릿은 몇 개일까요? ( )

[2~5] □ 안에 알맞은 수를 써넣으세요.

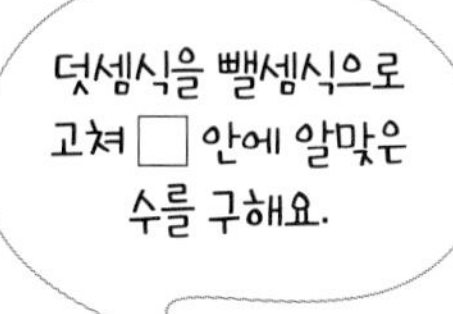

2 6+□=15

3 1+□=10

4 □+2=11

5 □+8=15

3 단원

단계 1 교과서 개념

□가 사용된 뺄셈식을 만들고 □의 값을 구해 볼까요

• **빼셈식에서 □의 값 구하기**

뺄셈식을 뺄셈식 또는 덧셈식으로 고쳐 □의 값을 구할 수 있습니다.

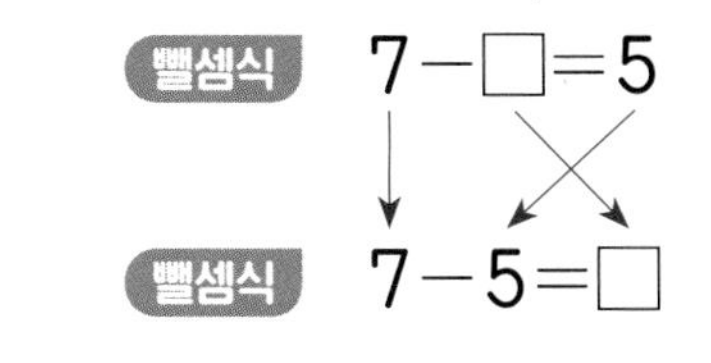

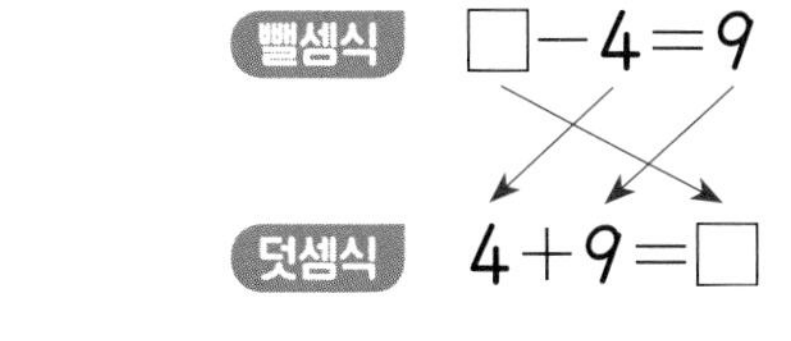

7−□=5 ⇨ 7−5=□, □=❶

□−4=9 ⇨ 4+9=□, □=❷

정답 | ❶ 2 ❷ 13

1 딸기가 12개 있었습니다. 그중 몇 개를 먹었더니 7개가 남았습니다. 먹은 딸기는 몇 개인지 알아보세요.

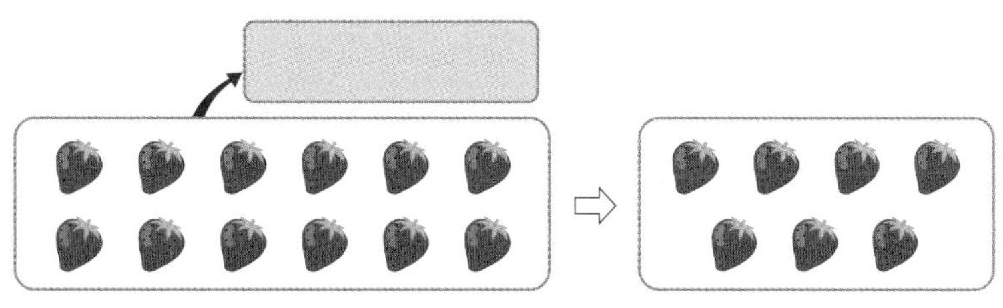

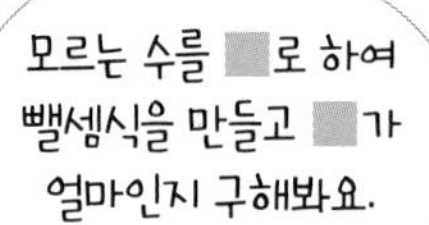

모르는 수를 ■로 하여 뺄셈식을 만들고 ■가 얼마인지 구해봐요.

(1) 먹은 딸기의 수를 ■로 하여 뺄셈식으로 나타내 보세요.

12−■=□

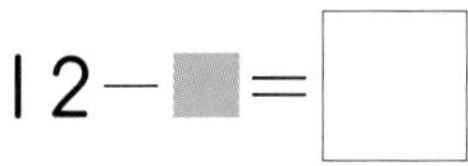

(2) 위 (1)의 식을 뺄셈식으로 고쳐 ■의 값을 구하세요.

12−7=■, ■=□

(3) 먹은 딸기는 몇 개일까요? ( )

(2~5) □ 안에 알맞은 수를 써넣으세요.

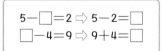

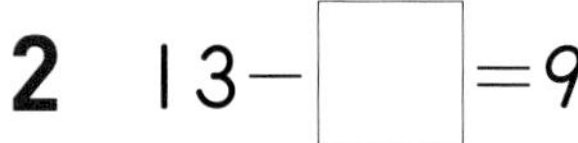

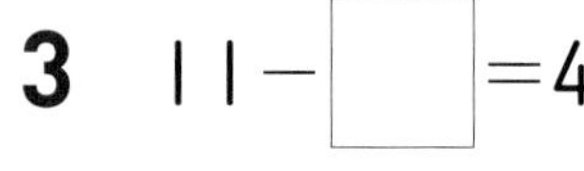

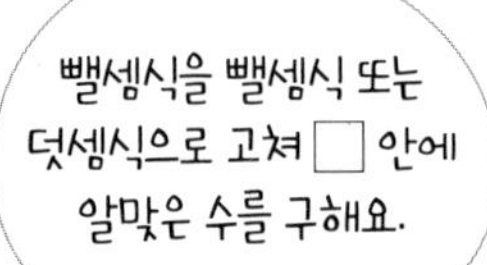

뺄셈식을 뺄셈식 또는 덧셈식으로 고쳐 □ 안에 알맞은 수를 구해요.

2 13−□=9

3 11−□=4

4 □−7=6

5 □−6=8

단계 2 개념 집중 연습

덧셈식에서 □의 값 구하기

1 귤이 7개 있었습니다. 몇 개를 사 와서 모두 15개가 되었습니다. 더 사 온 귤은 몇 개인지 알아보세요.

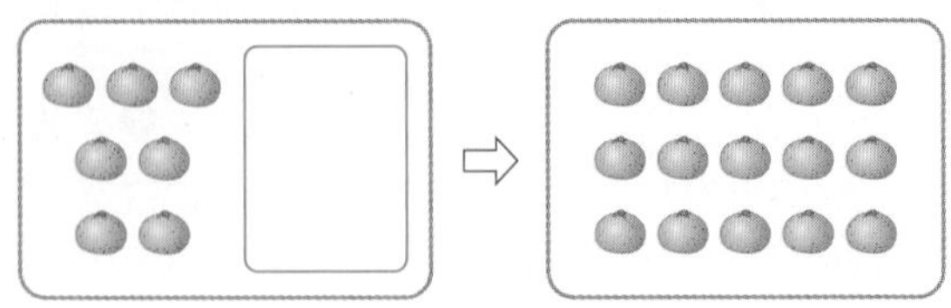

(1) 더 사 온 귤 수를 ■로 하여 덧셈식으로 나타내 보세요.

7+■=□

(2) 위 (1)의 덧셈식을 뺄셈식으로 고쳐 ■의 값을 구하세요.

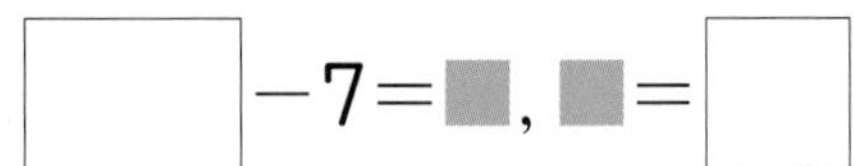

□−7=■, ■=□

(3) 더 사 온 귤은 몇 개일까요?

(　　　　　)

[2~3] □ 안에 알맞은 수를 써넣으세요.

2

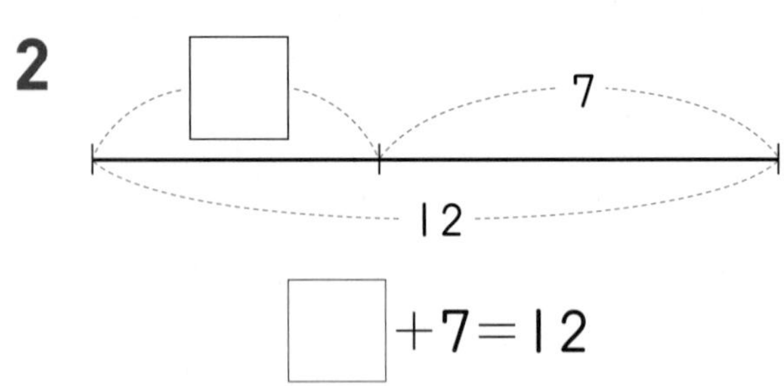

□+7=12

3

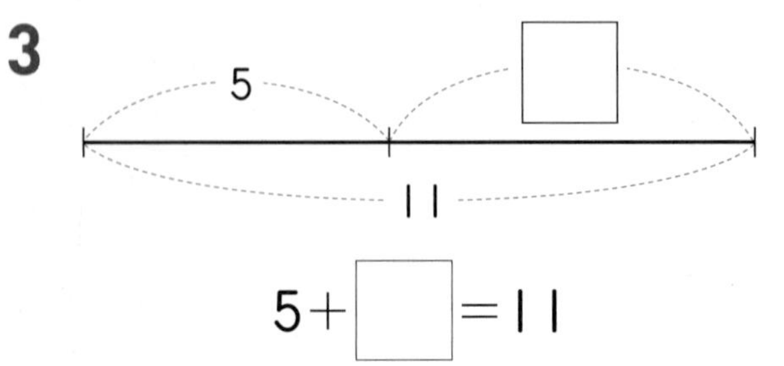

5+□=11

[4~10] □ 안에 알맞은 수를 써넣으세요.

4 □+9=15

5 5+□=12

6 □+8=14

7 7+□=13

8 □+9=11

9 6+□=14

10 □+7=16

스피드 정답 7쪽 · 정답 및 풀이 31쪽

뺄셈식에서 □의 값 구하기

11 과자가 몇 개 있었는데 그중 5개를 먹었더니 8개가 남았습니다. 처음에 있던 과자의 수를 알아보세요.

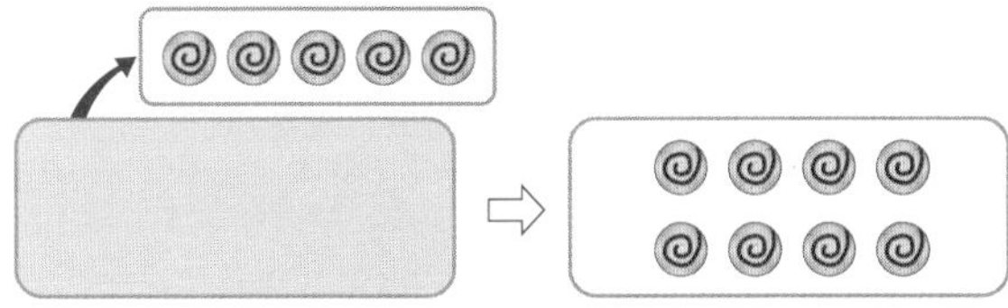

(1) 처음에 있던 과자의 수를 ■로 하여 뺄셈식으로 나타내 보세요.

■−5=□

(2) 위 (1)의 뺄셈식을 덧셈식으로 고쳐 ■의 값을 구하세요.

□+5=■, ■=□

(3) 처음에 있던 과자는 몇 개일까요?

(　　　　　　)

[12~13] 그림을 보고 □ 안에 알맞은 수를 써넣으세요.

12

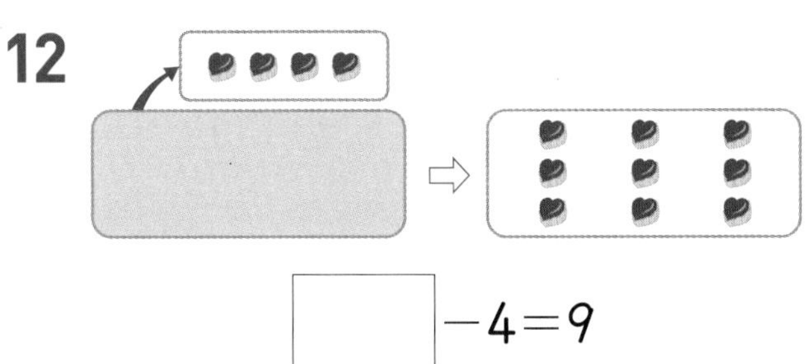

□−4=9

13

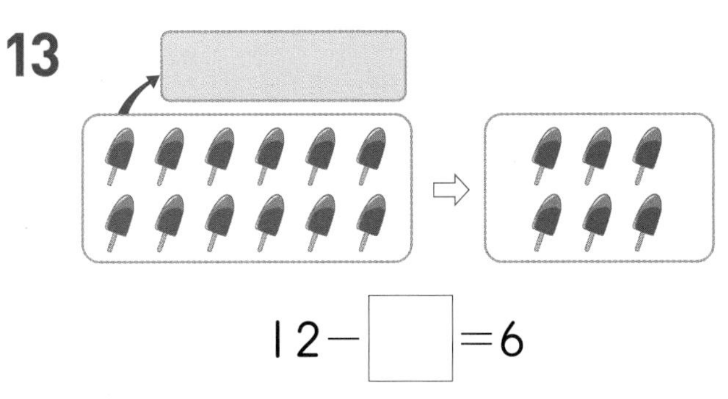

12−□=6

[14~19] □ 안에 알맞은 수를 써넣으세요.

14 □−8=5

15 12−□=6

16 □−4=7

17 17−□=9

18 □−5=7

19 13−□=5

3 단원

단계 3 익힘 문제 연습

1 계산해 보세요.

(1)
$$\begin{array}{r} 85 \\ +\ \ 7 \\ \hline \end{array}$$

(2)
$$\begin{array}{r} 68 \\ +\ \ 9 \\ \hline \end{array}$$

2 그림을 보고 계산해 보세요.

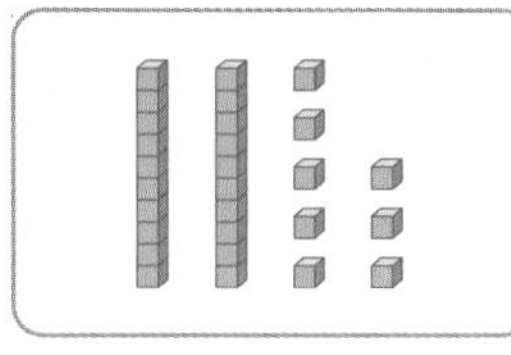
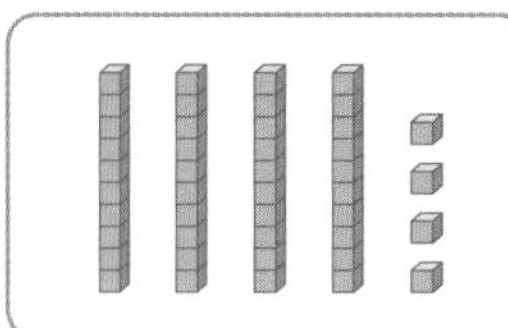

$28+44=$ □

3 계산해 보세요.

(1)
$$\begin{array}{r} 74 \\ +49 \\ \hline \end{array}$$

(2)
$$\begin{array}{r} 58 \\ +64 \\ \hline \end{array}$$

(3) $85+29$

(4) $66+56$

4 두 수의 차를 빈칸에 써넣으세요.

(1)
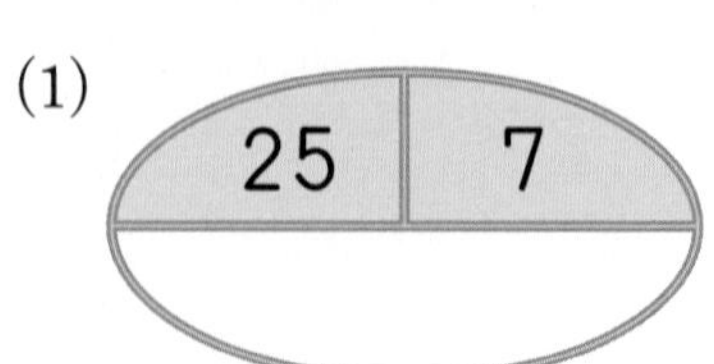

(2)
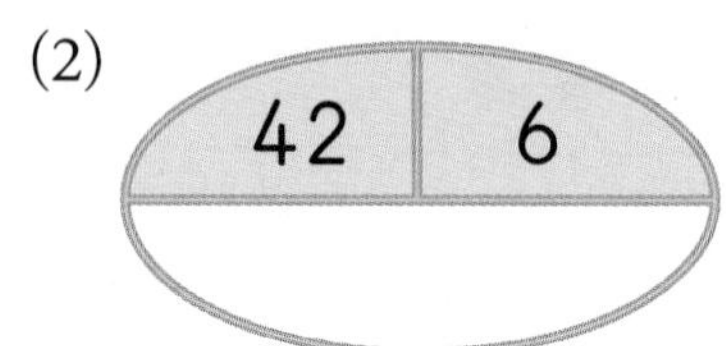

다시 확인

- 십의 자리를 계산할 때에는 일의 자리에서 받아올림한 수를 빠뜨리지 않도록 주의합니다.

일의 자리 수끼리의 합이 10이거나 10보다 크면 십의 자리로 받아올림해요.

- 두 수의 차는 큰 수에서 작은 수를 뺍니다.

5 계산해 보세요.

(1)
$$\begin{array}{r} 50 \\ -\ 17 \\ \hline \end{array}$$

(2)
$$\begin{array}{r} 80 \\ -\ 24 \\ \hline \end{array}$$

(3) $70-35$

(4) $40-23$

다시 확인

• 일의 자리 수끼리 뺄 수 없으므로 십의 자리에서 받아내림하여 계산합니다.

6 두 수를 더해서 빈칸에 알맞은 수를 써넣으세요.

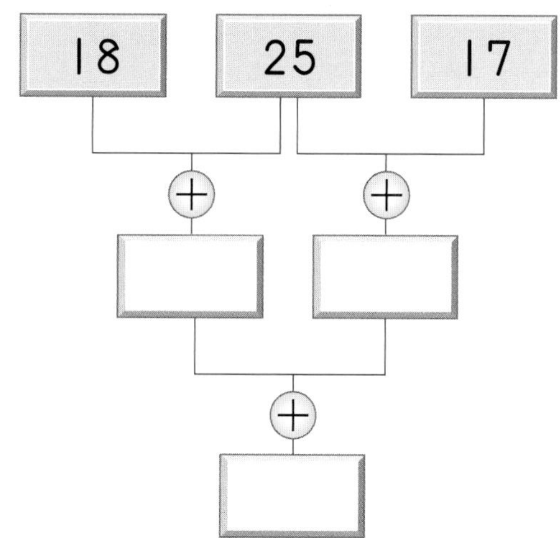

7 나은이네 반 학급 문고에는 동화책이 46권, 위인전이 75권 있습니다. 학급 문고에 있는 동화책과 위인전은 모두 몇 권일까요?

( )

십의 자리 수끼리의 합이 100이거나 100보다 크면 100을 백의 자리로 받아올림해요.

8 빈칸에 알맞은 수를 써넣으세요.

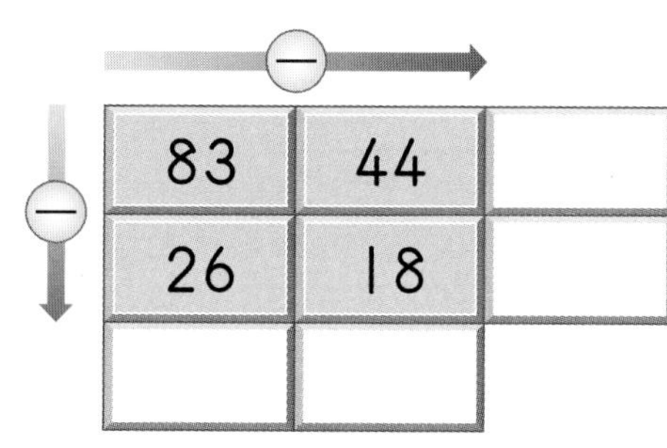

9 계산해 보세요.

(1) $37+25-16$　　　　(2) $54-19+36$

다시 확인

• 앞에서부터 두 수씩 차례대로 계산합니다.

10 덧셈식을 뺄셈식으로 나타내 보세요.

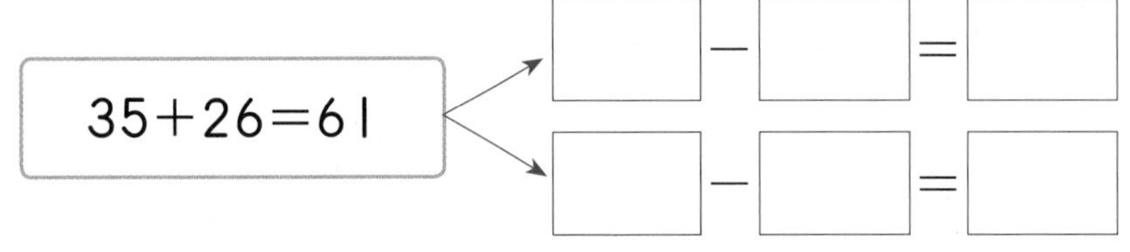

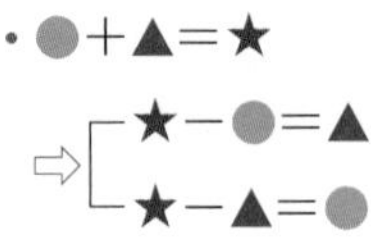

11 뺄셈식을 덧셈식으로 나타내 보세요.

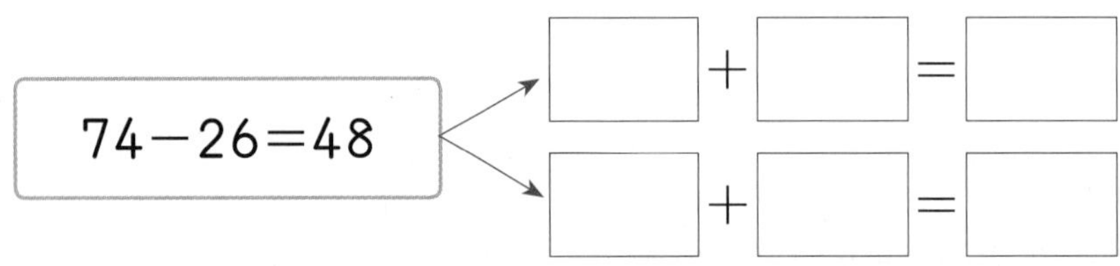

12 □ 안에 알맞은 수를 써넣으세요.

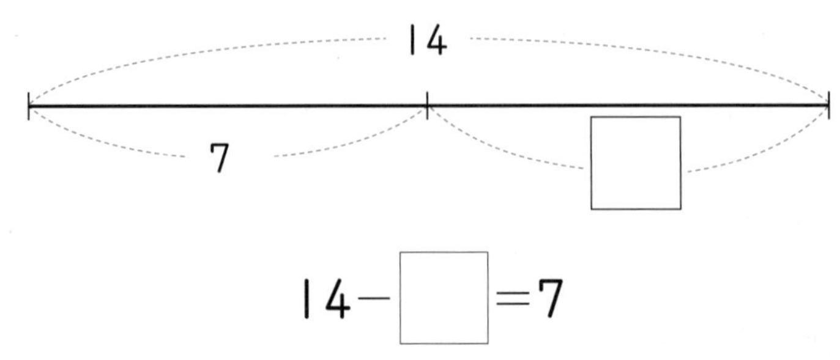

$14-\square=7$

13 □ 안에 알맞은 수를 써넣으세요.

(1) $9+\square=14$　　　(2) $6+\square=13$

다시 확인

덧셈식을 뺄셈식으로 바꾸어 □ 안에 알맞은 수를 구해요.

14 방법을 선택하여 $38+24$를 계산해 보세요.

(1) 방법1

38과 24를 가르기 하여 구합니다.

$38+24=30+20+8+4$

$=\square+12$

$=\square$

(2) 방법2

38을 가까운 40으로 바꾸어 구합니다.

$38+24=40+24-2$

$=\square-2$

$=\square$

15 세호는 $43-17$을 보기와 같은 방법으로 구했습니다. 세호가 계산한 방법과 같은 방법으로 $64-39$를 구해 보세요.

(1) 보기

43−17

43을 40과 3으로 가르기하여 40에서 17을 뺀 후 3을 더했어.

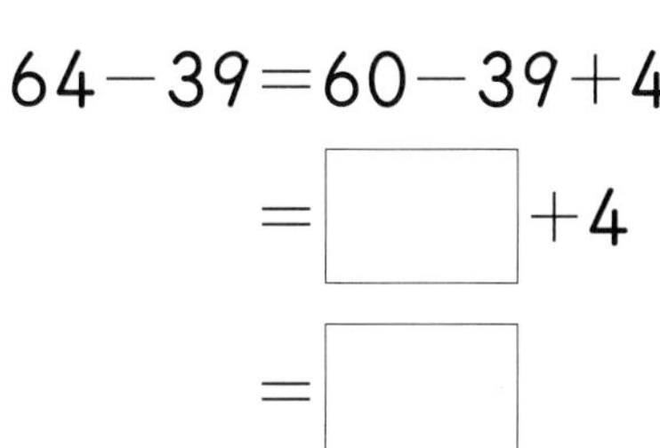

$64-39=60-39+4$

$=\square+4$

$=\square$

(2) 보기

43−17

17을 가까운 20으로 바꾸어 20−3으로 생각하여 43에서 20을 뺀 후 3을 더했어.

$64-39=64-40+1$

$=\square+1$

$=\square$

• (1) $43-17=40-17+3$
$=23+3$
$=26$

(2) $43-17=43-20+3$
$=23+3$
$=26$

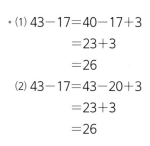

3 단원

1 그림을 보고 □ 안에 알맞은 수를 써넣으세요.

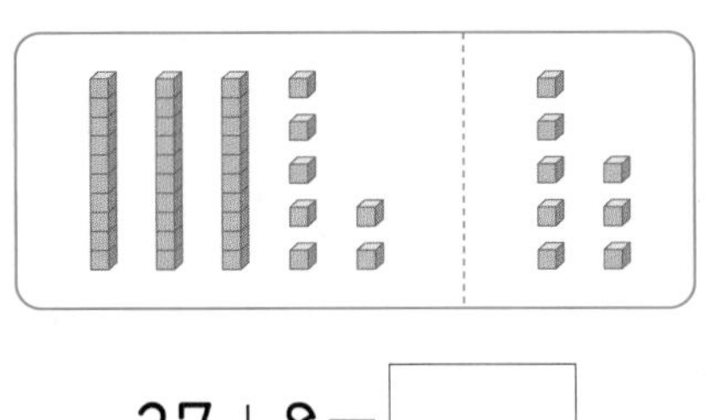

37+8=□

2 □ 안에 알맞은 수를 써넣으세요.

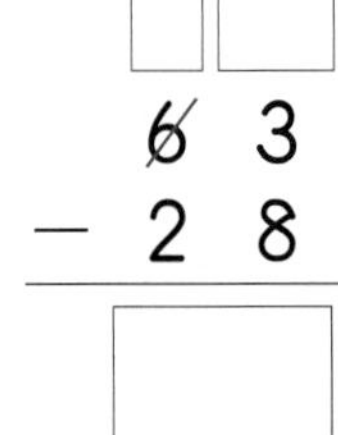

(3~4) 계산해 보세요.

3

$$\begin{array}{r} 46 \\ +\ 89 \\ \hline \end{array}$$

4

$$\begin{array}{r} 50 \\ -\ 27 \\ \hline \end{array}$$

5 두 수의 차를 빈칸에 써넣으세요.

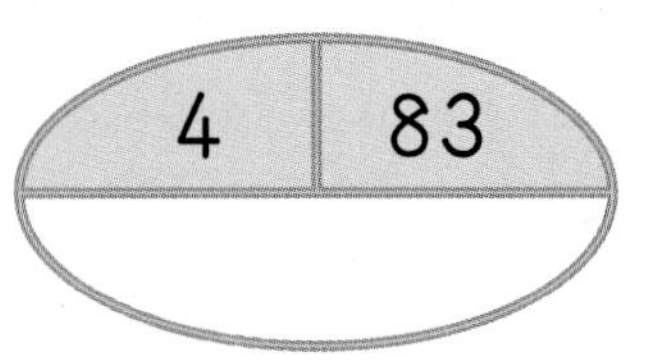

6 계산해 보세요.

72−15+24

7 그림을 보고 □ 안에 알맞은 수를 써넣으세요.

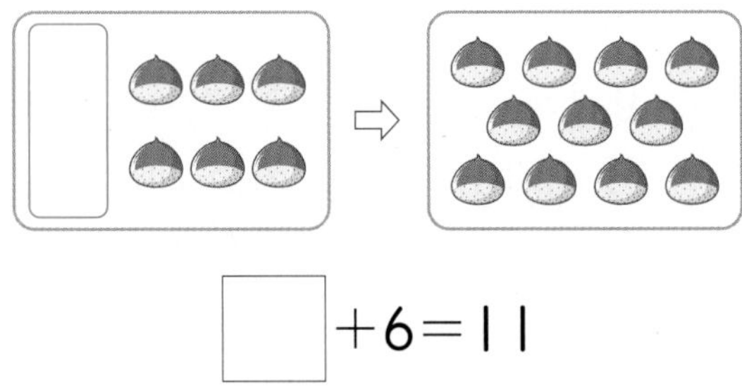

□+6=11

8 빈칸에 알맞은 수를 써넣으세요.

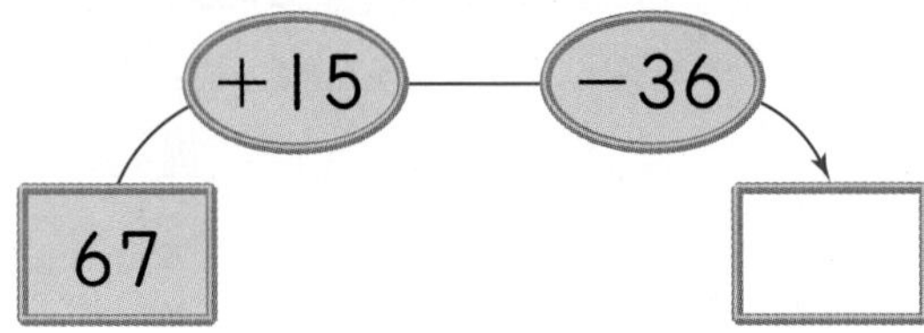

9 덧셈식을 완성한 다음 덧셈식을 뺄셈식으로 나타내 보세요.

35+27=□

⇨ □−35=27
　 □−27=□

10 빈칸에 알맞은 수를 써넣으세요.

65	39	
27	54	

11 뺄셈식을 덧셈식으로 나타내 보세요.

54−16=38 → ______
　　　　　→ ______

(12~13) □ 안에 알맞은 수를 써넣으세요.

12

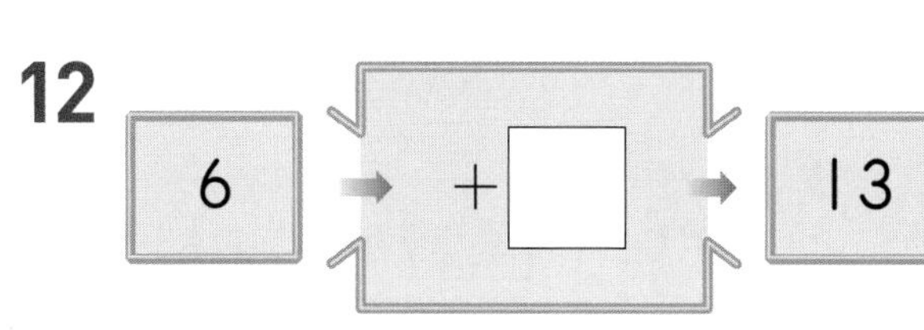

13

□ → −6 → 6

14 □ 안에 알맞은 수를 써넣으세요.

12−□=5

⇨ 7+□=12

(15~16) 보기 와 같은 방법으로 계산해 보세요.

15 보기

$$27+16=27+10+6$$
$$=37+6$$
$$=43$$

$36+28=36+\square+8$

$=\square+8$

$=\square$

16 보기

$$33-19=33-10-9$$
$$=23-9$$
$$=14$$

$42-15=42-\square-5$

$=\square-5$

$=\square$

17 계산 결과를 비교하여 ◯ 안에 >, =, <를 알맞게 써넣으세요.

27+48	◯	92−23

18 그림을 보고 □를 사용하여 식을 쓰고 □에 알맞은 수를 구하세요.

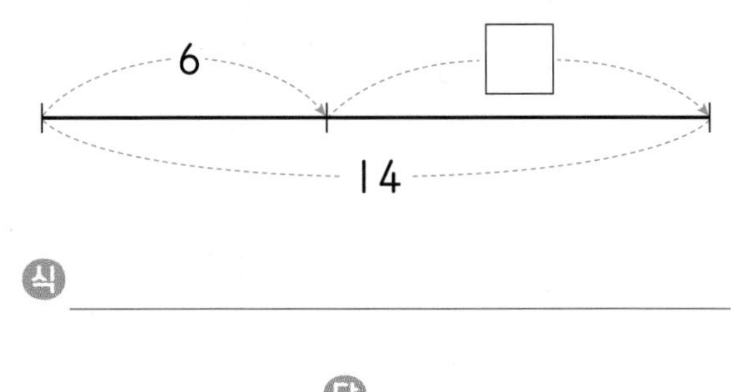

식 ______________________

답 ______________

19 주호는 파란색 구슬을 26개, 노란색 구슬을 7개 가지고 있습니다. 주호가 가지고 있는 구슬은 모두 몇 개일까요?

(　　　　　　　　)

20 운동장에 72명의 학생들이 놀고 있었습니다. 잠시 후에 48명이 집으로 돌아갔다면 운동장에 남아 있는 학생은 몇 명일까요?

(　　　　　　　　)

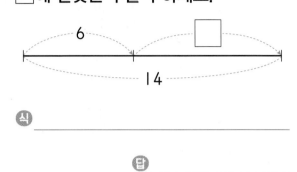

◀스피드 정답 7쪽 · 정답 및 풀이 33쪽

스스로 학습장

스스로 학습장은 이 단원에서 배운 것을 확인하는 코너입니다.
몰랐던 것은 꼭 다시 공부해서 내 것으로 만들어 보아요.

덧셈과 뺄셈에 대하여 정리해 보세요.

1

54+27

(1) → 27을 20과 7로 가르기하여 구하기

$54+27=54+\square+7$

$=\square+7$

$=\square$

(2) → 덧셈하기

$\square$
  5 4
+ 2 7
$\square$

(3) → 덧셈을 하고 덧셈식을 뺄셈식으로 나타내기

$54+27=\square$

______

______

(4) → 세 수의 계산

$54+27-35=\square$

2

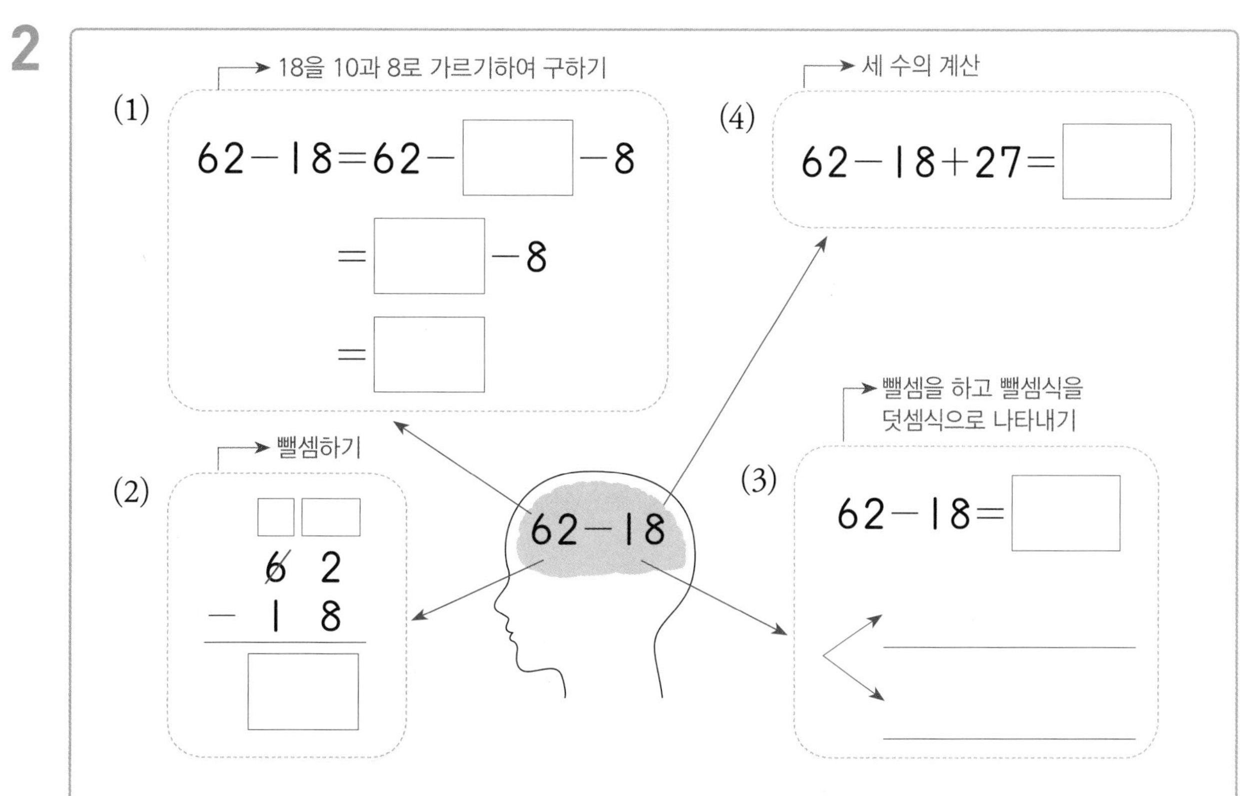

62−18

(1) → 18을 10과 8로 가르기하여 구하기

$62-18=62-\square-8$

$=\square-8$

$=\square$

(2) → 뺄셈하기

$\square\ \square$
  6̸ 2
− 1 8
$\square$

(3) → 뺄셈을 하고 뺄셈식을 덧셈식으로 나타내기

$62-18=\square$

______

______

(4) → 세 수의 계산

$62-18+27=\square$

3 단원

4 길이 재기

QR 코드를 찍어 개념 동영상 강의를 보세요. 게임도 하고 문제도 풀 수 있어요.

이번에 배울 내용

- 여러 가지 단위로 길이 재기
- 1 cm 알아보기
- 자를 이용하여 길이 재기
- 길이 어림하기

스르릉

사 삭
으악! 엄청 큰 괴물이다!!
쿵
쿵

저… 저것은?

그런데 저 로봇이 우릴 공격할 것 같은데….
쿵
쿵

박사님, 저건 제가 만든 자이언트 로봇이에요.

박사, 어서 도망가세~.

그럼 우리 위험한 거 아닌가?
아마도 트롯이 조종하나 봅니다.

도리 도리
박사 일행을 아직도 못 찾았어?

잘 찾아봐. 분명히 그쯤 어딘가에 숨어 있을 거야.

크 앙
쏙 쏙

??

자이언트, 지금 뭐 하는 거야?
? ?

나무의 높이를 어떻게 비교하는지 알려달라고?
끄덕 끄덕

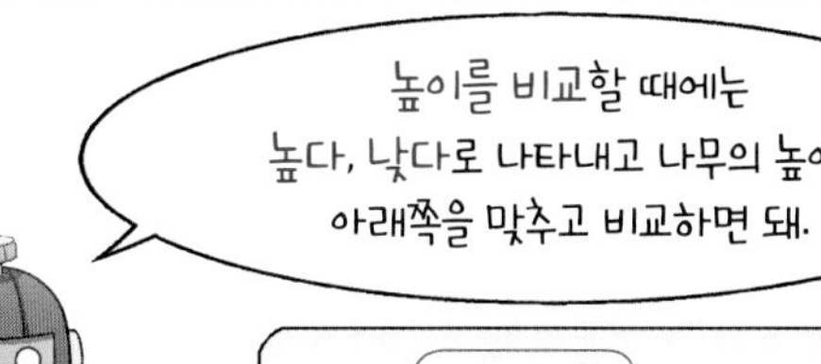
높이를 비교할 때에는 높다, 낮다로 나타내고 나무의 높이는 아래쪽을 맞추고 비교하면 돼.

더 높다
더 낮다

근데 높이 비교는 왜 하겠다는 거야?

자이언트, 뭐 하는 거야?
콰직
콰직

쿵
쿵
위험해!
모두 피해~.

헉! 높은 것부터 차례대로 다시 심은 거야?
네~
뿌 듯~

4 단원

단계 1 교과서 개념

여러 가지 단위로 길이를 재어 볼까요

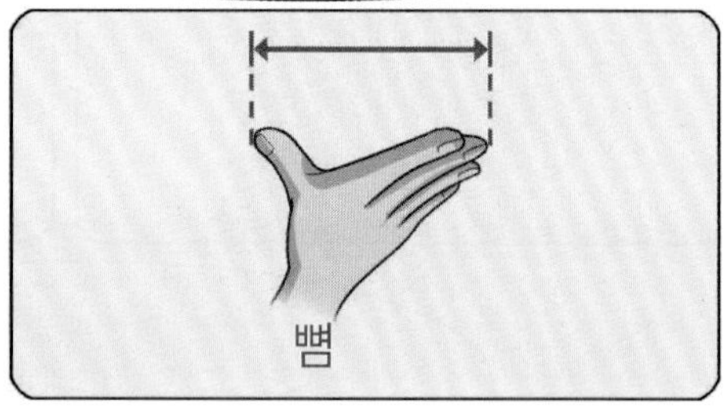

개념 클릭

• 여러 가지 단위로 길이 재기

길이를 잴 때 사용할 수 있는 단위에는 여러 가지가 있습니다.

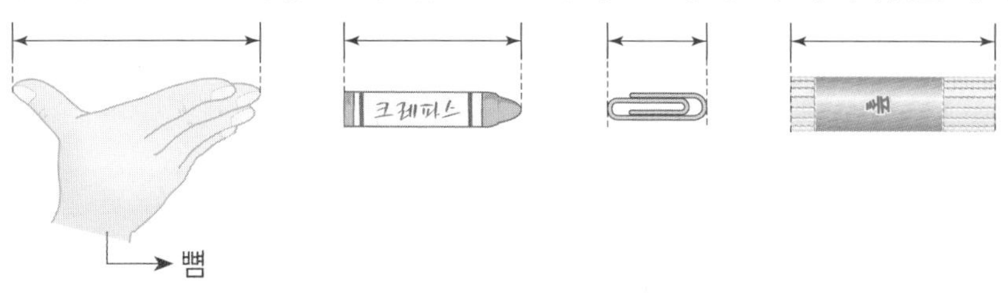
뼘

어떤 길이를 재는 데
기준이 되는 길이를
단위길이라고 해요.

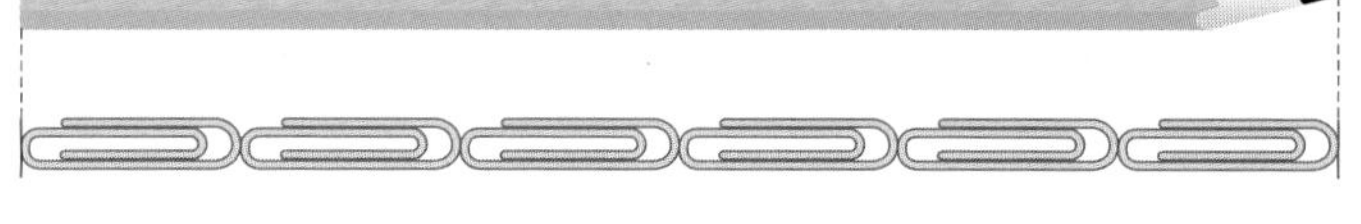

⇨ 연필의 길이는 클립으로 재어 보면 ❶ ☐ 번입니다.

정답 | ❶ 6

4 단원

1 뼘을 이용하여 우산의 길이를 재어 보았습니다. ☐ 안에 알맞은 수를 써넣으세요.

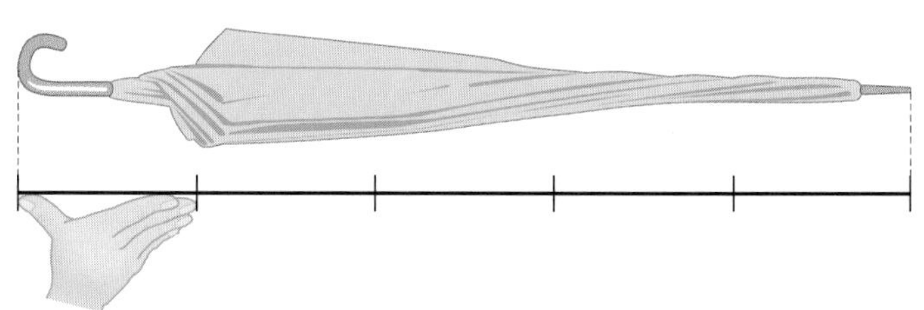

우산의 길이를
뼘으로 재어
몇 뼘인지 알아봐요.

우산의 길이는 ☐ 뼘입니다.

(2~5) 다음 물건의 길이를 클립으로 재어 보면 몇 번인지 구하세요.

2

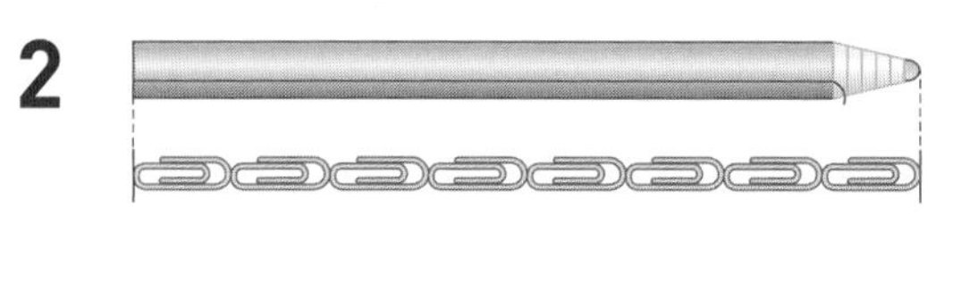

(   )

3

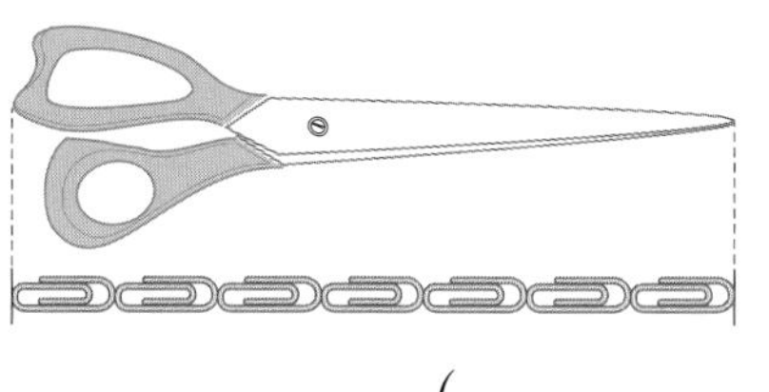

(   )

4

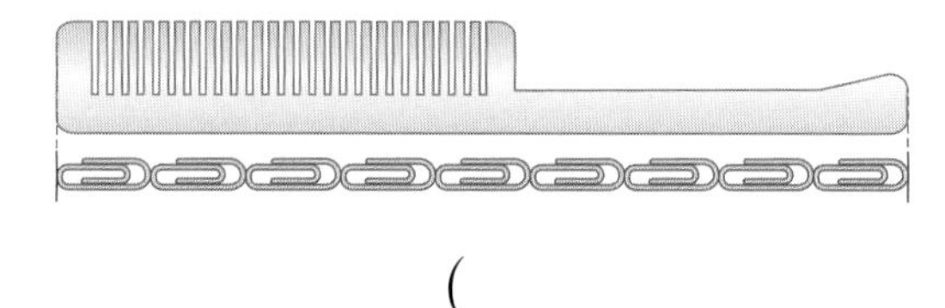

(   )

5

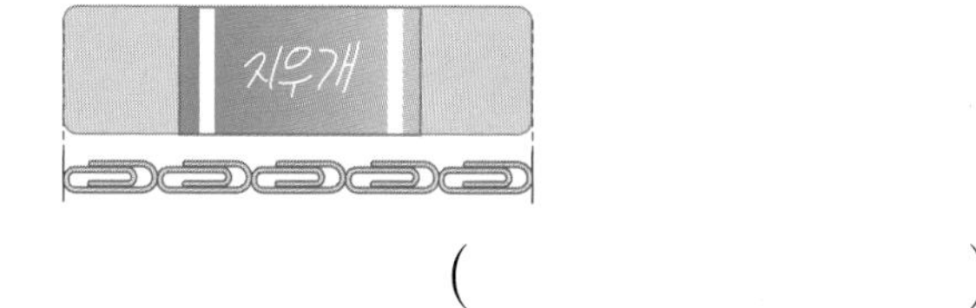
지우개

(   )

1단계 교과서 개념

1 cm를 알아볼까요

여기 덮개를 열면 버튼이 있어요.

박... 박사!
쿠 쿠 쿵

박사, 괜찮은가?
어이쿠!!
쿵

박사님, 어서 길이가 1 cm인 버튼을 누르세요.

자에서 큰 눈금 한 칸의 길이를 1 cm라 쓰고, 1 센티미터라고 읽어요.

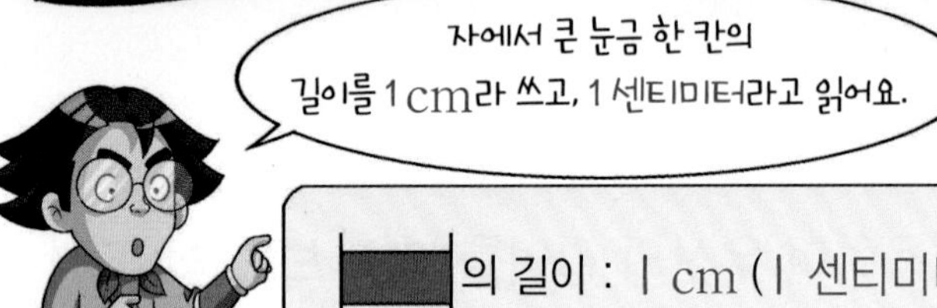

그게 말처럼 쉬운 게 아니야.

중심 잡기가 힘들다고!

어라? 저건가?

일단 눌러보자.

성공이에요.

개념 클릭
• 1 cm 알아보기
의 길이를 1cm 라 쓰고 1 센티미터라고 읽습니다.
❶ cm
0 1 2 3 4 5 6 7 8 9 10
1 cm가 4번이면 4 cm예요.
정답 | ❶ 1

(1~2) 주어진 길이를 쓰고 읽어 보세요.

1

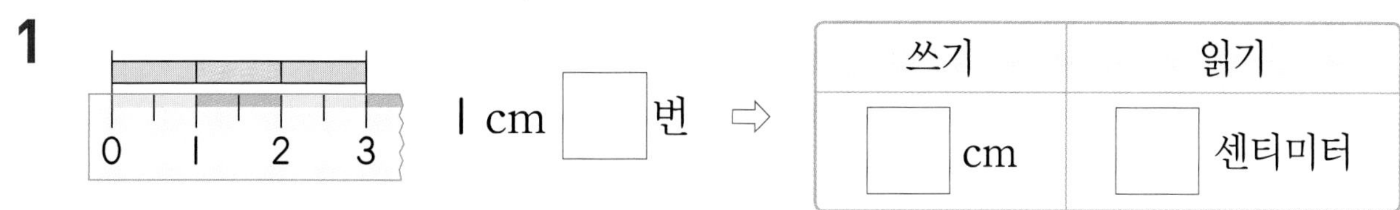

쓰기	읽기
□ cm	□ 센티미터

2

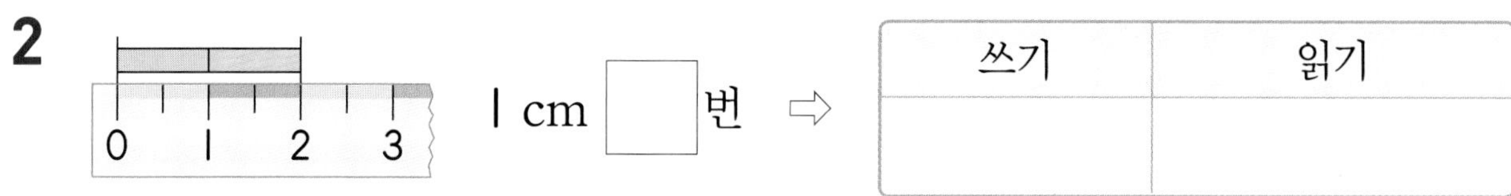

쓰기	읽기

(3~4) 주어진 막대의 길이를 알아보세요.

3

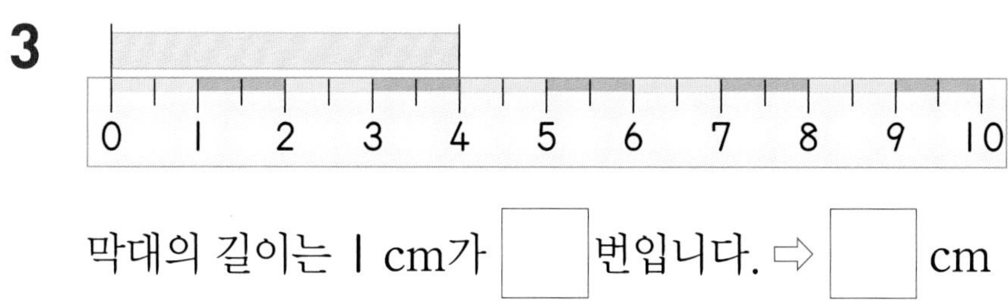

막대의 길이는 1 cm가 □번입니다. ⇨ □ cm

4

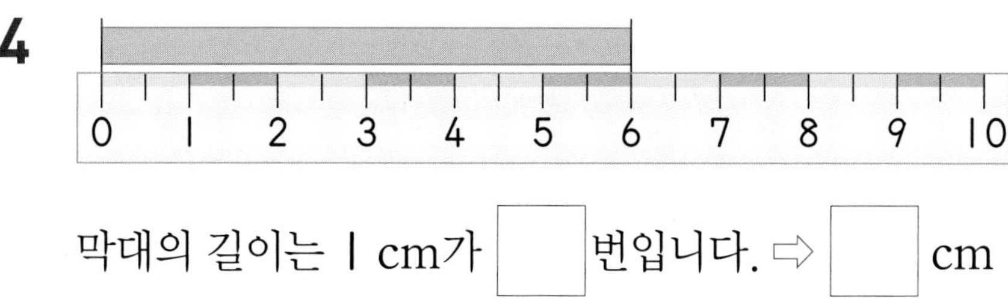

막대의 길이는 1 cm가 □번입니다. ⇨ □ cm

단계 2 개념 집중 연습

여러 가지 단위로 길이 재기

[1~4] 다음 물건의 길이를 재어 보면 몇 뼘인지 구하세요.

1 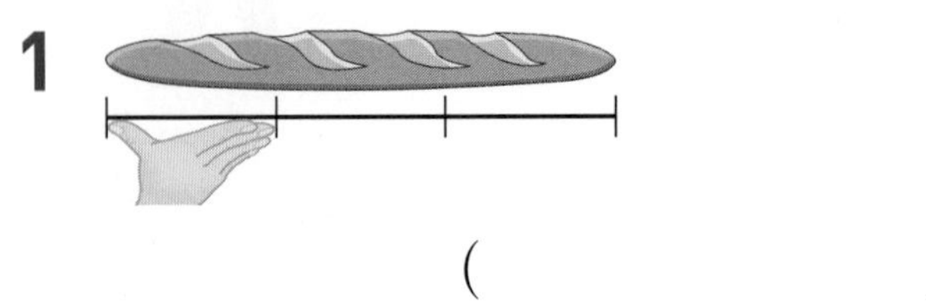

(　　　　　　　　)

2 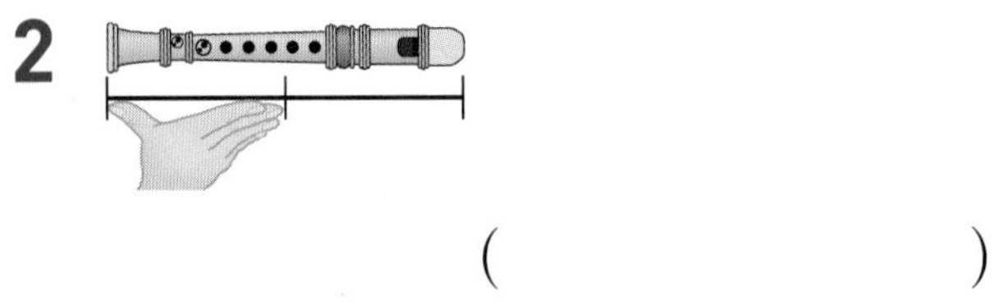

(　　　　　　　　)

3 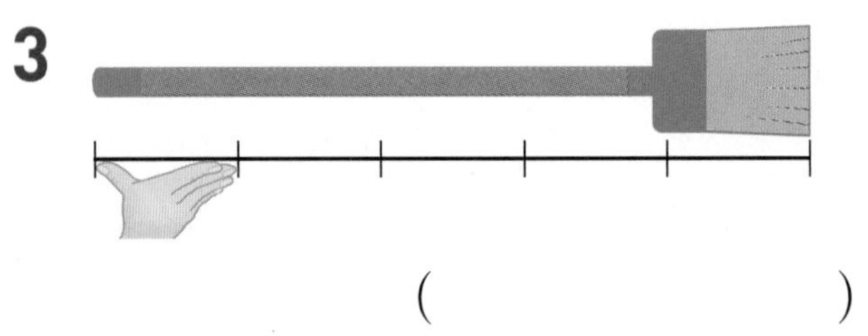

(　　　　　　　　)

4 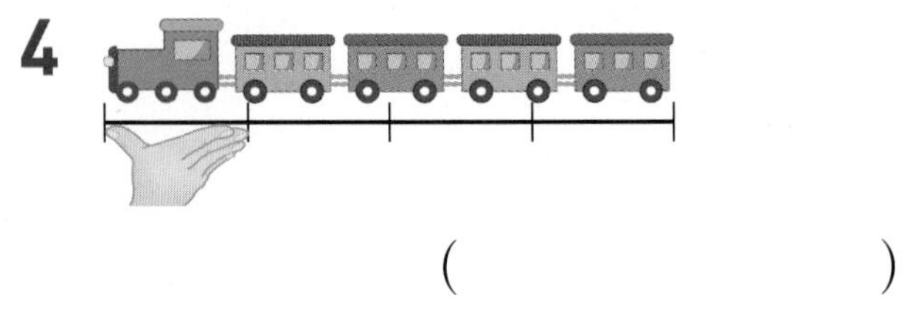

(　　　　　　　　)

[5~9] 다음 물건의 길이를 클립으로 재어 보면 몇 번인지 구하세요.

5 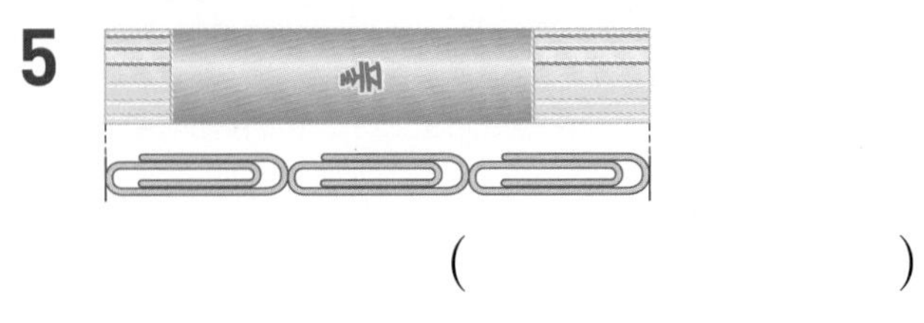

(　　　　　　　　)

6 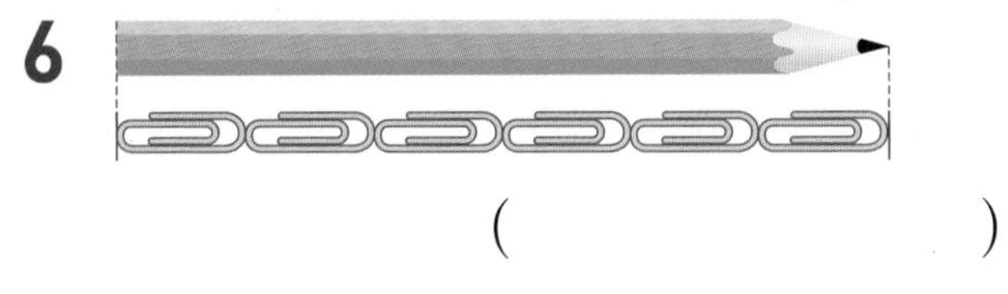

(　　　　　　　　)

7 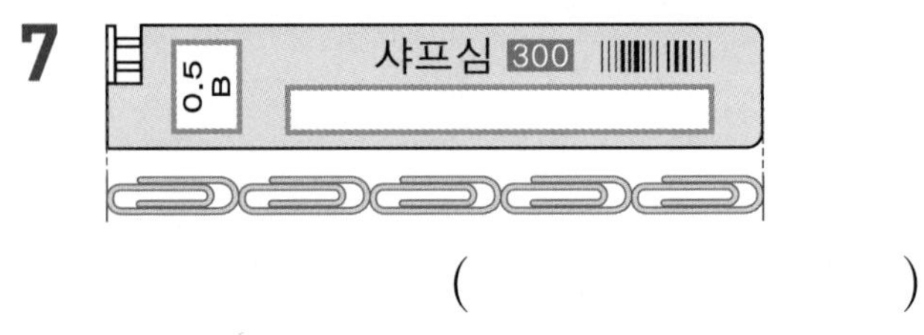

(　　　　　　　　)

8 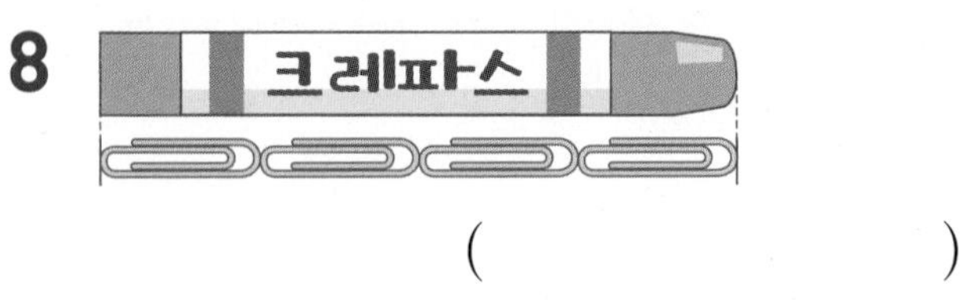

(　　　　　　　　)

9 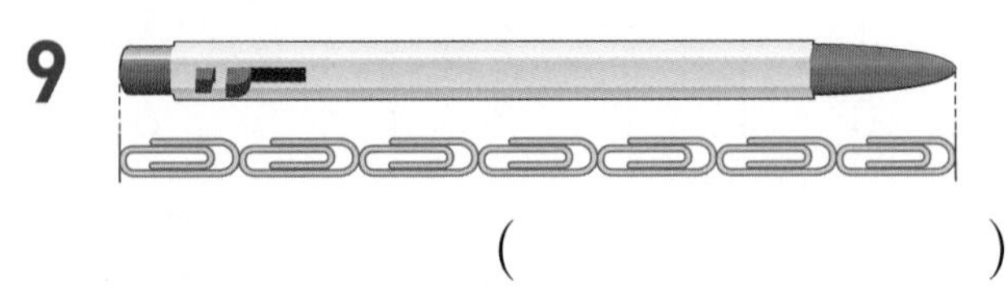

(　　　　　　　　)

I cm 알아보기

[10~11] 길이를 쓰고 읽어 보세요.

10 I cm

읽기 (   )

11 3 cm

읽기 (   )

[12~14] 주어진 길이를 쓰고 읽어 보세요.

12

0 I 2 3 4 5 6

쓰기 (   )

읽기 (   )

13

0 I 2 3 4 5 6

쓰기 (   )

읽기 (   )

14

0 I 2 3 4 5 6

쓰기 (   )

읽기 (   )

[15~16] 주어진 길이만큼 점선을 따라 선을 그어 보세요.

15 2 cm

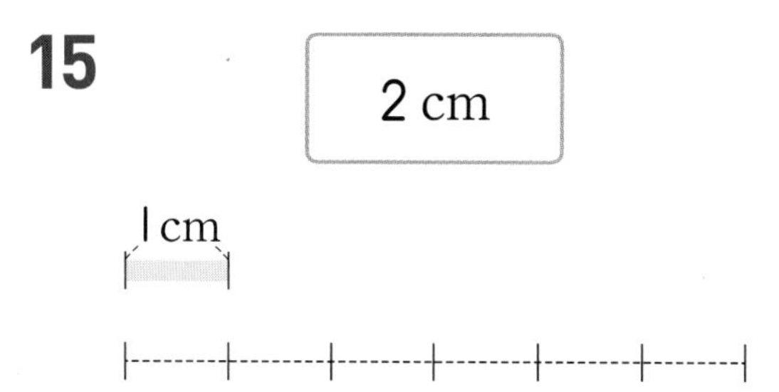

16 3 cm

I cm

[17~18] 리본 끈의 길이를 알아보세요.

17

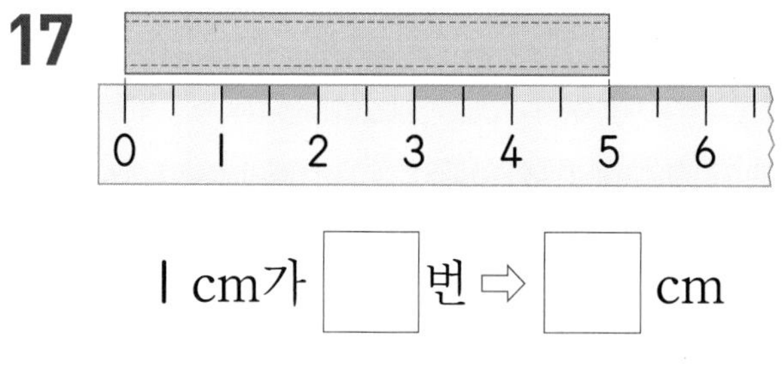

I cm가 ☐ 번 ⇨ ☐ cm

18

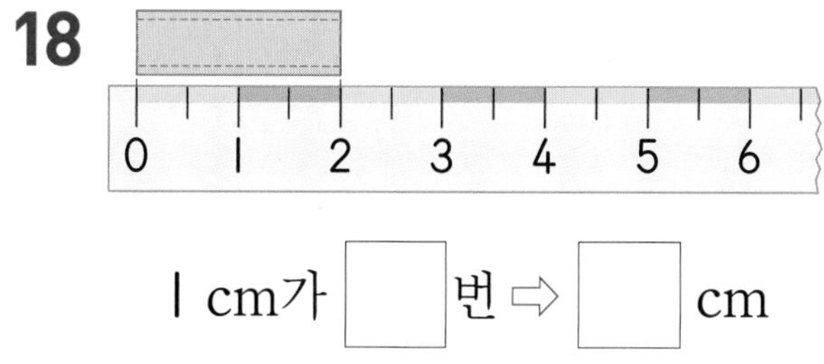

I cm가 ☐ 번 ⇨ ☐ cm

4 단원

1단계 교과서 개념

자로 길이를 재는 방법을 알아볼까요

모두
이 안으로
들어가요!

자이언트 로봇
안으로 들어가면
안전할 거예요.

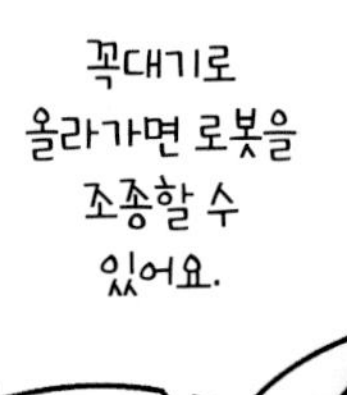
꼭대기로
올라가면 로봇을
조종할 수
있어요.

타
다
다
닥

모두들 조금 더
힘을 내요!!
하악
하악

드디어
도착!
박사님, 이제
뭘 해야 하죠?

자로 길이를 재어
3개의 칩 중 길이가
7 cm인 칩을 가장 먼저
빼면 된단다.
자로 길이를
어떻게 재나요?

자를 이용하여 길이를 잴 때에는
칩의 한쪽 끝을 자의 눈금 0에 맞추고 다른 쪽 끝에 있는
자의 눈금을 읽으면 된단다.

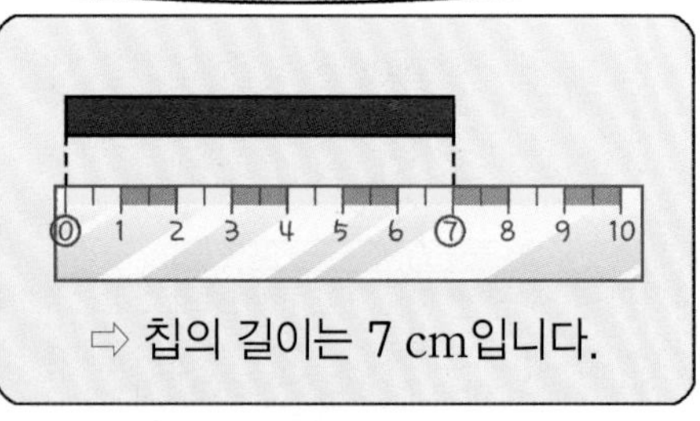
0 1 2 3 4 5 6 7 8 9 10

⇨ 칩의 길이는 7 cm입니다.

이제 칩을 뺐으니 자이언트를
우리가 조종할 수 있을 거란다.
빠직
빠지직

어?
좀 이상한 것 같은데?
빠직
빠직

아무래도 칩을
다시 제자리에
꽂아야겠어!
쿵쾅
쿵쾅

개념 클릭

• 자를 이용하여 길이 재기

방법1

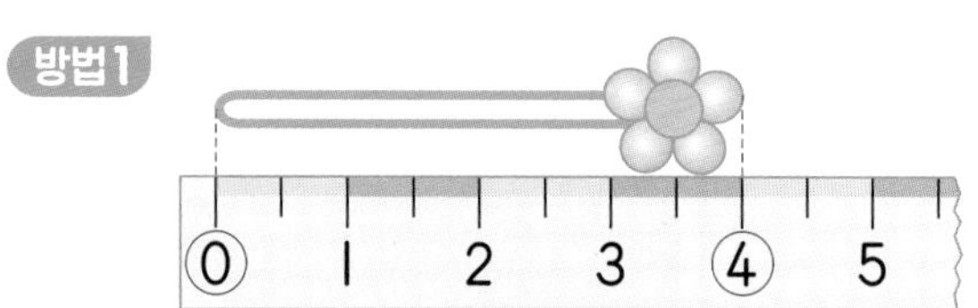

① 머리핀의 한쪽 끝을 자의 눈금 0에 맞춥니다.

② 머리핀의 다른 쪽 끝에 있는 자의 눈금을 읽습니다.

⇨ 머리핀의 길이는 ❶ □ cm입니다.

방법2

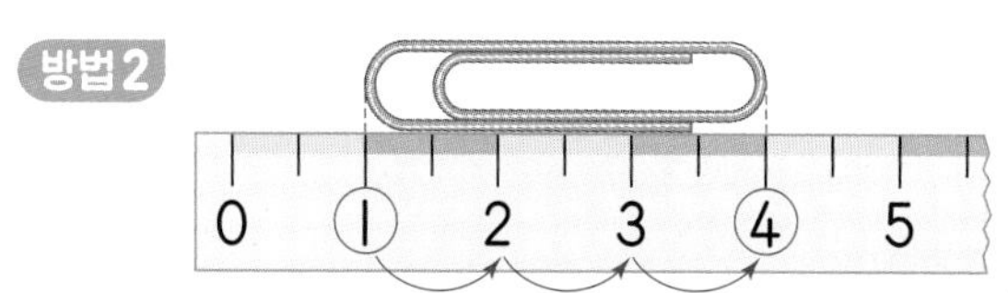

① 클립의 한쪽 끝을 자의 한 눈금에 맞춥니다.

② 그 눈금에서 1 cm가 몇 번 들어가는지 셉니다.

⇨ 클립의 길이는 ❷ □ cm입니다.

1부터 4까지 1 cm가 3번

정답 | ❶ 4 ❷ 3

[1~2] 리본 끈의 길이는 몇 cm인지 알아보세요.

1

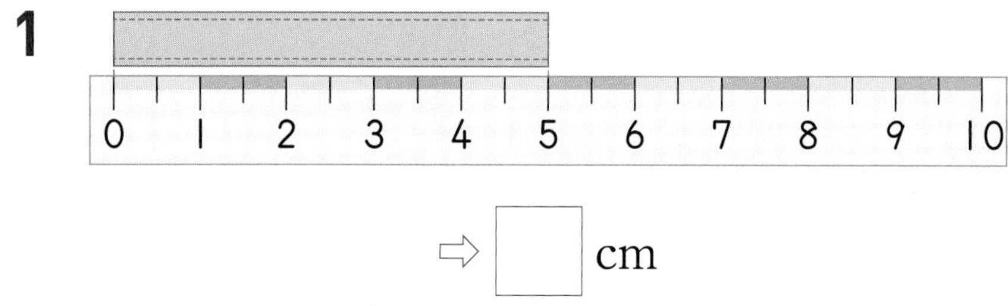

⇨ □ cm

자를 이용하면 길이를 편리하게 잴 수 있어요.

2

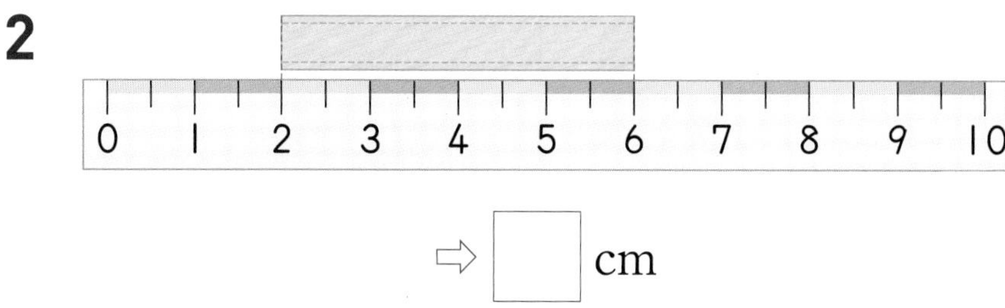

⇨ □ cm

[3~4] 자를 이용하여 막대의 길이를 재어 보세요.

3

( )

4

( )

단계 1

교과서 개념

자로 길이를 재어 볼까요

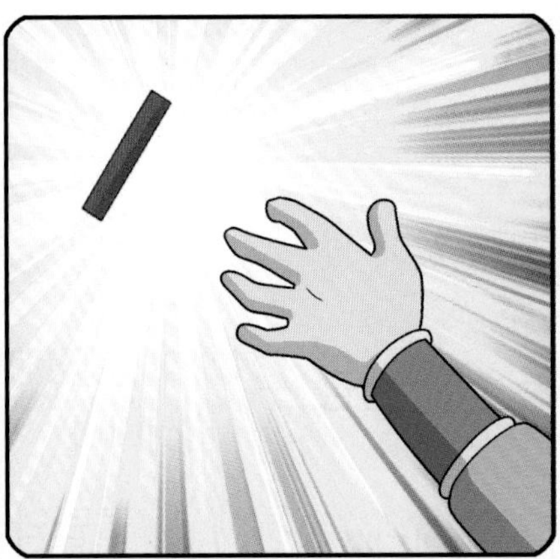

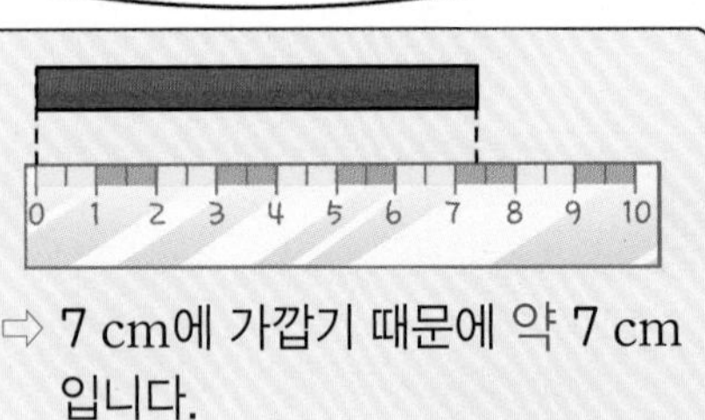

⇨ 7 cm에 가깝기 때문에 약 7 cm 입니다.

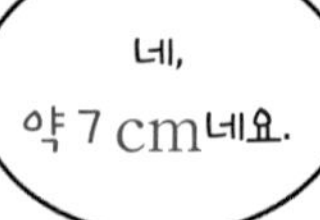

개념 클릭

• **눈금 사이에 있는 길이 재기**

길이가 자의 눈금 사이에 있을 때는 눈금과 가까운 쪽에 있는 숫자를 읽으며, 숫자 앞에 약이라고 붙여서 말합니다.

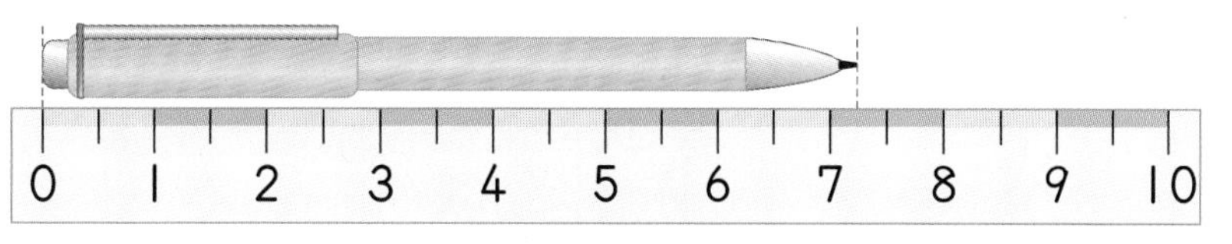

⇨ 7 cm에 가깝기 때문에 약 ❶ ☐ cm입니다.

볼펜의 길이는 7 cm에
가깝기 때문에 약 ❷ ☐ cm예요.

정답 | ❶ 7 ❷ 7

[1~2] 그림을 보고 ☐ 안에 알맞은 수를 써넣으세요.

1

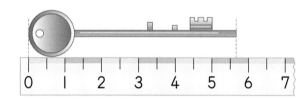

열쇠의 길이는 ☐ cm에 가깝습니다.

⇨ 열쇠의 길이는 약 ☐ cm입니다.

2

⇨ 나사의 길이는 약 ☐ cm입니다.

[3~4] 연필의 길이를 자로 재어 약 몇 cm인지 알아보세요.

3

(　　　　　　　　)

4

(　　　　　　　　)

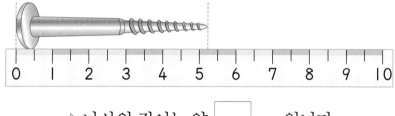

연필의 길이를 자로 재어 약 몇 cm인지 알아봐요.

1단계 교과서 개념

길이를 어림해 볼까요

자이언트는
우리가 조종한다.
이제 그만둬!
그럴 수
없습니다.

일단 자이언트 로봇을
망가뜨려야겠군요.
슝

이 칩을 이용해서
비행선에 로봇 팔을 연결!
이 칩의 길이를
어림하면 약 5 cm인가?

자, 시작해 볼까?

자이언트, 네가
정리해 놓은 나무를
어질러 주마.
휙
휙

으악! 자이언트,
진정해~.
크 헝!

• 길이 어림하기

어림한 길이를 말할 때에는 '약 ■ cm'라고 말합니다.

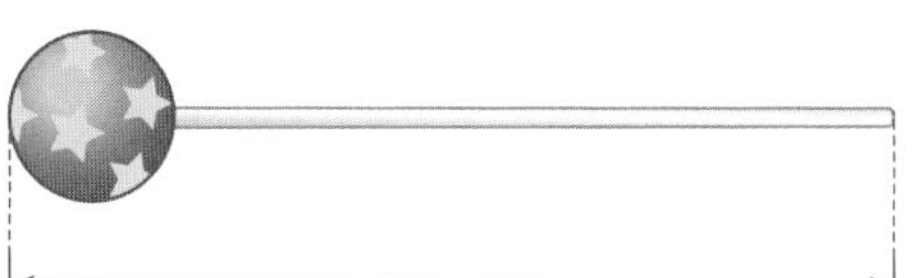

⇨ 막대 사탕의 길이를 어림하면 ❶ □ 6 cm입니다.

어림한 길이와
실제 자로 잰 길이가
다를 수 있어요.

정답 | ❶ 약

(1~2) 그림을 보고 □ 안에 알맞은 수를 써넣으세요.

1 리본 끈의 길이를 어림하면 약 □ cm입니다.

2 리본 끈의 길이를 자로 재어 보면 □ cm입니다.

(3~5) 과자의 길이를 어림하고 자로 재어 확인해 보세요.

3

어림한 길이 (　　　　　　)
자로 잰 길이 (　　　　　　)

4

어림한 길이 (　　　　　　)
자로 잰 길이 (　　　　　　)

어림한 길이와 자로
잰 길이의 차가 작을수록
실제 길이에 더 가깝게
어림한 것이에요.

5

어림한 길이 (　　　　　　)
자로 잰 길이 (　　　　　　)

단계 2 개념 집중 연습

자를 이용하여 길이 재기

[1~5] 주어진 털실의 길이는 몇 cm인지 알아보세요.

1

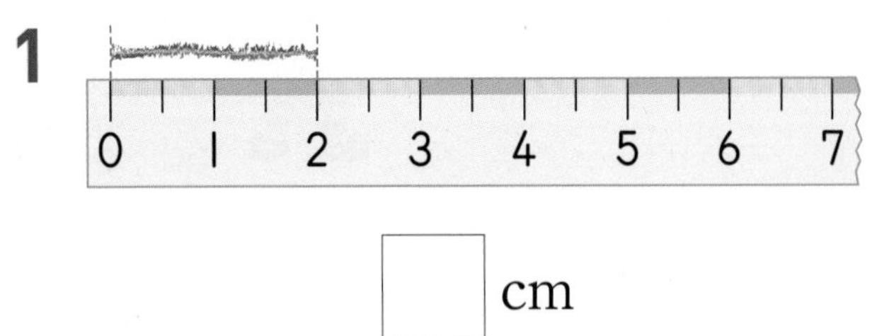

☐ cm

2

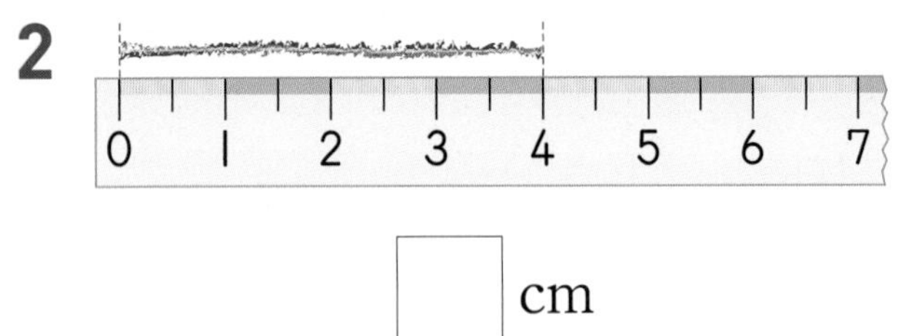

☐ cm

3

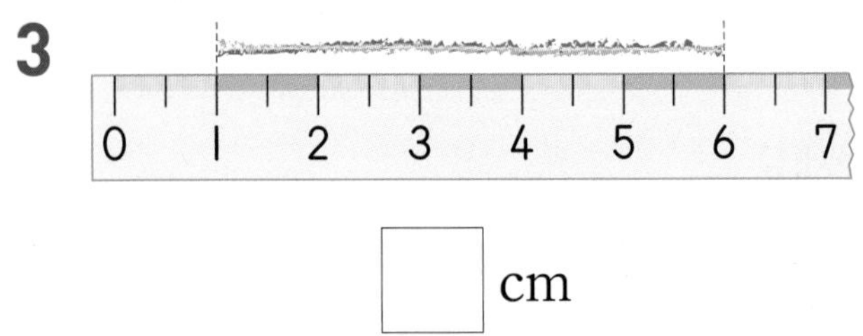

☐ cm

4

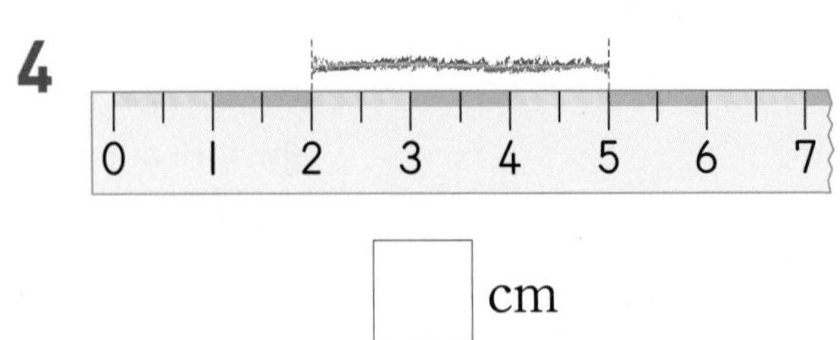

☐ cm

5

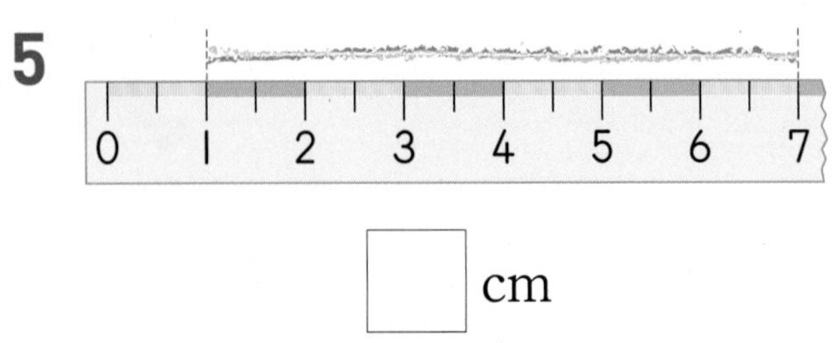

☐ cm

[6~8] 자를 이용하여 끈의 길이를 재어 보세요.

6

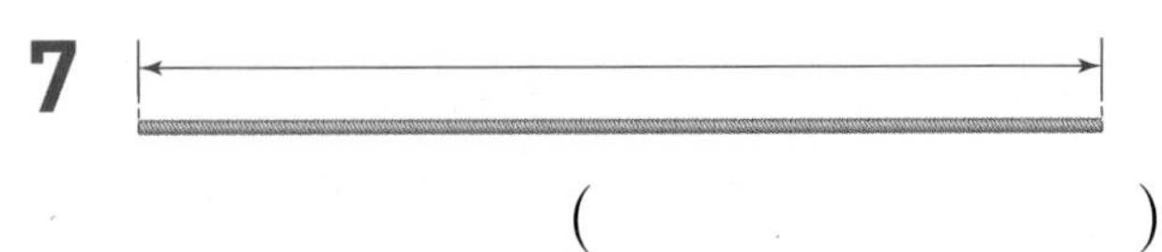

(　　　　　　)

7

(　　　　　　)

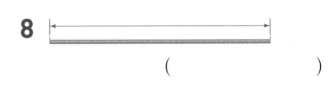

8

(　　　　　　)

눈금 사이에 있는 길이 재기

[9~10] 그림을 보고 ☐ 안에 알맞은 수를 써넣으세요.

9

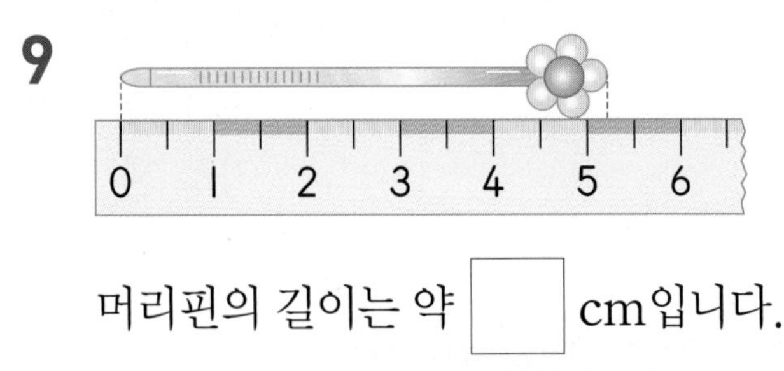

머리핀의 길이는 약 ☐ cm입니다.

10

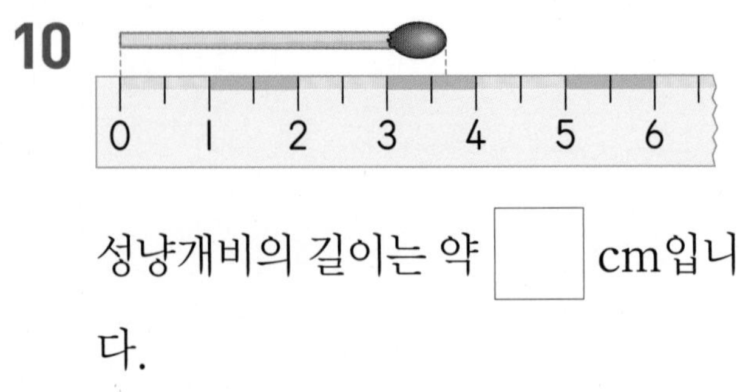

성냥개비의 길이는 약 ☐ cm입니다.

스피드 정답 8쪽 · 정답 및 풀이 36쪽

월 일

[11~12] 끈의 길이를 알아보세요.

11 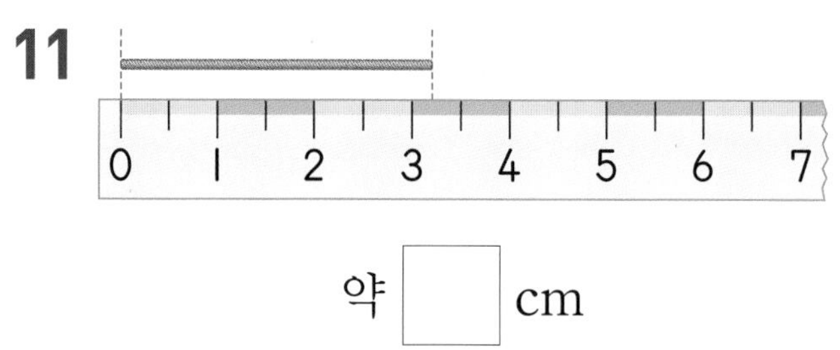

약 □ cm

12 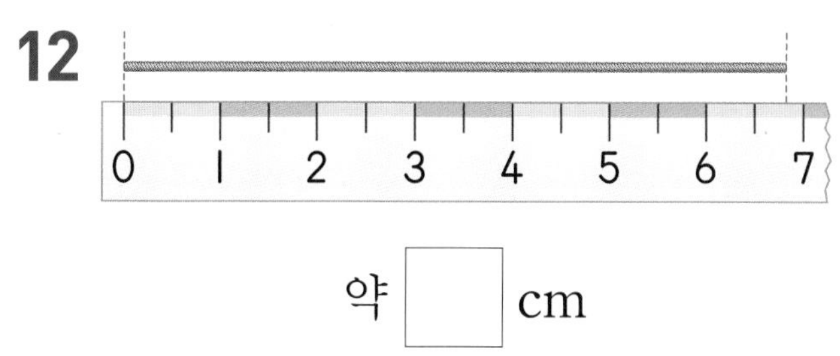

약 □ cm

[13~15] 주어진 리본 끈의 길이를 자로 재어 약 몇 cm인지 알아보세요.

13

(　　　　　　)

14

(　　　　　　)

15

(　　　　　　)

길이 어림하기

[16~17] 그림을 보고 □ 안에 알맞은 수를 써넣으세요.

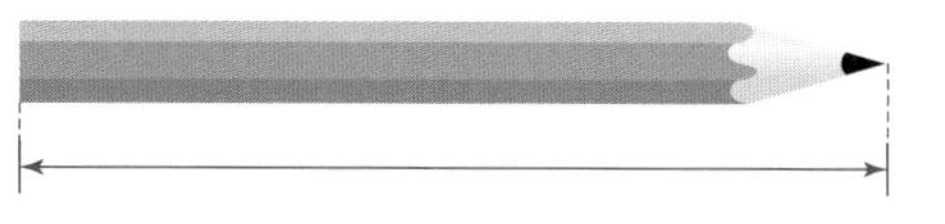

16 연필의 길이를 어림하면 약 □ cm 입니다.

17 연필의 길이를 자로 재어 보면 □ cm입니다.

[18~20] 나무 막대의 길이를 어림하고 자로 재어 확인해 보세요.

18

어림한 길이 (　　　　　　)
자로 잰 길이 (　　　　　　)

19

어림한 길이 (　　　　　　)
자로 잰 길이 (　　　　　　)

20

어림한 길이 (　　　　　　)
자로 잰 길이 (　　　　　　)

4 단원

단계 3 익힘 문제 연습

1 클립으로 연필의 길이를 재어 보세요.

⇨ 클립으로 ☐ 번입니다.

2 길이를 잴 때 사용되는 단위 중에 가장 긴 것에 ○표, 가장 짧은 것에 △표 하세요.

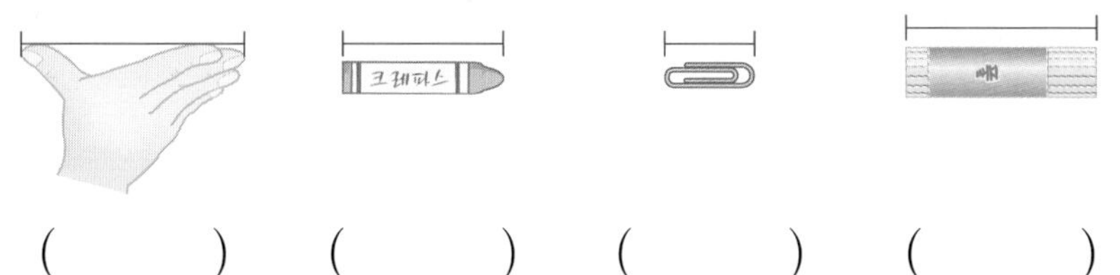

(　　) (　　) (　　) (　　)

3 바르게 써 보세요.

4 길이를 재는 방법이 바른 것에 ○표 하세요.

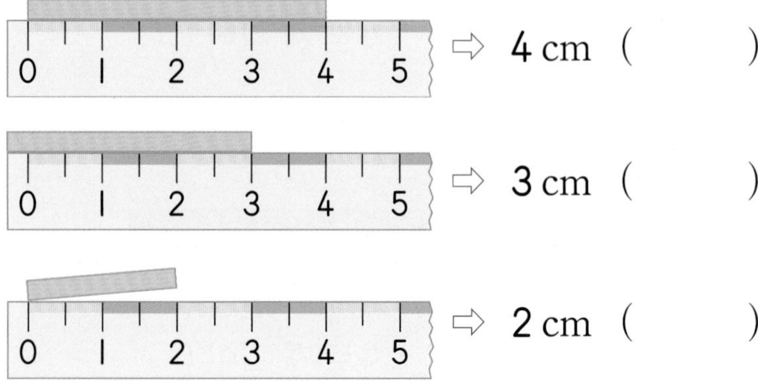

다시 확인

연필의 길이는
클립으로 몇 번 잰
길이인지 알아봐요.

• 센티미터를 쓰는 순서에 주의하여 써 봅니다.

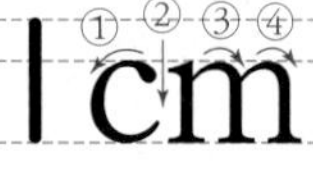

• 길이를 잴 때는 자와 물건을 나란히 놓은 다음 재야 합니다.

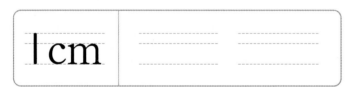

5 □ 안에 알맞은 길이를 써넣으세요.

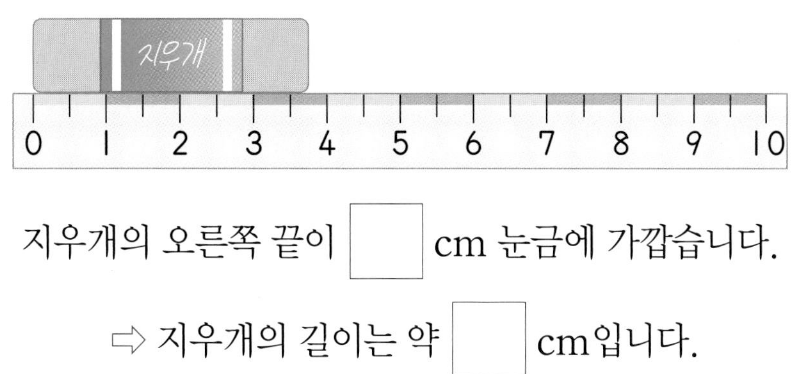

지우개의 오른쪽 끝이 □ cm 눈금에 가깝습니다.

⇨ 지우개의 길이는 약 □ cm입니다.

다시 확인

- 지우개의 길이가 자의 눈금 사이에 있을 때는 눈금과 가까운 쪽에 있는 숫자를 읽습니다.

6 애벌레의 길이를 자로 재어 보세요.

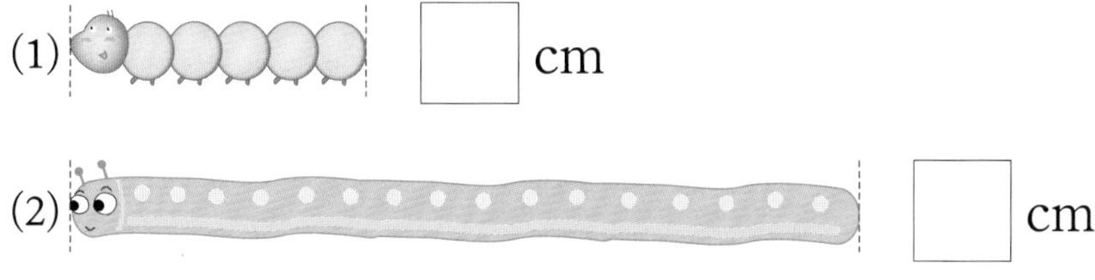

(1) □ cm

(2) □ cm

1 cm가 몇 번 들어 가는지 세거나 한쪽 끝을 눈금 0에 맞춘 후 다른 쪽 끝에 있는 눈금을 읽어요.

7 주어진 길이만큼 점선을 따라 자를 사용하여 선을 그어 보세요.

1 cm	----------
3 cm	----------

8 물건의 길이를 재어 보세요.

⇨ 약 □ cm

9 못의 길이가 더 짧은 것은 어느 것일까요?

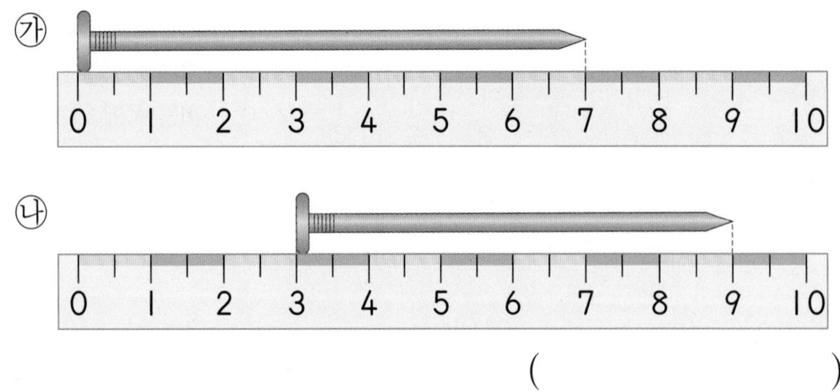

( )

다시 확인

못의 길이는 1 cm가 몇 번 들어가는지 세어 보세요.

10 세 변의 길이를 재어 보세요.

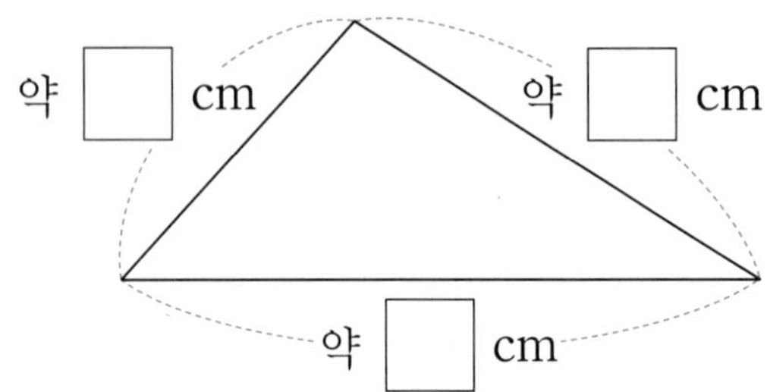

• 변의 길이를 자를 이용하여 재어 눈금과 가까운 쪽의 숫자를 읽습니다.

11 주어진 선의 길이를 어림하고 자로 재어 확인해 보세요.

선	어림한 길이	자로 잰 길이
———	약 □ cm	약 □ cm
—————	약 □ cm	약 □ cm

• 어림한 길이를 말할 때에는 약 ■ cm라고 말합니다.

12 은주와 승민이가 뼘으로 같은 줄넘기의 길이를 재었습니다. 다른 결과가 나온 까닭을 써 보세요.

은주의 뼘	승민이의 뼘
14번	12번

까닭 ____________________

13 더 긴 우산을 가지고 있는 사람의 이름을 써 보세요.

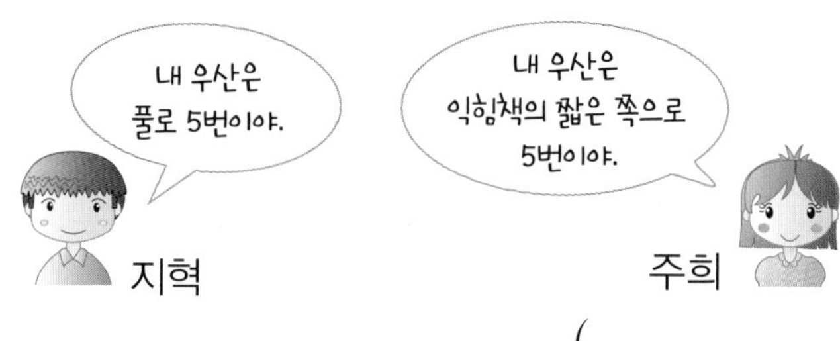

( )

> **다시 확인**
> • 우산을 잰 횟수가 5번으로 같으므로 우산을 잰 단위를 비교합니다.

14 과자의 길이를 어림하고 자로 재어 확인해 보세요.

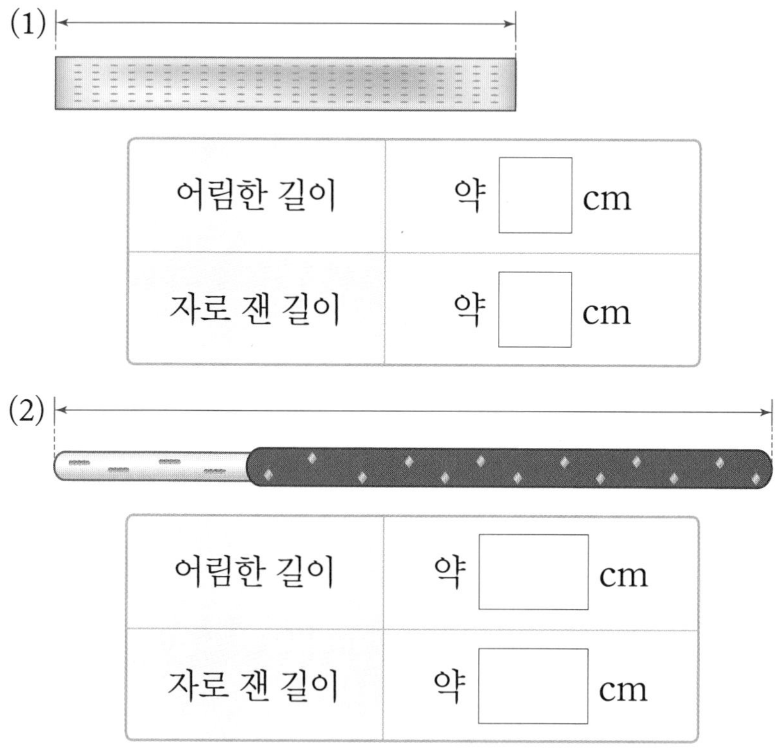

(1)

어림한 길이	약 ☐ cm
자로 잰 길이	약 ☐ cm

(2)

어림한 길이	약 ☐ cm
자로 잰 길이	약 ☐ cm

> • 자로 잰 길이가 눈금과 딱 맞으면 '■ cm'로, 눈금과 눈금 사이에 있으면 '약 ■ cm'라고 말합니다.

15 현수, 연정, 민혁이는 약 7 cm를 어림하여 아래와 같이 종이를 잘랐습니다. 7 cm에 가깝게 어림한 사람부터 차례대로 이름을 써 보세요.

현수
연정
민혁

( )

어림한 길이와 자른 종이의 길이의 차가 작을수록 실제 길이에 더 가깝게 어림한 것이에요.

4 단원

단계 4 단원 평가

1 리코더의 길이를 풀로 재어 보면 몇 번일까요?

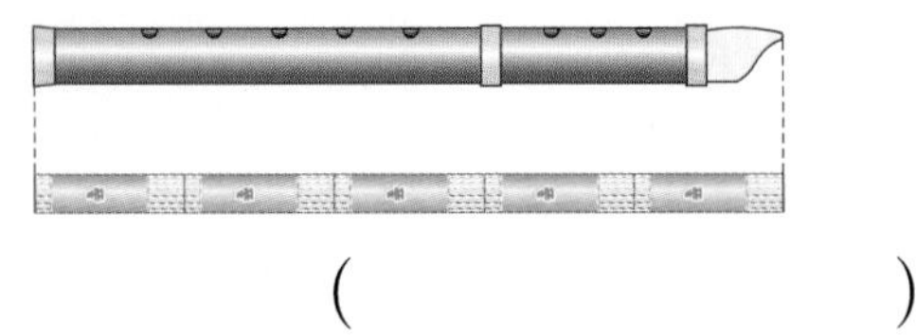

(　　　　　　　　)

2 길이를 읽어 보세요.

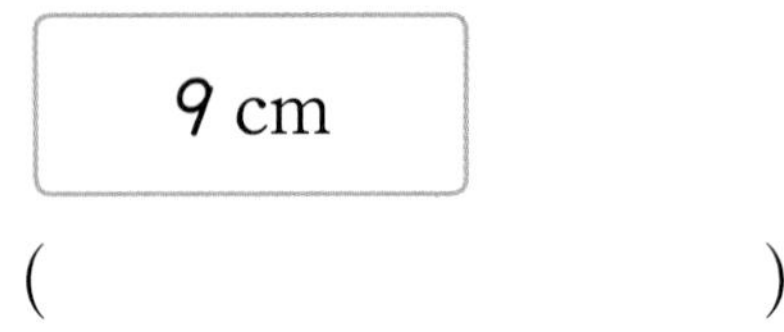

(　　　　　　　　)

3 책상의 긴 쪽의 길이는 몇 뼘일까요?

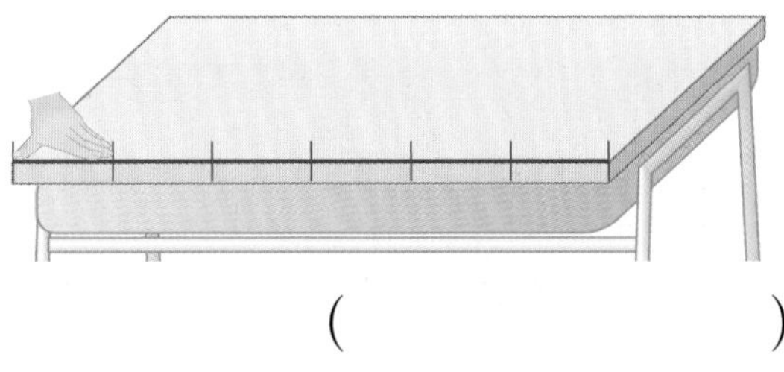

(　　　　　　　　)

4 성냥개비의 길이를 자로 바르게 잰 것의 기호를 써 보세요.

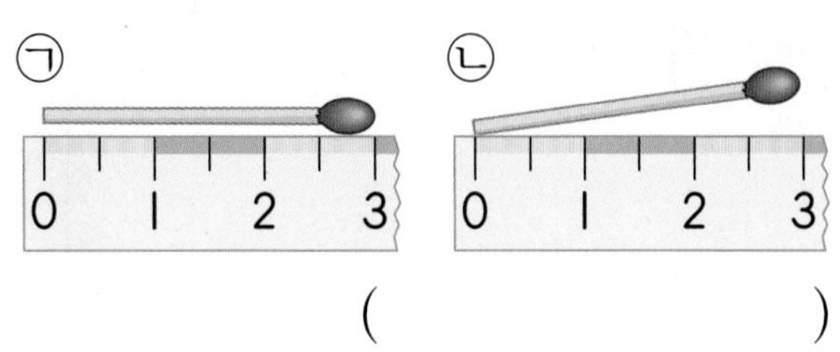

(　　　　　　　　)

(5~6) 다음 물건의 길이를 크레파스로 재어 보면 몇 번인지 구하세요.

5

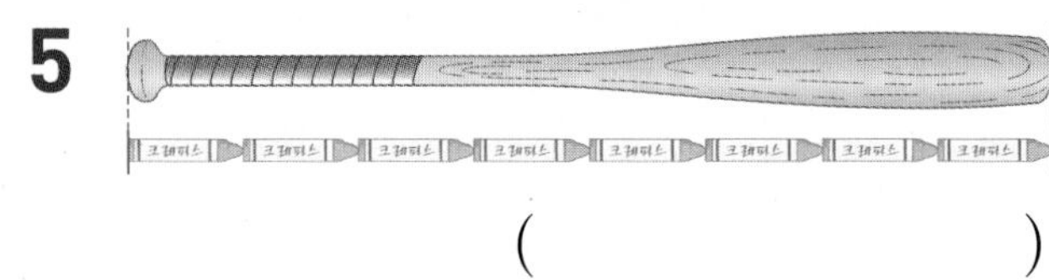

(　　　　　　　　)

6

(　　　　　　　　)

7 주어진 길이를 쓰고 읽어 보세요.

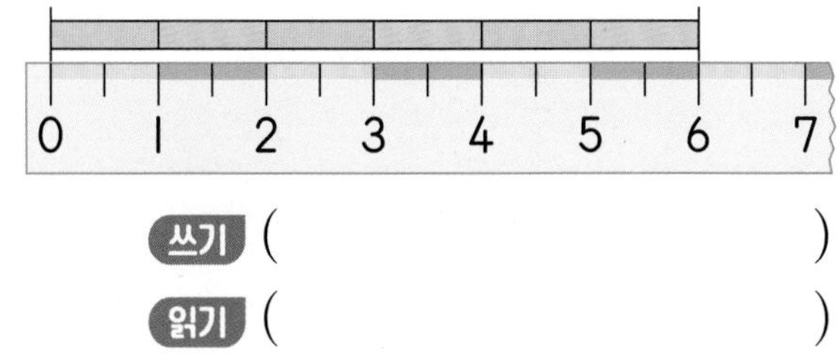

쓰기 (　　　　　　　　)

읽기 (　　　　　　　　)

8 못의 길이는 몇 cm일까요?

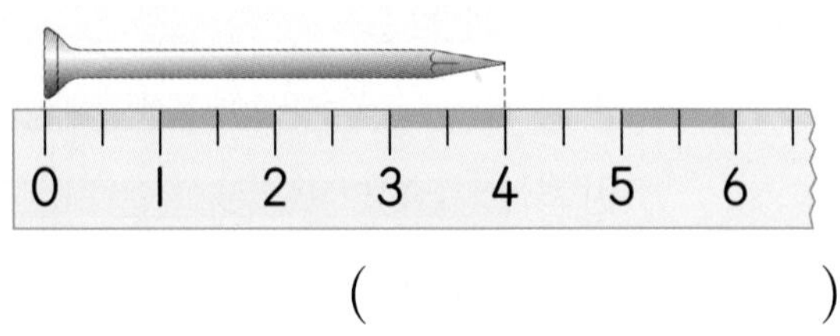

(　　　　　　　　)

9 막대의 길이는 몇 cm일까요?

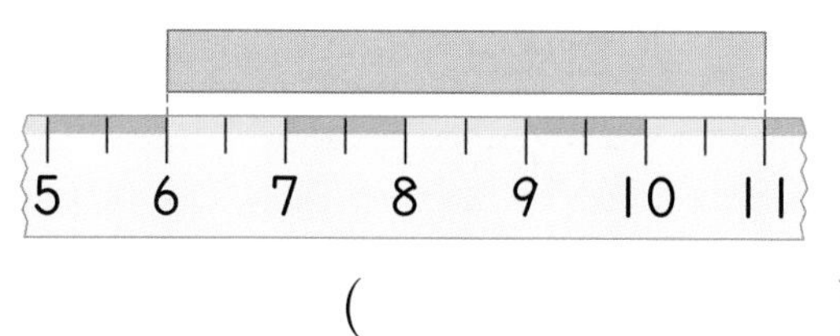

(　　　　　　)

10 점선을 따라 자를 이용하여 6 cm만큼 선을 그어 보세요.

11 □ 안에 알맞은 수를 써넣으세요.

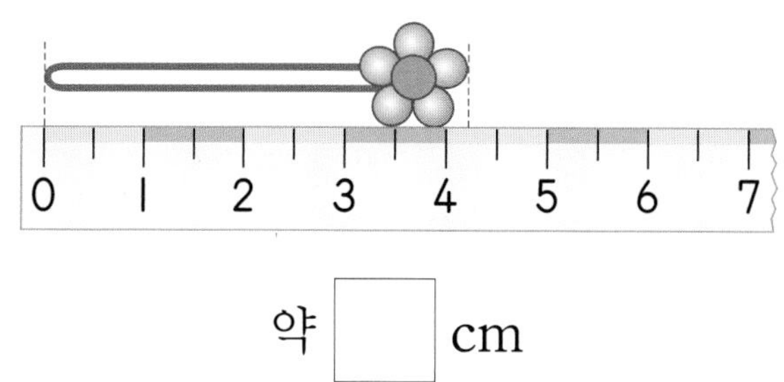

약 □ cm

12 연고의 길이를 어림하고 자로 재어 확인해 보세요.

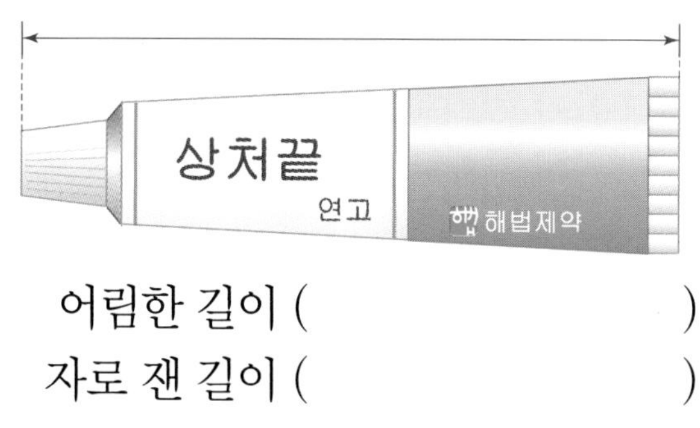

어림한 길이 (　　　　　　)
자로 잰 길이 (　　　　　　)

[13~14] 주어진 막대의 길이를 자로 재어 약 몇 cm인지 알아보세요.

13

(　　　　　　)

14

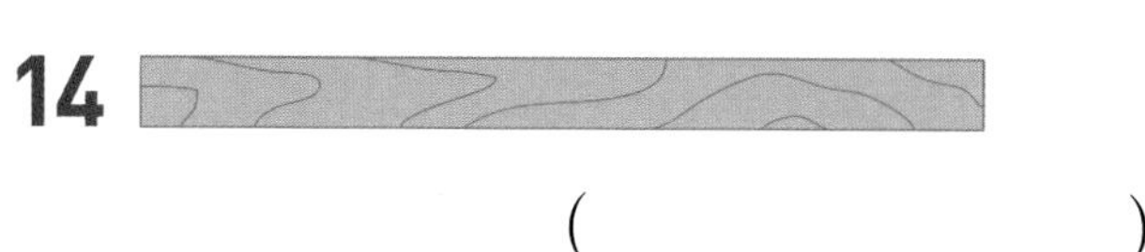

(　　　　　　)

15 변의 길이를 자로 재어 □ 안에 알맞은 수를 써넣으세요.

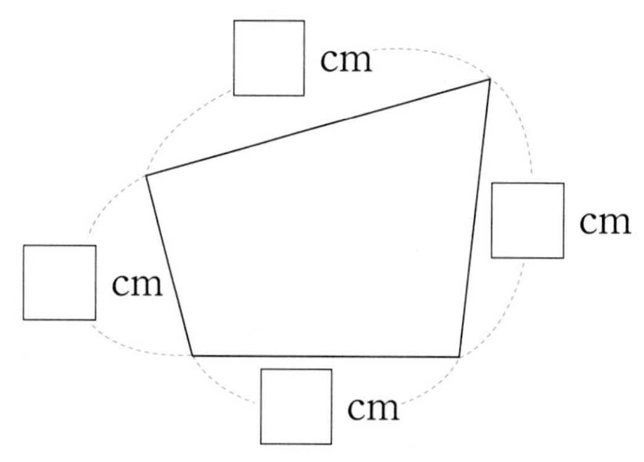

4 단원

16 가장 긴 리본 끈을 가지고 있는 친구의 이름을 써 보세요.

(　　　　　　　　)

17 사탕과 과자 중 개미와 더 가깝게 있는 것은 무엇일까요?

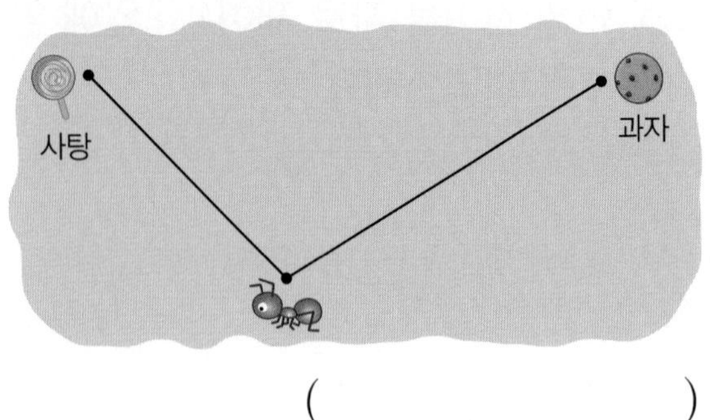

(　　　　　　　　)

18 색 테이프 가와 나 중 더 긴 것의 기호를 써 보세요.

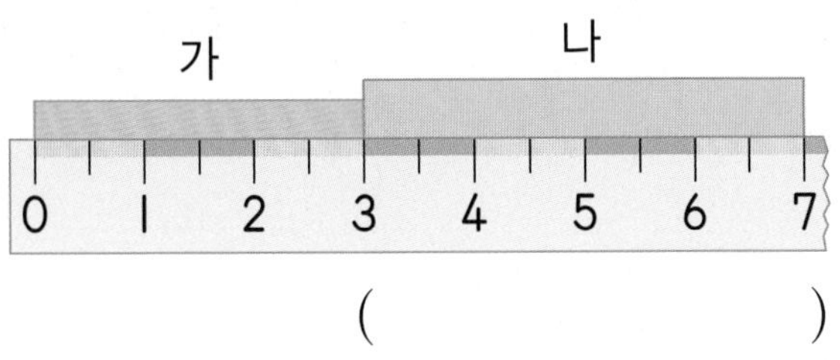

(　　　　　　　　)

19 혜수, 민국, 대훈이는 실제 길이가 12 cm인 연필의 길이를 다음과 같이 어림하였습니다. 누가 실제 길이에 가장 가깝게 어림하였을까요?

혜수	민국	대훈
약 15 cm	약 8 cm	약 10 cm

(　　　　　　　　)

20 길이가 2 cm인 색 테이프로 막대 사탕의 길이를 재었습니다. 막대 사탕의 길이가 색 테이프로 4번이라면 막대 사탕의 길이는 몇 cm일까요?

(　　　　　　　　)

스피드 정답 9쪽 · 정답 및 풀이 38쪽

스스로 학습장은 이 단원에서 배운 것을 확인하는 코너입니다.
몰랐던 것은 꼭 다시 공부해서 내 것으로 만들어 보아요.

설명을 읽고 맞으면 ○표, 틀리면 ×표 하세요.

1 뼘으로 길이를 재면 사람마다 달라 정확한 길이를 잴 수 없습니다. ( )

2 1 cm가 4번이면 4 cm입니다. ( )

3 7 cm는 7 센티미터라고 읽습니다. ( )

4 어림한 길이와 자로 잰 길이는 항상 같아야 합니다. ( )

5 자로 길이를 잴 때 물건의 한쪽 끝을 자의 눈금 0에 맞추고 물건을 비스듬히 놓은 후 다른 쪽 끝에 있는 눈금을 읽어야 합니다. ( )

6 어림한 길이를 말할 때는 '약 ■ cm'라고 말합니다. ( )

7 연필의 길이가 9 cm이면 1 cm가 9번입니다. ( )

8 물건의 길이를 재었을 때 6 cm에 가까우면 약 6 cm입니다. ( )

9 클립으로 재어 연필은 7번, 볼펜은 8번이었다면 연필의 길이가 더 깁니다. ( )

맞은 개수 0~4개 ☐
이런! 수학 실력을 더 쌓아야겠네요.

맞은 개수 5~7개 ☐
좀 더 노력하면 수학왕이 될 수 있어요.

맞은 개수 8~9개 ☐
야호! 당신은 수학왕!

5 분류하기

QR 코드를 찍어 개념 동영상 강의를 보세요. 게임도 하고 문제도 풀 수 있어요.

이번에 배울 내용

- 분류하기
- 기준에 따라 분류하기
- 분류하여 세어 보기
- 분류한 결과를 말해 보기

우리 수학 문제로
퀴즈 대결을 하자!

퀴즈 로봇이 내는
수학 문제로
대결을 하는거지.

대결이라면
자신 있죠.

대결에서 네가
지면 넌 세계 정복을
포기하는 거야.

좋습니다. 하지만
제가 이기면 앞으로
저의 세계 정복을
도와야 합니다.

아… 알았어.
하지만 네가 이기는
일은 없을 거야.

그러면 저와 대결할 사람은
제가 정하겠습니다.

저와 대결할 사람은
재아와 나로입니다.

그… 그래.

헉!! 그럼 퀴즈
종목은 분류하기로
하는 게 어때?

좋습니다.

아빠, 분류하기가
뭐예요?

그림과 같이 모양이
같은 것끼리 가르는 걸
분류한다고 한단다.

아~ 알겠어요.
저희가
해 볼게요.

꼭
이길 거예요!

단계 1 교과서 개념

분류는 어떻게 할까요

• 분류하기

① 예쁜 것과 예쁘지 않은 것으로 분류하기

예쁜 신발	예쁘지 않은 신발

② 색깔별로 분류하기

파란색 신발	❶ ☐ 신발	검은색 신발

⇨ 분류할 때에는 ❷ ☐ 와/과 같이 분명한 기준을 세웁니다.

정답 | ❶ 빨간색 ❷ ②

1 분류 기준으로 알맞은 것에 ○표 하세요.

반바지와 긴바지	좋아하는 옷과 좋아하지 않는 옷	편한 옷과 불편한 옷
( )	( )	( )

2 분류 기준으로 알맞은 것을 찾아 기호를 써 보세요.

㉠ 무서운 것과 무섭지 않은 것
㉡ 다리가 2개인 것과 4개인 것
㉢ 좋아하는 것과 좋아하지 않는 것

( )

1단계 교과서 개념

정해진 기준에 따라 분류해 볼까요

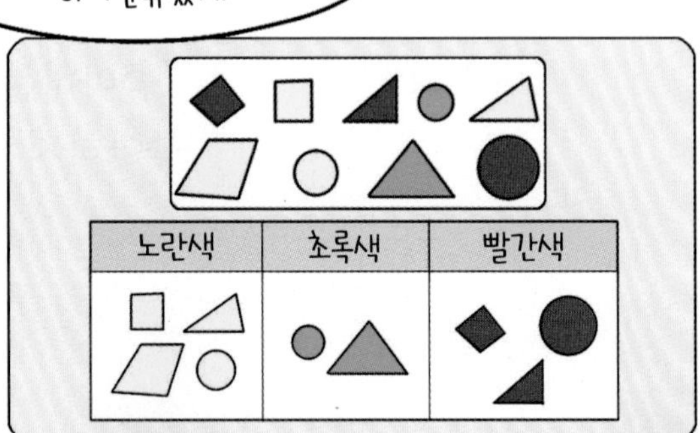

• 기준에 따라 분류하기

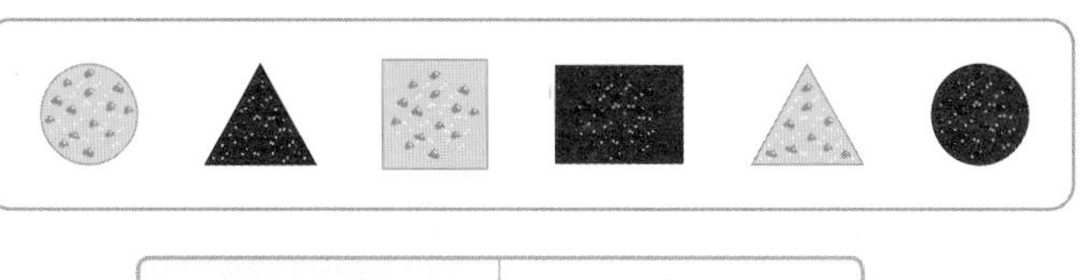

분류 기준	색깔

노란색	빨간색
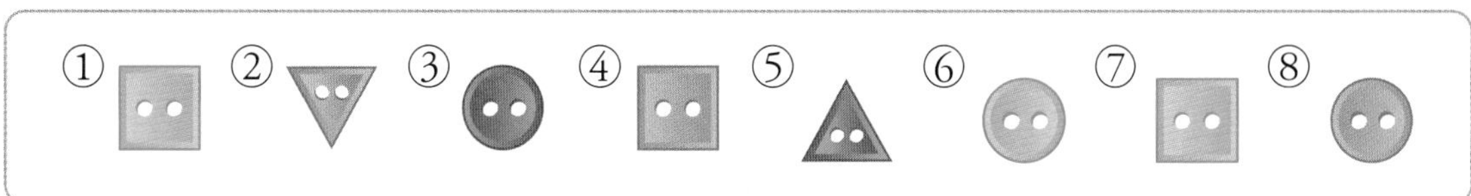	

⇨ 쿠키의 ❶ ____ 을/를 분류 기준으로 하여 분류한 것입니다.

정답 | ❶ 색깔

(1~2) 여러 가지 모양의 단추를 모아 놓은 것입니다. 기준에 따라 분류해 보세요.

① ② ③ ④ ⑤ ⑥ ⑦ ⑧

1 단추를 색깔에 따라 분류해 보세요.

색깔	초록색	파란색	빨간색
번호			

2 단추를 모양에 따라 분류해 보세요.

모양	삼각형	사각형	원
번호			

3 동물을 활동하는 곳에 따라 분류해 보세요.

돌고래	사자	토끼	오징어	기린	문어

바다	돌고래
땅	사자

단계 2 # 개념 집중 연습

분류하기

(1~4) 분류 기준으로 알맞은 것에 ○표 하세요.

1

빨간색과 초록색	맛있는 것과 맛없는 것
(　　)	(　　)

2

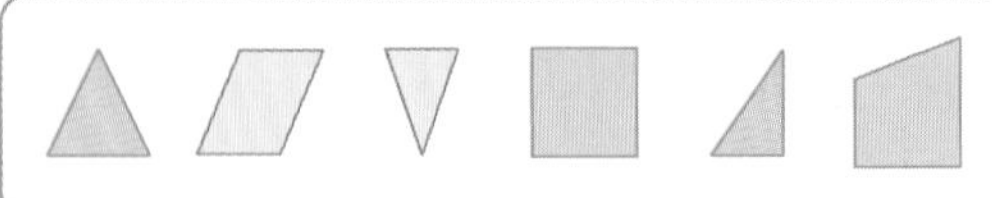

삼각형과 사각형	좋아하는 것과 좋아하지 않는 것
(　　)	(　　)

3

별 모양과 하트 모양	예쁜 것과 예쁘지 않은 것
(　　)	(　　)

4

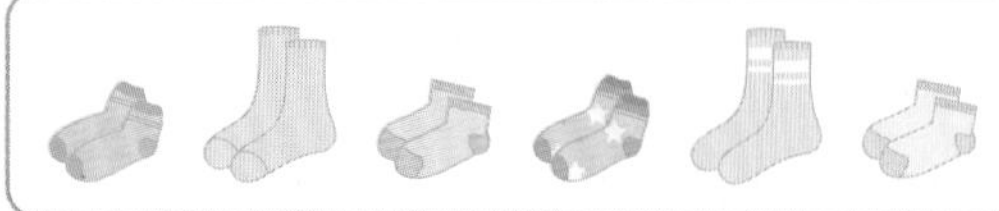

비싼 양말과 싼 양말	초록색 양말과 노란색 양말
(　　)	(　　)

(5~7) 분류 기준으로 알맞은 것을 찾아 기호를 써 보세요.

5

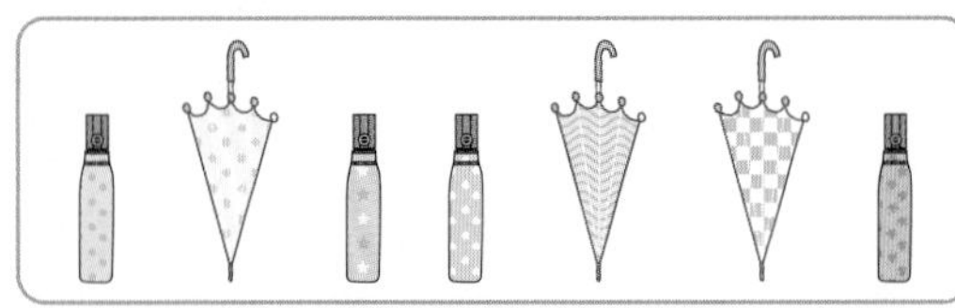

㉠ 비싼 우산과 싼 우산
㉡ 긴 우산과 짧은 우산
㉢ 예쁜 우산과 예쁘지 않은 우산

(　　　　　)

6

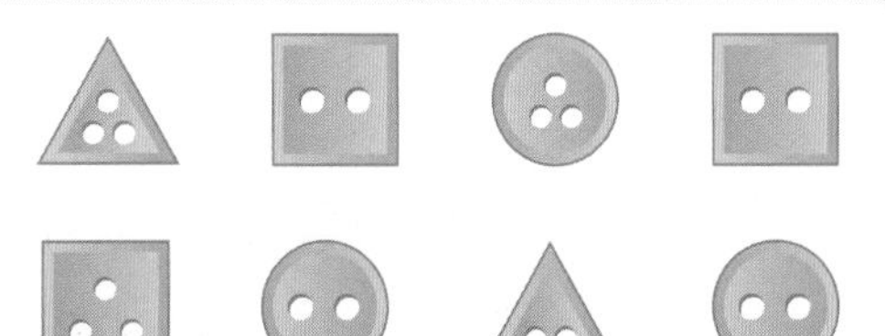

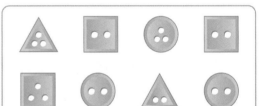

㉠ 예쁜 것과 예쁘지 않은 것
㉡ 큰 것과 작은 것
㉢ 단추 구멍이 2개인 것과 3개인 것

(　　　　　)

7

㉠ 윗옷과 아래옷
㉡ 예쁜 옷과 예쁘지 않은 옷
㉢ 좋아하는 옷과 좋아하지 않는 옷

(　　　　　)

기준에 따라 분류하기

[8~9] 여러 가지 모양의 붙임 딱지가 있습니다. 기준에 따라 분류해 보세요.

8 모양에 따라 분류해 보세요.

모양	기호
☆	
(네 잎 모양)	
♡	

9 색깔에 따라 분류해 보세요.

색깔	기호
노란색	
초록색	
빨간색	

10 과일과 채소를 색깔에 따라 분류해 보세요.

바나나	포도	오이
피망	참외	브로콜리
고추	가지	호박

색깔	이름
노란색	
보라색	
초록색	

11 동물을 다리의 수에 따라 분류해 보세요.

다리의 수	이름
다리 2개	
다리 4개	

5 단원

1단계 교과서 개념

분류하고 세어 볼까요

색깔	노란색	초록색	빨간색
세면서 표시하기	////	///	/////
블록 수(개)	4	3	5

• 분류하여 세어 보기

분류 기준	종류

종류	(복숭아)	(귤)	(사과)
세면서 표시하기	////	//// /	//
과일 수(개)	❶	6	❷

→ 셀 때마다 / 표시를 해요.

정답 | ❶ 4 ❷ 2

1 학생들이 좋아하는 음식을 분류하고 그 수를 세어 보세요.

 피자	 떡볶이	 피자	 피자	 짜장면	 떡볶이

분류 기준	종류

종류	피자	떡볶이	짜장면
세면서 표시하기			
학생 수(명)			

2 은비네 모둠 학생들의 장래 희망에 따라 분류하고 그 수를 세어 보세요.

분류 기준	장래 희망

장래 희망	의사	선생님	축구 선수	가수
세면서 표시하기				
학생 수(명)				

1단계 교과서 개념
분류한 결과를 말해 볼까요

색깔	노란색	초록색	빨간색
블록 수 (개)	4	3	5

• 분류한 결과를 말해 보기

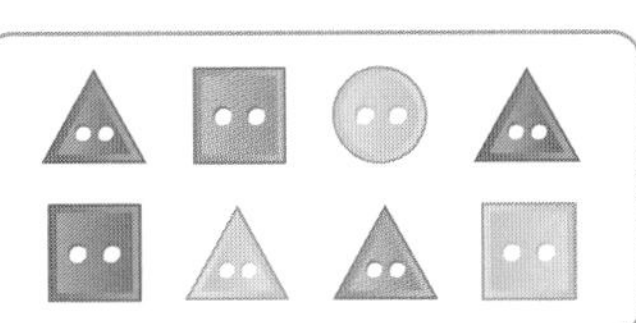

분류 기준	모양

모양	삼각형	사각형	원
단추 수(개)	4	❶	1

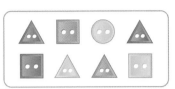

조사한 자료를 보고
분류 기준을 찾거나
분류한 결과에 대해
이야기해 보세요.

① 단추를 모양에 따라 분류하였습니다.

② 가장 많은 단추는 ❷ 모양이고 가장 적은 단추는 원 모양입니다.

정답 | ❶ 3 ❷ 삼각형

1 은수네 모둠 학생들이 가고 싶어 하는 곳을 조사하였습니다. 장소에 따라 분류하여 그 수를 세어 보고 가장 많은 학생들이 가고 싶어 하는 곳을 써 보세요.

동물원	수목원	동물원	놀이공원	놀이공원	동물원	놀이공원	동물원

분류 기준	장소

장소	동물원	수목원	놀이공원
학생 수(명)			

( )

[2~3] 나은이네 모둠 학생들이 좋아하는 아이스크림을 조사하였습니다. 물음에 답하세요.

초콜릿 맛	딸기 맛	초콜릿 맛	바닐라 맛	초콜릿 맛	초콜릿 맛	딸기 맛

2 맛에 따라 분류하고 그 수를 세어 보세요.

분류 기준	맛

맛	딸기 맛	초콜릿 맛	바닐라 맛
학생 수(명)			

3 가장 많은 학생들이 좋아하는 아이스크림은 무슨 맛 아이스크림일까요?

( )

단계 2 개념 집중 연습

분류하여 세어 보기

1 혜진이네 반 학생들이 좋아하는 곤충을 조사하였습니다. 좋아하는 곤충을 분류하고 그 수를 세어 보세요.

잠자리	나비	잠자리	메뚜기
나비	잠자리	나비	잠자리

분류 기준	종류

종류	잠자리	나비	메뚜기
세면서 표시하기			
학생 수(명)			

2 냉장고에 있는 과일과 채소를 조사하였습니다. 종류에 따라 분류하고 그 수를 세어 보세요.

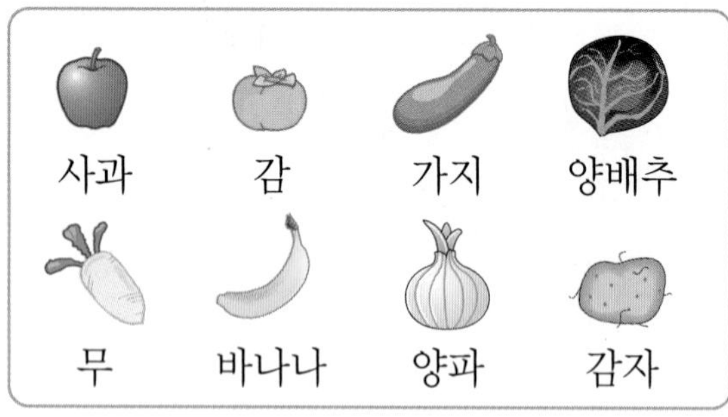

분류 기준	종류

종류	과일	채소
세면서 표시하기		
수(개)		

3 연우네 반 학생들이 좋아하는 꽃을 조사하였습니다. 좋아하는 꽃을 분류하고 그 수를 세어 보세요.

분류 기준	종류

종류	장미	튤립	해바라기
학생 수(명)			

4 현지네 반 학생들이 좋아하는 색깔을 조사하였습니다. 색깔별로 분류하고 그 수를 세어 보세요.

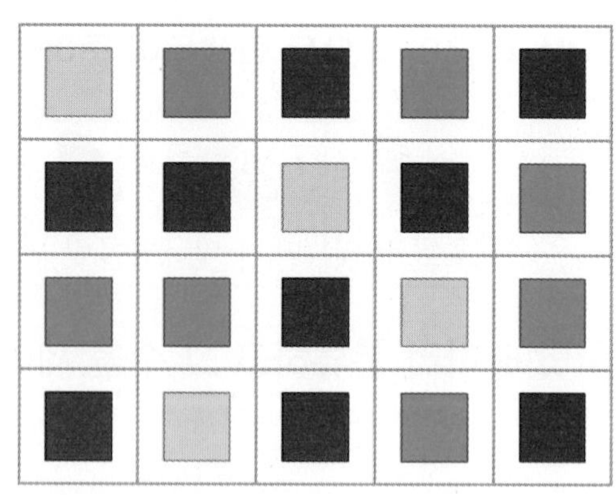

분류 기준	색깔

색깔	(연한 색)	(중간 색)	(진한 색)
학생 수(명)			

분류한 결과를 말해 보기

[5~7] 다희네 반 학생들이 좋아하는 악기를 조사하였습니다. 물음에 답하세요.

트라이앵글　탬버린

캐스터네츠

5 악기를 분류하고 그 수를 세어 보세요.

분류 기준	종류

종류	트라이앵글	캐스터네츠	탬버린
세면서 표시하기			
학생 수(명)			

6 가장 많은 학생들이 좋아하는 악기는 무엇일까요?

(　　　　　　　　　)

7 가장 적은 학생들이 좋아하는 악기는 무엇일까요?

(　　　　　　　　　)

[8~10] 신발 가게에서 오늘 하루 동안 팔린 신발을 조사하였습니다. 물음에 답하세요.

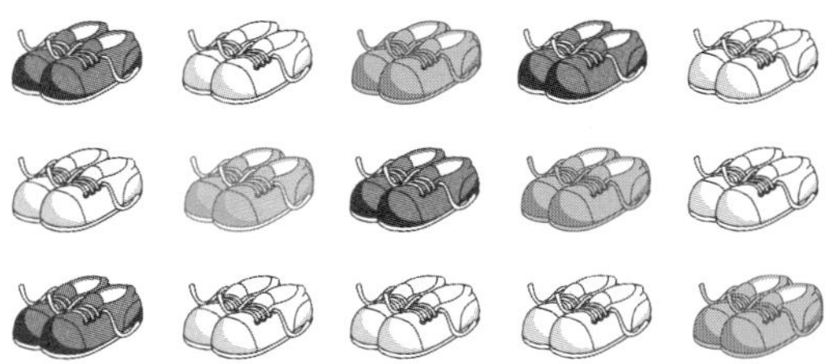

8 색깔에 따라 분류하고 그 수를 세어 보세요.

분류 기준	색깔

색깔	검은색	흰색	빨간색	파란색
신발 수(켤레)				

9 오늘 가장 많이 팔린 신발의 색깔은 무엇인지 써 보세요.

(　　　　　　　　　)

10 내일 신발을 많이 팔기 위해 어떤 색깔의 신발을 가장 많이 준비하면 좋을지 써 보세요.

(　　　　　　　　　)

5 단원

단계 3 익힘 문제 연습

1 분류 기준으로 알맞은 것에 ○표 하세요.

편한 옷과 불편한 옷	윗옷과 아래옷	나에게 어울리는 옷과 어울리지 않는 옷
(　　)	(　　)	(　　)

다시 확인

2 분류 기준으로 알맞은 것을 모두 찾아 ○표 하세요.

(　　　) 무서운 것과 무섭지 않은 것
(　　　) 하늘을 날 수 있는 것과 날 수 없는 것
(　　　) 다리가 있는 것과 없는 것
(　　　) 좋아하는 것과 좋아하지 않는 것

• 분류를 할 때 분명한 분류 기준을 세워서 누가 분류를 하더라도 같은 결과가 나올 수 있도록 해야 합니다.

3 다리의 수에 따라 분류해 보세요.

① 
② 
③ 
④ 
⑤ 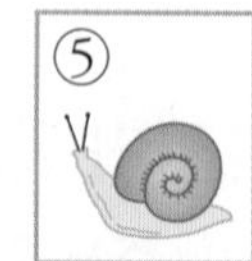
⑥ 
⑦ 
⑧ 
⑨ 

분류 기준	다리의 수
다리 0개	⑤
다리 2개	
다리 4개	

동물을 다리가 0개인 것, 2개인 것, 4개인 것으로 분류해 각각 알맞은 번호를 써 보세요.

4 칠교 조각을 분류 기준에 따라 분류해 보세요.

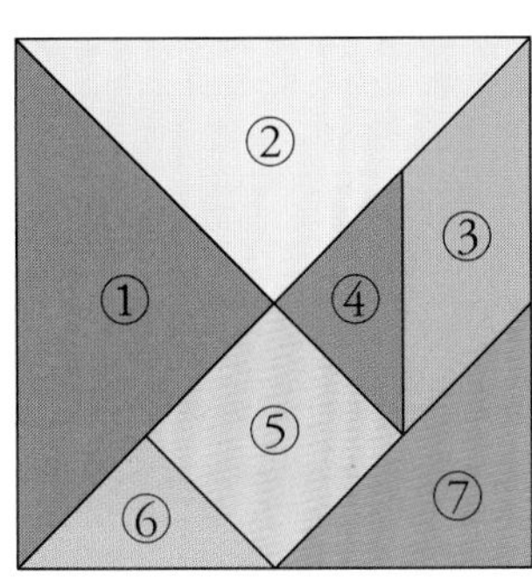

분류 기준	모양

모양	삼각형	사각형
조각 번호		

다시 확인

• 삼각형과 사각형으로 분류 기준을 세워 분류해 봅니다.

5 젤리를 분류할 수 있는 기준을 써 보세요.

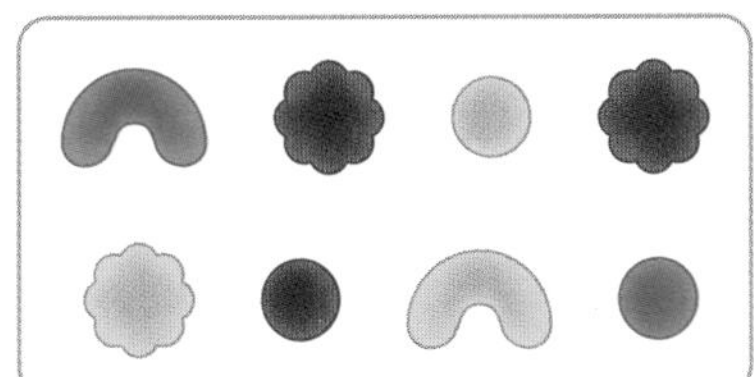

분류 기준 1 ____________

분류 기준 2 ____________

• 모양과 색깔이 다른 젤리의 분류 기준을 찾아 봅니다.

6 사탕을 다음과 같이 분류하였습니다. 분류 기준으로 알맞지 않은 까닭을 써 보세요.

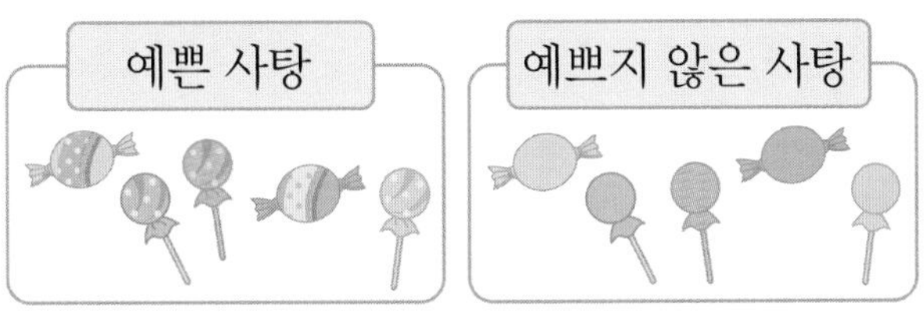

까닭 ____________

7 책상 위의 학용품들을 분류하고 그 수를 세어 보세요.

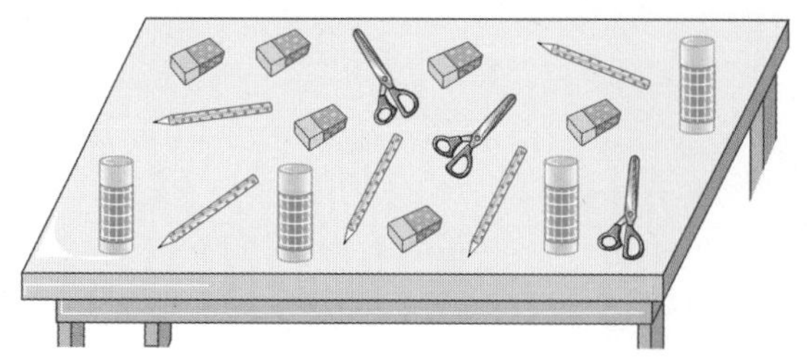

분류 기준	종류

종류	연필	가위	풀	지우개
세면서 표시하기				
학용품 수(개)				

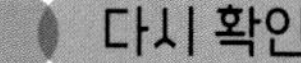
다시 확인

중복되거나
빠뜨리는 것이 없도록
주의하여 세어 봐요.

8 학생들이 좋아하는 놀이를 조사하였습니다. 놀이에 따라 분류하고 그 수를 세어 보세요.

분류 기준	놀이

놀이				
세면서 표시하기				
학생 수(명)				

• 세면서 표시할 때 사용한 𝍸 표시 대신 正의 표시를 사용할 수도 있습니다.

[9~11] 지원이네 학교에 있는 화분의 색깔을 조사하였습니다. 물음에 답하세요.

다시 확인

9 화분을 분류하고 그 수를 세어 보세요.

분류 기준	색깔

색깔	초록색	노란색	빨간색	파란색
세면서 표시하기				
화분 수(개)				

• 모든 자료를 세어본 후 전체 화분 수와 같은지 확인해 봅니다.

10 가장 많은 화분의 색깔은 무엇인지 써 보세요.

( )

9에서 분류한 것을 보고 가장 많은 것과 가장 적은 것을 알아봐요.

11 가장 적은 화분의 색깔은 무엇인지 써 보세요.

( )

5 단원

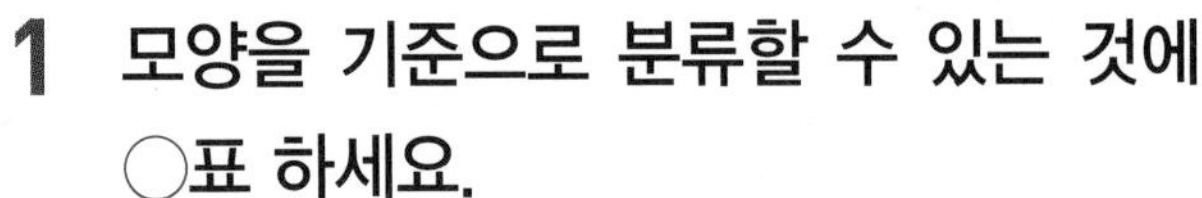

단계 4 단원 평가

1 모양을 기준으로 분류할 수 있는 것에 ◯표 하세요.

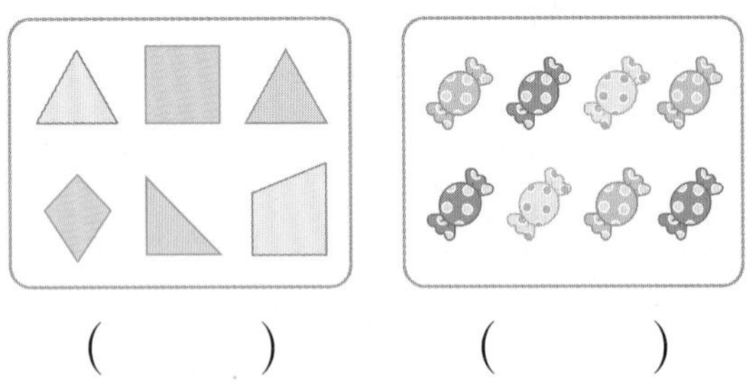

(　　)　　(　　)

2 분류 기준으로 알맞은 것에 ◯표 하세요.

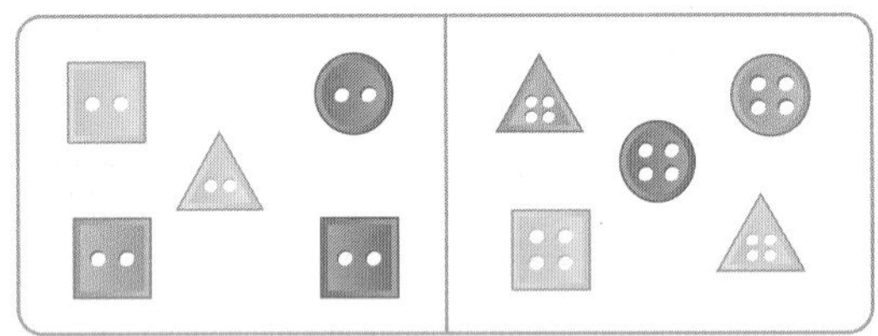

단추의 색깔,　단추 구멍의 수

3 분류 기준으로 알맞은 것을 찾아 기호를 써 보세요.

㉠ 나에게 어울리는 리본과 어울리지 않는 리본
㉡ 예쁜 리본과 예쁘지 않은 리본
㉢ 파란색 리본과 빨간색 리본

(　　　　　　)

4 동물들을 활동하는 장소에 따라 분류하였습니다. 잘못 분류된 것에 ◯표 하세요.

5 주원이의 방 안에 있는 물건을 조사한 것입니다. 모양에 따라 분류해 보세요.

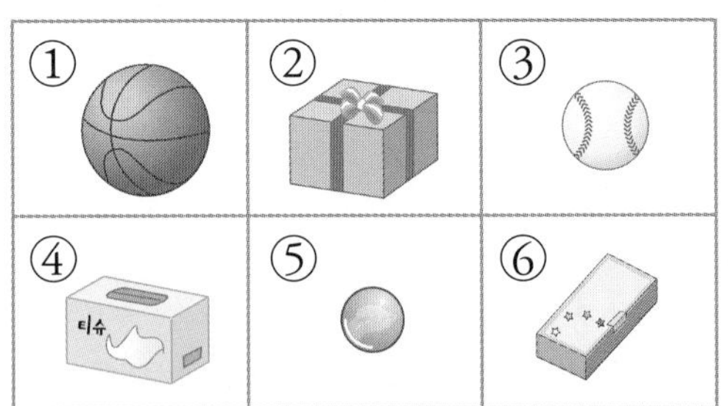

모양	번호
(상자 모양)	
(공 모양)	

6 칠판에 여러 글자가 쓰여 있습니다. 글자들을 종류에 따라 분류해 보세요.

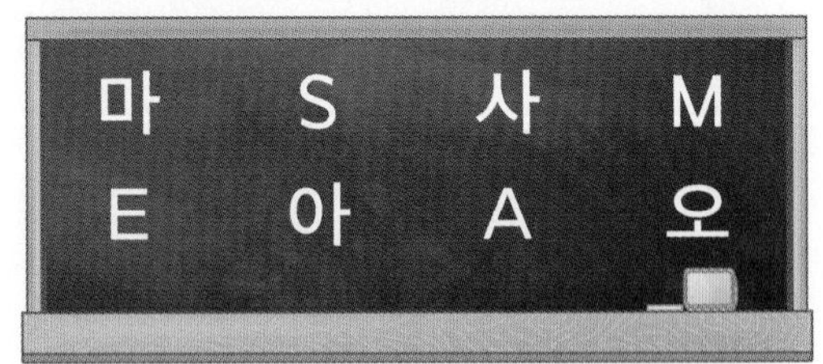

종류	한글	알파벳
글자		

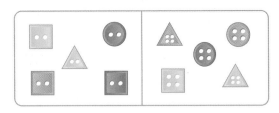

(7~8) 붙임 딱지를 기준에 따라 분류하려고 합니다. 물음에 답하세요.

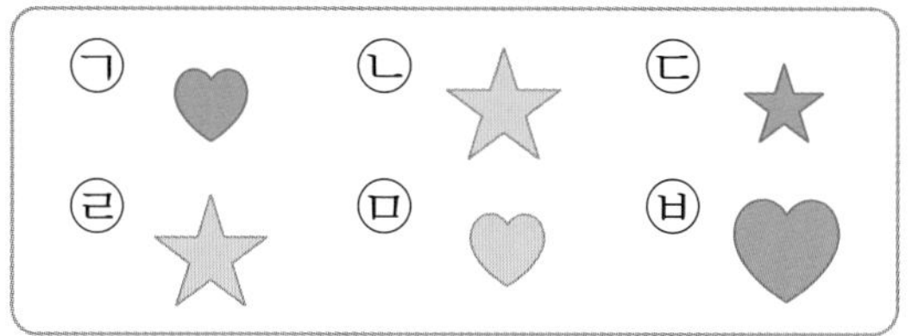

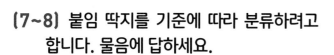

7 모양에 따라 분류해 보세요.

모양	♡	☆
기호		

8 색깔에 따라 분류해 보세요.

색깔	초록색	노란색
기호		

(9~10) 지수네 모둠 학생들이 좋아하는 음식을 조사하였습니다. 물음에 답하세요.

햄버거	떡볶이	떡볶이	김밥
떡볶이	김밥	햄버거	떡볶이

9 종류에 따라 분류하고 그 수를 세어 보세요.

분류 기준	종류

종류	햄버거	떡볶이	김밥
세면서 표시하기			
학생 수(명)			

10 가장 많은 학생들이 좋아하는 음식은 무엇일까요?

( )

(11~13) 진우네 모둠 학생들이 좋아하는 놀이 시설을 조사하였습니다. 물음에 답하세요.

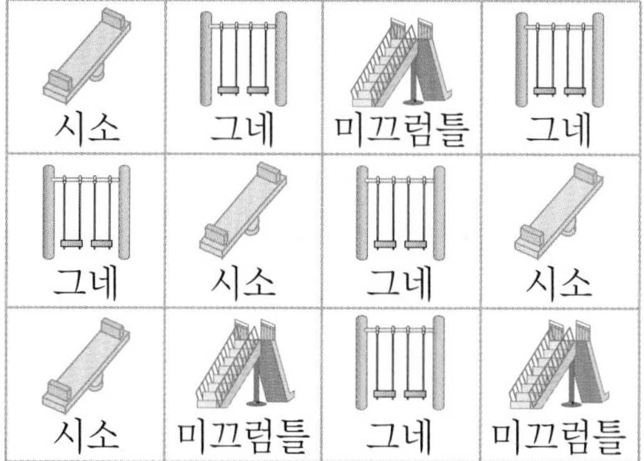

시소	그네	미끄럼틀	그네
그네	시소	그네	시소
시소	미끄럼틀	그네	미끄럼틀

11 놀이 시설을 분류하고 그 수를 세어 보세요.

분류 기준	놀이 시설

놀이 시설	시소	그네	미끄럼틀
학생 수(명)			

12 가장 많은 학생들이 좋아하는 놀이 시설은 무엇일까요?

( )

13 가장 적은 학생들이 좋아하는 놀이 시설은 무엇일까요?

( )

[14~15] 블록을 보고 물음에 답하세요.

14 모양에 따라 분류하고 그 수를 세어 보세요.

분류 기준	모양

모양			
블록 수(개)			

15 색깔에 따라 분류하고 그 수를 세어 보세요.

분류 기준	색깔

색깔	빨간색	초록색	파란색
블록 수(개)			

[16~17] 학교에 심어져 있는 나무를 조사하였습니다. 물음에 답하세요.

분류 기준	종류

종류	단풍나무	은행나무	소나무
나무 수(그루)	6	5	3

16 학교에 가장 많이 심어져 있는 나무는 무엇일까요?

( )

17 학교에 가장 적게 심어져 있는 나무는 무엇일까요?

( )

[18~20] 하늘이네 가게에서 오늘 하루 동안 팔린 우산입니다. 물음에 답하세요.

18 색깔에 따라 분류하고 그 수를 세어 보세요.

분류 기준	색깔

색깔	하늘색	분홍색	노란색	검은색
세면서 표시하기				
우산 수 (개)				

19 오늘 가장 많이 팔린 우산의 색깔은 무엇일까요?

( )

20 하늘이네 가게에서 내일 우산을 많이 팔기 위해 가장 많이 준비해야 할 우산의 색깔은 무엇일까요?

( )

◀스피드 정답 12쪽 · 정답 및 풀이 43쪽

스스로 학습장은 이 단원에서 배운 것을 확인하는 코너입니다.
몰랐던 것은 꼭 다시 공부해서 내 것으로 만들어 보아요.

단추를 여러 가지 기준으로 분류해 보세요.

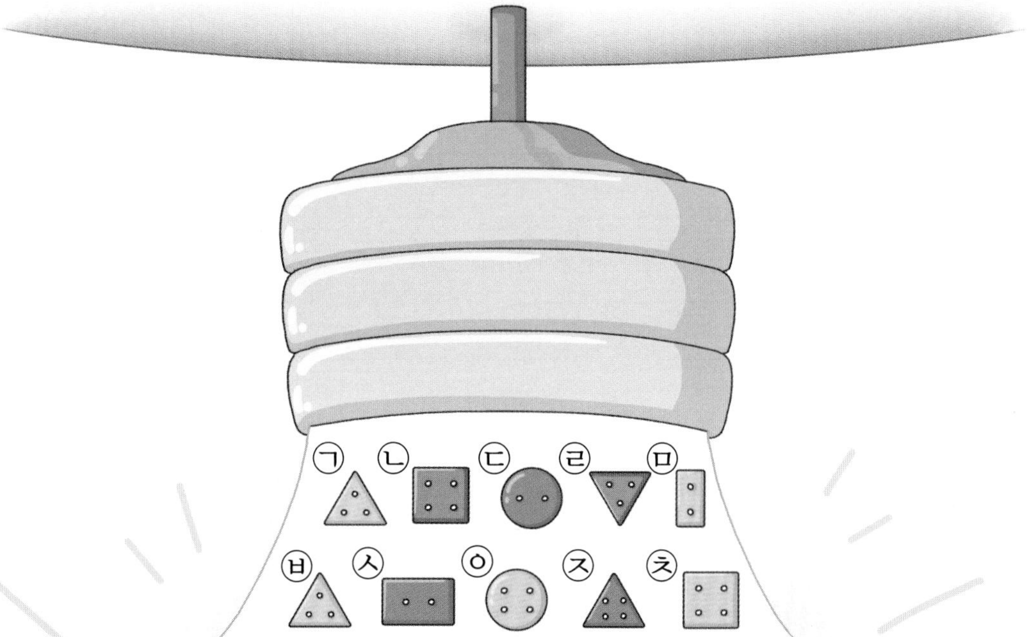

㉠ ㉡ ㉢ ㉣ ㉤
㉥ ㉦ ㉧ ㉨ ㉩

1 단추를 분류할 수 있는 분류 기준을 써 보세요.

____

2 자신이 정한 분류 기준에 따라 분류해 보세요.

분류 기준	

단추 기호	

3 단추를 2와 다른 기준으로 분류하고 그 수를 세어 보세요.

분류 기준	

단추 수(개)	

5 단원

6 곱셈

QR 코드를 찍어 개념 동영상 강의를 보세요. 게임도 하고 문제도 풀 수 있어요.

이번에 배울 내용

- 여러 가지 방법으로 세기
- 묶어 세기
- 몇의 몇 배 알아보기
- 몇의 몇 배로 나타내기
- 곱셈 알아보기
- 곱셈식으로 나타내기

오 아 악~

트롯이 좀 이상해진 것 같은데….

네, 그런 것 같아요.

이럴 순 없어~. 이건 아니야!

제 생각에는 머리쪽에 문제가 생긴 것 같아요.

이런 상황을 대비해 제가 미리 장치를 해두었습니다.

무슨 말인가?

제가 트롯의 머리 안쪽에 장치를 만들어 두었어요.

그 장치를 누르면 트롯이 다시 정상으로 돌아올 거예요.

팍 파직

그런데 지금은 그 버튼을 누르기 힘들 것 같은데….

파닥 파닥

제게 좋은 작전이 있습니다.
좋은 작전?
꼬꼬마 개미 작전 입니다.
저희가 트롯의 눈에 띄지 않게 작아지는 거죠.
아~ 작아진 뒤 몰래 트롯에게 접근하자는 거군.
네~
씨익

그런데 우리가 어떻게 작아지지?
이 알약을 한 사람당 5개씩 먹으면 돼요.
스윽
재아야! 그럼 알약은 몇 개가 있어야 할까?
그… 글쎄요.

1단계 교과서 개념

여러 가지 방법으로 세어 볼까요

잠시 후
헉
헉
헉
헉

헉헉~
이제 겨우
다 왔네~.

그런데 박사, 트롯이
얌전해진 것 같은데?
얌
전~
그… 그러네요.

아빠, 그러면
저희 작전은
실패인가요?
그… 그래.
꼬꼬마 개미 작전은
실패구나.

박사, 다시 커지는
방법은 있는 거지?
그럼요.

자, 여기 있는
알약을 먹으면 다시
커질 거예요.
모두 몇 개
인가?

그건 제가
세어 볼게요.

3, 6, 9, 12로 3씩 뛰어 세면
모두 12개예요.

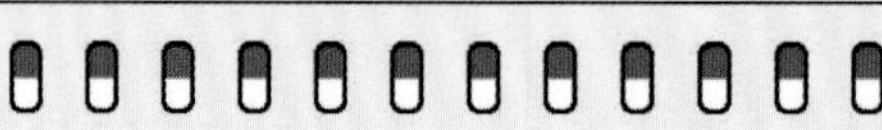

① 하나씩 세어 보기
② 3, 6, 9, 12로 3씩 뛰어 세기
③ 3개씩 4묶음으로 묶어 세기
⇨ 알약은 모두 12개입니다.

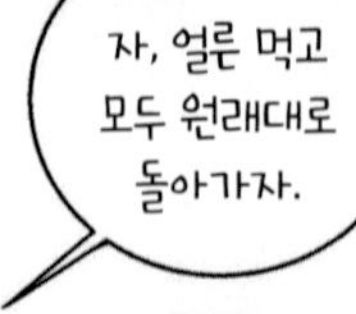
자, 얼른 먹고
모두 원래대로
돌아가자.

네~

펑
엉

엥? 아빠, 저희 더
작아진 것 같아요.

• 여러 가지 방법으로 세기

⇨ ❶ [ ] 개

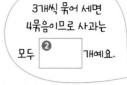

3개씩 묶어 세면
4묶음이므로 사과는
모두 ❷ [ ] 개예요.

방법1 하나씩 세어 봅니다. → 중간에 틀릴 수도 있고 시간이 많이 걸립니다.

방법2 3, 6, 9, 12로 3씩 뛰어 세어 봅니다.

방법3 3개씩 묶어 세어 봅니다.
→ 3개씩 4묶음

정답 | ❶ 12 ❷ 12

1 단추는 모두 몇 개인지 여러 가지 방법으로 세어 보려고 합니다. □ 안에 알맞은 수를 써넣으세요.

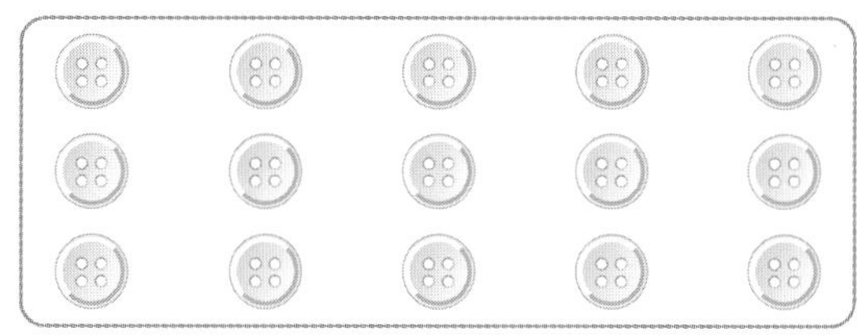

(1) 3씩 뛰어 세면 3, 6, [ ], [ ], [ ] 입니다.

(2) 5씩 묶어 세면 5씩 [ ] 묶음입니다.

(3) 단추는 모두 [ ] 개입니다.

2 그림을 보고 □ 안에 알맞은 수를 써넣으세요.

4씩 뛰어 세면 4, 8, [ ], [ ] 이므로

상자는 모두 [ ] 개입니다.

여러 가지 방법 중에서
자신이 가장 편리하다고
생각하는 방법으로 수를
셀 수 있어요.

1단계 교과서 개념

묶어 세어 볼까요

5	5	5	5

5씩 4묶음

5 - 10 - 15 - 20

⇨ 비타민은 모두 20개입니다.

• 5씩 묶어 세기

도넛을 5씩 묶어 세어 보면 5씩 4묶음입니다.

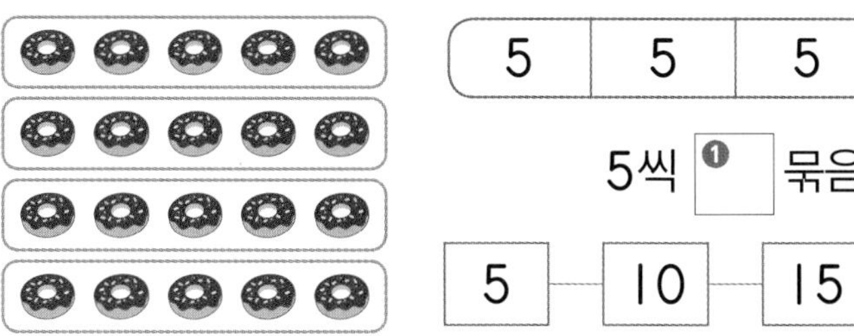

5	5	5	5

5씩 ❶ □ 묶음

5 — 10 — 15 — 20

⇨ 도넛은 모두 ❷ □ 개입니다.

도넛을 5씩 묶어 세면
5씩 4묶음이므로 모두
❸ □ 개예요.

정답 | ❶ 4 ❷ 20 ❸ 20

(1~2) 공깃돌은 모두 몇 개인지 묶어 세어 알아보려고 합니다. 물음에 답하세요.

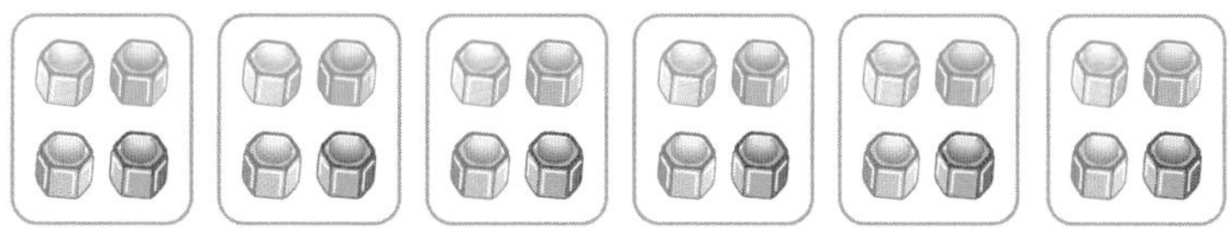

1 4씩 묶어 세어 보세요.

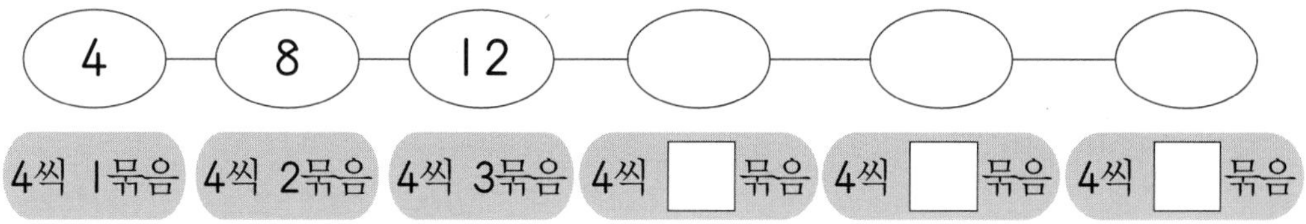
4 — 8 — 12 — ○ — ○ — ○
4씩 1묶음
4씩 2묶음
4씩 3묶음
4씩 □묶음
4씩 □묶음
4씩 □묶음

2 공깃돌은 모두 몇 개일까요?

공깃돌은 4씩 □ 묶음이므로 모두 □ 개입니다.

(3~4) 우산은 모두 몇 개인지 묶어 세어 알아보려고 합니다. 물음에 답하세요.

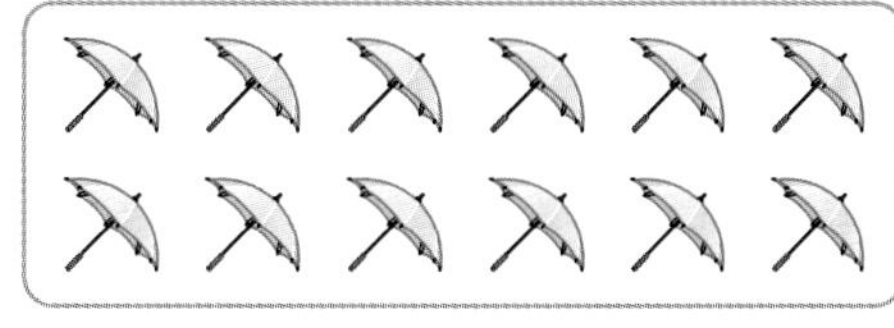

3 3씩 몇 묶음일까요?

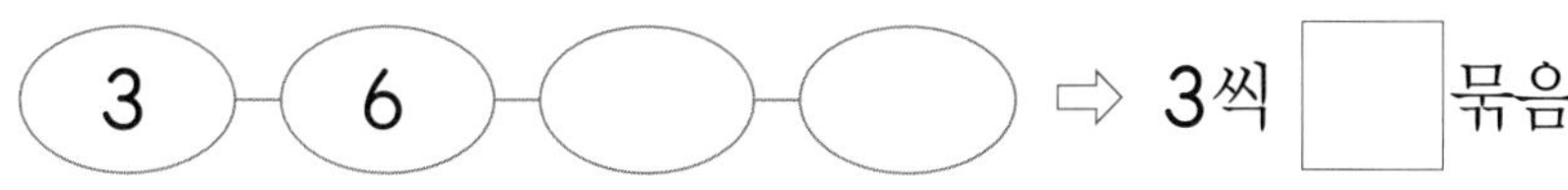
3 — 6 — ○ — ○

⇨ 3씩 □ 묶음

4 우산은 모두 몇 개일까요? ( )

묶어 세면 모두
몇 개인지 빨리 셀 수
있어요.

단계 2 개념 집중 연습

여러 가지 방법으로 세기

[1~3] 모두 몇 개인지 뛰어 세어 보세요.

1

아이스크림을 2씩 뛰어 세면 2, 4, ☐, ☐이므로 모두 ☐개입니다.

2

빵을 3씩 뛰어 세면 3, 6, ☐, ☐이므로 모두 ☐개입니다.

3

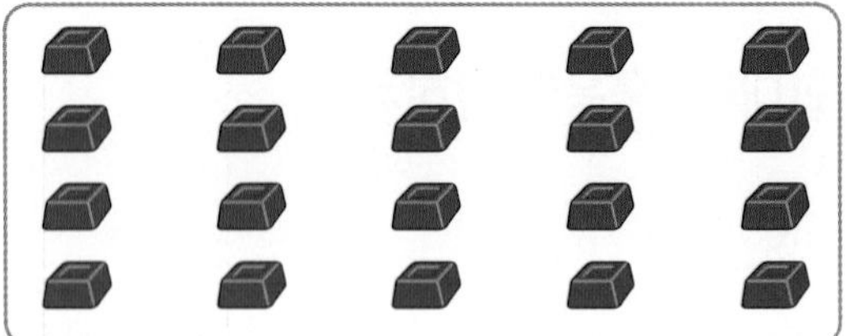

초콜릿을 4씩 뛰어 세면 4, 8, ☐, ☐, ☐이므로 모두 ☐개입니다.

[4~6] 그림을 보고 ☐ 안에 알맞은 수를 써넣으세요.

4

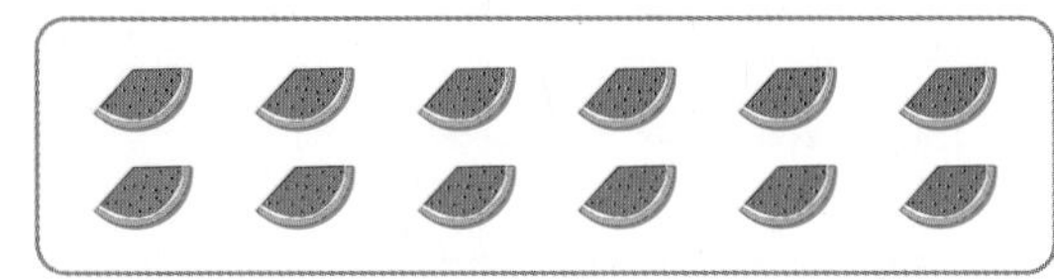

수박을 4씩 묶어 세면 4씩 ☐묶음이므로 모두 ☐조각입니다.

5

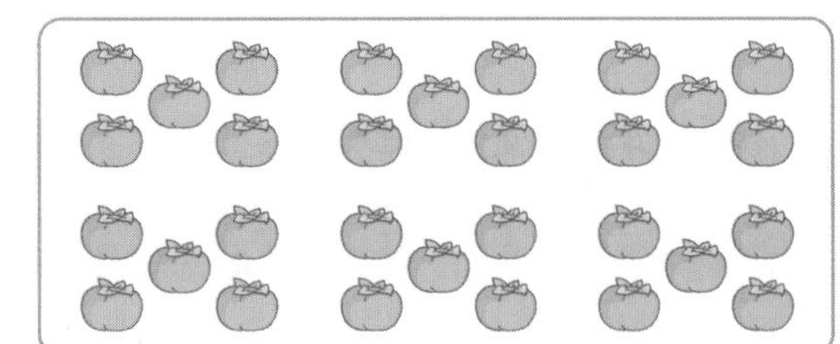

감을 5씩 묶어 세면 5씩 ☐묶음이므로 모두 ☐개입니다.

6

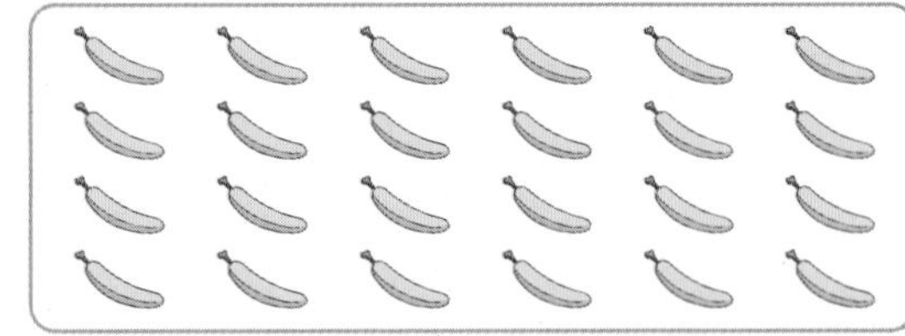

바나나를 6씩 묶어 세면 6씩 ☐묶음이므로 모두 ☐개입니다.

묶어 세기

(7~8) 모두 몇 개인지 묶어 세어 보고 □ 안에 알맞은 수를 써넣으세요.

7

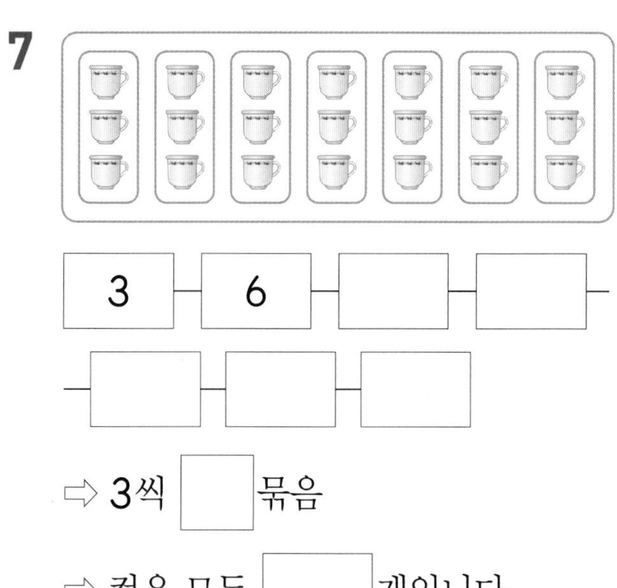

3 — 6 — □ — □ — □ — □ — □

⇨ 3씩 □ 묶음

⇨ 컵은 모두 □ 개입니다.

8

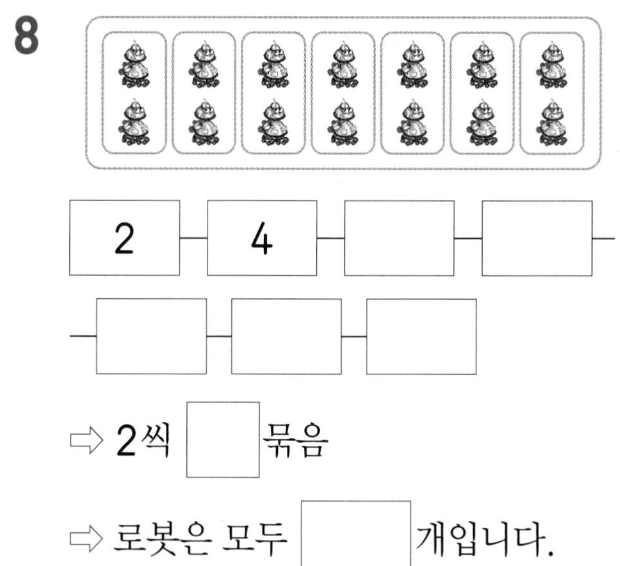

2 — 4 — □ — □ — □ — □ — □

⇨ 2씩 □ 묶음

⇨ 로봇은 모두 □ 개입니다.

(9~12) □ 안에 알맞은 수를 써넣으세요.

9

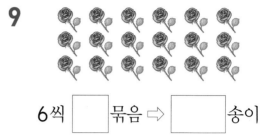

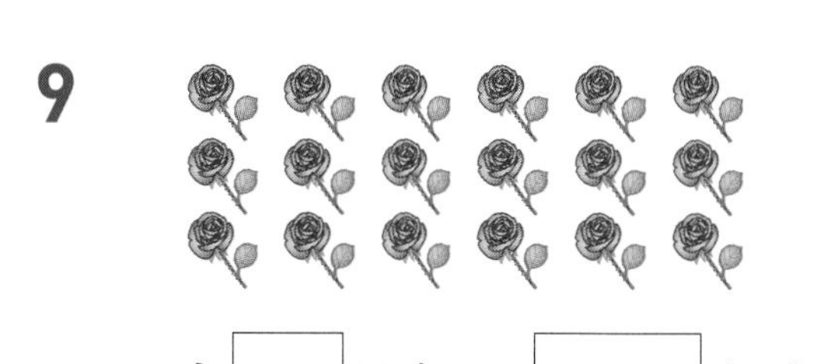

6씩 □ 묶음 ⇨ □ 송이

10

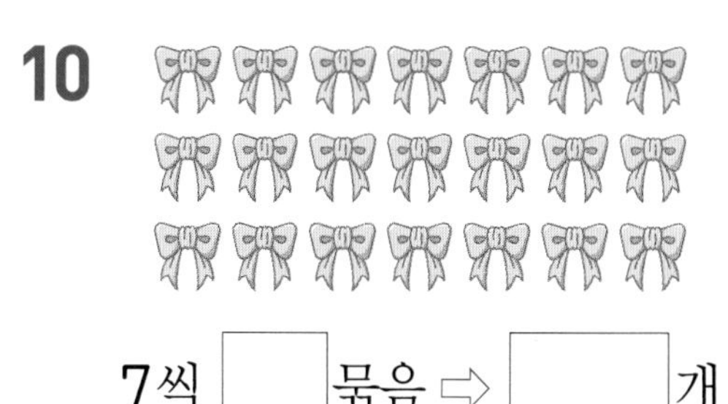

7씩 □ 묶음 ⇨ □ 개

11

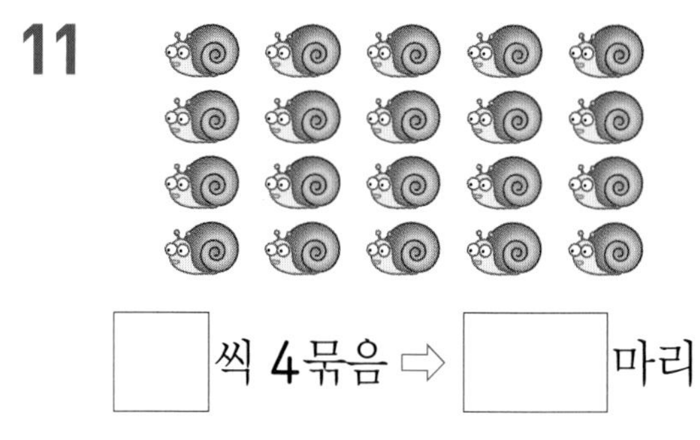

□ 씩 4묶음 ⇨ □ 마리

12

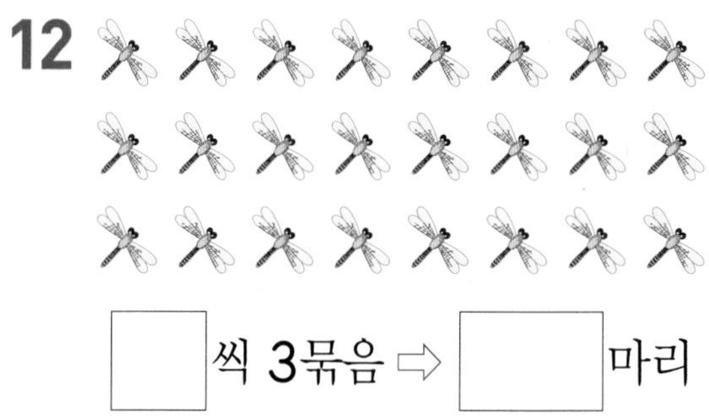

□ 씩 3묶음 ⇨ □ 마리

단계 1 교과서 개념

몇의 몇 배를 알아볼까요

박사, 트롯의 머리를 열 수 있는 버튼은 어디 있나?
트롯의 목 근처에 있어요.

바로 저기 입니다.

버튼이 2개씩 4묶음 만큼 있어요.

그럼 2의 4배를 말하는 건가?
2의 4배요?

2씩 4묶음은 2의 4배라고 한단다.

2씩 4묶음은 2의 4배입니다.

자, 이제 이 버튼을 누르면 돼요. 모두 도와줘요.

동시에 모두 눌러야 성공입니다.

하나, 둘, 셋! 누르세요.

철컹

두
둥
열렸다!

찾았어요!

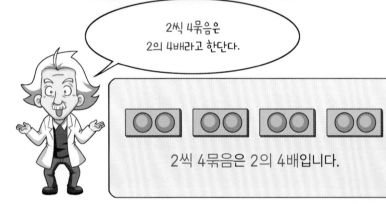

개념 클릭

• 2의 3배 알아보기

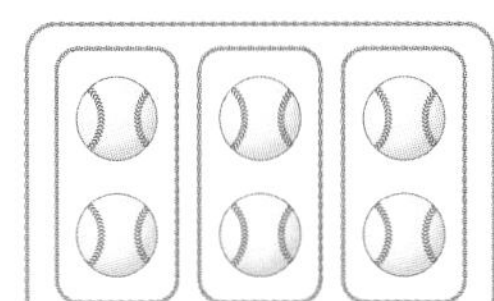

2씩 3묶음은 2의 3배입니다.

2씩 3묶음 ⇨ 2의 ❶ □ 배

정답 | ❶ 3

[1~4] □ 안에 알맞은 수를 써넣으세요.

1

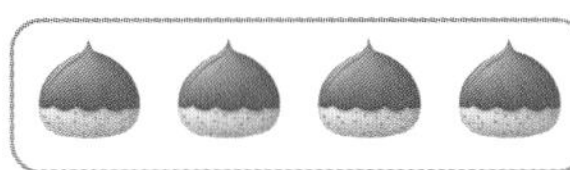 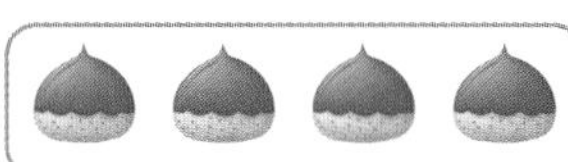 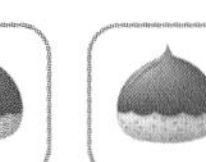 

4씩 3묶음 ⇨ 4의 □ 배

2

6씩 □ 묶음 ⇨ 6의 □ 배

그림의 개수를 몇씩 몇 묶음과 몇의 몇 배로 나타내요.

3

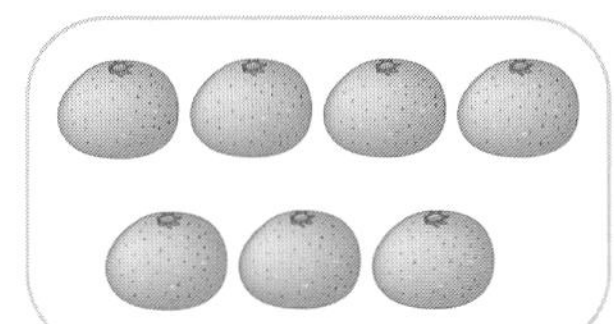 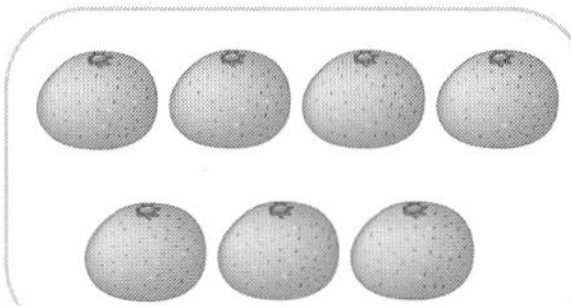 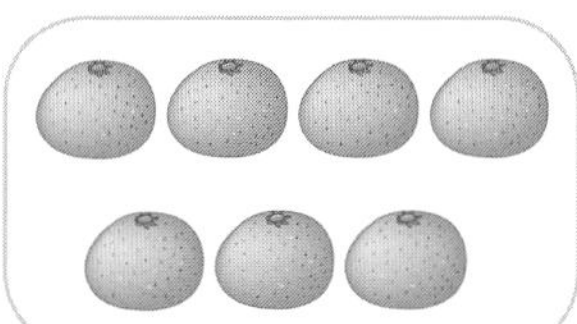

7씩 □ 묶음 ⇨ 7의 □ 배

4

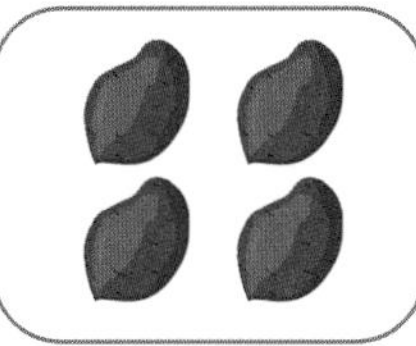 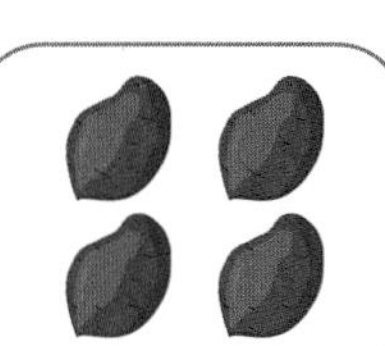 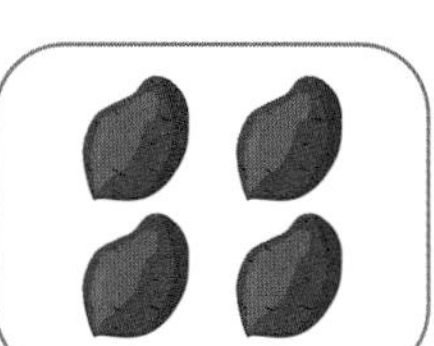 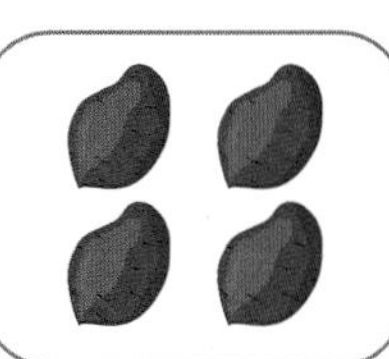

4씩 □ 묶음 ⇨ 4의 □ 배

단계 1

교과서 개념

몇의 몇 배로 나타내 볼까요

개념 클릭

• ●의 ▲배로 나타내기

2씩 ❶ 묶음 ⇨ 2의 ❷ 배

5씩 ❸ 묶음 ⇨ 5의 ❹ 배

●의 ▲배를 다양하게 나타낼 수 있어요.

정답 | ❶ 5 ❷ 5 ❸ 2 ❹ 2

1 재아가 가진 포도의 수는 나로가 가진 포도 수의 몇 배인지 알아보세요.

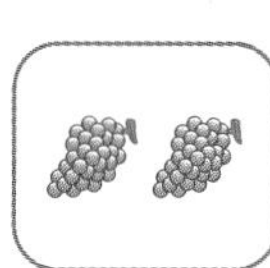

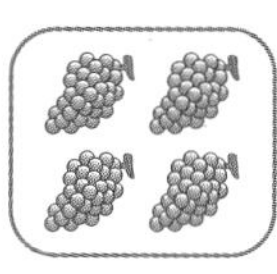

(1) 나로가 가진 포도의 수는 2씩 ☐ 묶음이므로 2의 ☐ 배입니다.

(2) 재아가 가진 포도의 수는 2씩 ☐ 묶음이므로 2의 ☐ 배입니다.

(3) 재아가 가진 포도의 수는 나로가 가진 포도 수의 ☐ 배입니다.

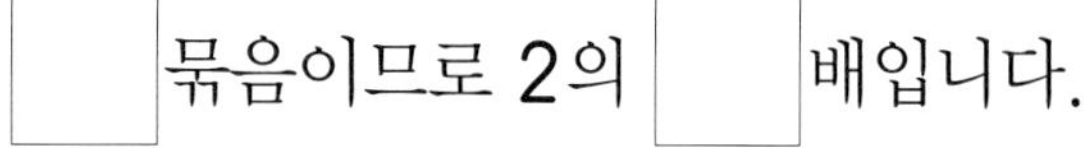

2 ☐ 안에 알맞은 수를 써넣으세요.

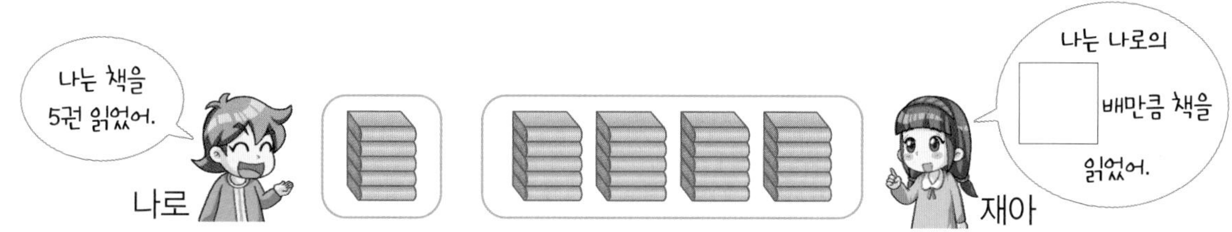

나는 책을 5권 읽었어.
나로
나는 나로의 ☐ 배만큼 책을 읽었어.
재아

3 모자의 수는 장갑 수의 몇 배인지 알아보세요.

(1) 모자는 2씩 ☐ 묶음이므로 2의 ☐ 배입니다.

(2) 모자의 수는 장갑 수의 ☐ 배입니다.

단계 2

개념 집중 연습

몇의 몇 배 알아보기

[1~3] □ 안에 알맞은 수를 써넣으세요.

1

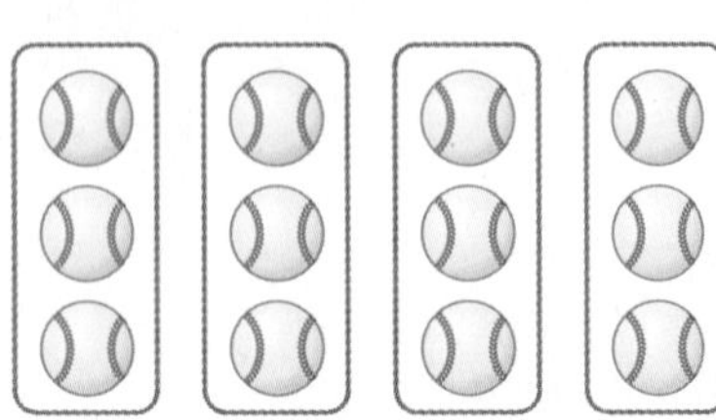

3씩 □ 묶음 ⇨ 3의 □ 배

2

5씩 □ 묶음 ⇨ 5의 □ 배

3

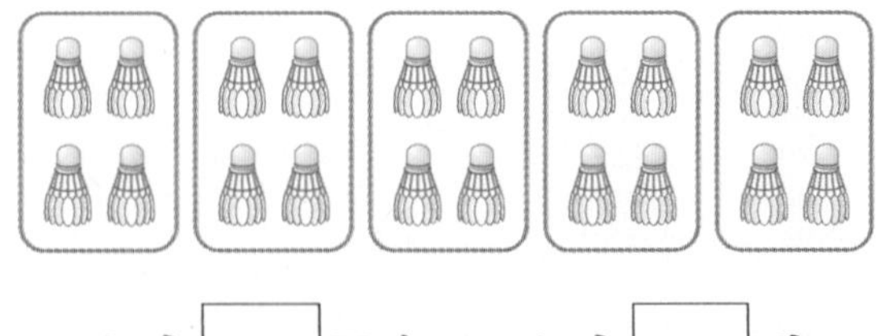

4씩 □ 묶음 ⇨ 4의 □ 배

4 그림을 보고 □ 안에 알맞은 수를 써넣으세요.

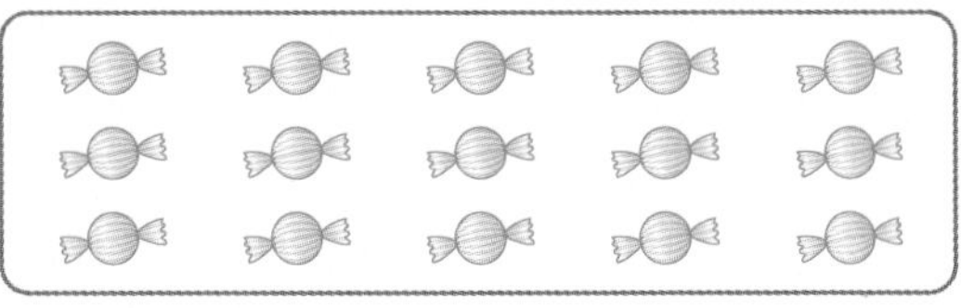

(1) 3씩 □ 묶음은 □ 의 □ 배입니다.

(2) 5씩 □ 묶음은 □ 의 □ 배입니다.

5 아이스크림 12개가 있습니다. 바르게 설명하지 못한 사람의 이름을 써 보세요.

아름: 아이스크림은 2씩 6묶음이니까 2의 6배야.
하늘: 아이스크림은 3씩 5묶음이니까 3의 5배야.
보라: 아이스크림은 4씩 3묶음이니까 4의 3배야.

(　　　　　　　)

몇의 몇 배로 나타내기

6 농구공의 수를 몇의 몇 배로 나타내 보세요.

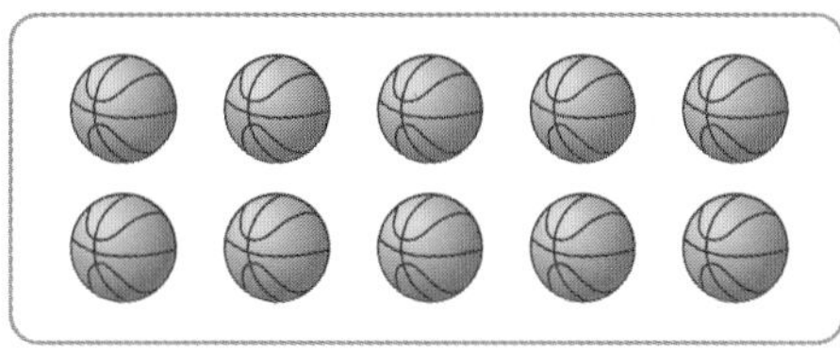

2의 □ 배

5의 □ 배

(7~8) 그림을 보고 □ 안에 알맞은 수를 써넣으세요.

7 장미는 4씩 □ 묶음이므로 4의 □ 배입니다.

8 장미의 수는 튤립 수의 □ 배입니다.

(9~10) 친구들이 쌓은 블록을 보고 □ 안에 알맞은 수를 써넣으세요.

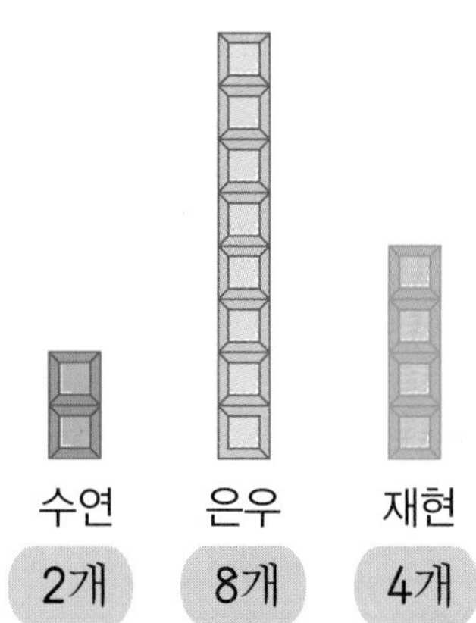

9 은우의 블록 수는 수연이의 블록 수의

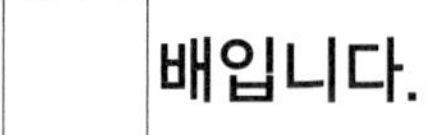
□ 배입니다.

10 재현이의 블록 수는 수연이의 블록 수의

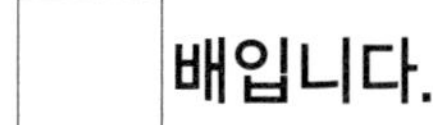
□ 배입니다.

(11~12) 색 막대를 보고 □ 안에 알맞은 수를 써넣으세요.

노란색
초록색
파란색

11 초록색 막대의 길이는 노란색 막대 길이의 □ 배입니다.

12 파란색 막대의 길이는 노란색 막대 길이의 □ 배입니다.

단계 1

교과서 개념

곱셈을 알아볼까요

아빠,
트롯이 다시
움직이려고
해요.
흔들
흔들

안돼! 이번 기회를
놓치면 끝이야!!
타탁
타탁

3의 6배를
곱셈으로 나타내면?

3의 6배는
3씩 6묶음이니까…
박사,
뭐하는 건가?
중얼
중얼

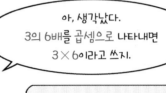

아, 생각났다.
3의 6배를 곱셈으로 나타내면
3×6이라고 쓰지.

3의 6배 ⇨ 3×6

3×6은 3 곱하기 6이라고 읽습니다.

드디어
해냈다!
!!

파
파
팟

멀뚱
하아
하아
하아

트롯, 우리가
누군지 알겠어?
당연하죠.

나만재 박사님, 재아, 나로
입니다. 그런데 할아버진
누구세요?
할아버지
라니~.

성공이다!!!

개념 클릭

• 곱셈 알아보기

4의 3배는 4× ❶ 이라 쓰고
4 ❷ 3이라고 읽어요.

• 3씩 6묶음 ⇨ 3의 6배 ⇨ 3×6 (읽기 3 곱하기 6)
• 3+3+3+3+3+3=18 ⇨ 3×6=18
• 3×6=18 ⇨ 읽기 3 곱하기 6은 18과 같습니다.
• 3과 6의 곱은 18입니다.

정답 | ❶ 3 ❷ 곱하기

1 그림을 보고 □ 안에 알맞은 수를 써넣으세요.

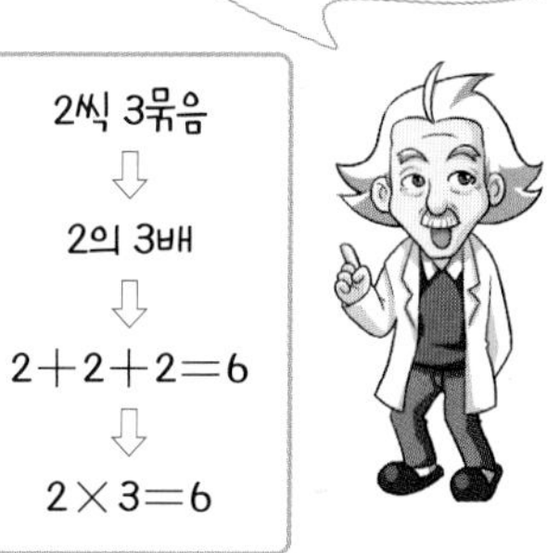
★씩 ●묶음,
★의 ●배, ★을 ●번
더한 것은 ★×●로
나타낼 수 있어요.
2씩 3묶음
2의 3배
2+2+2=6
2×3=6

(1) 책은 2씩 □ 묶음이므로 2의 □ 배입니다.

(2) 책의 수를 덧셈식으로 나타내면

2+2+□+□=□ 입니다.

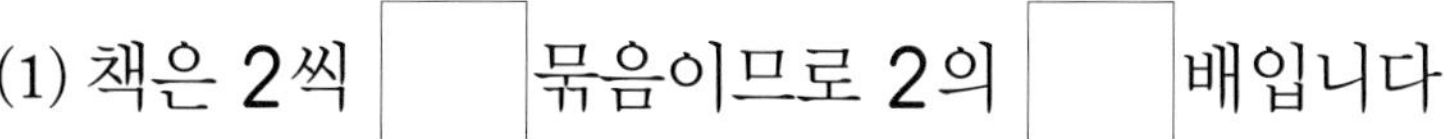

(3) 책의 수를 곱셈식으로 나타내면 2×□=□ 입니다.

(2~3) 그림을 보고 □ 안에 알맞은 수를 써넣으세요.

2

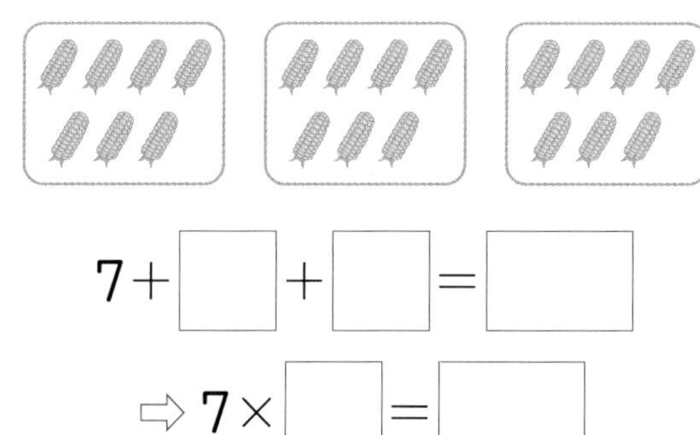

7+□+□=□

⇨ 7×□=□

3

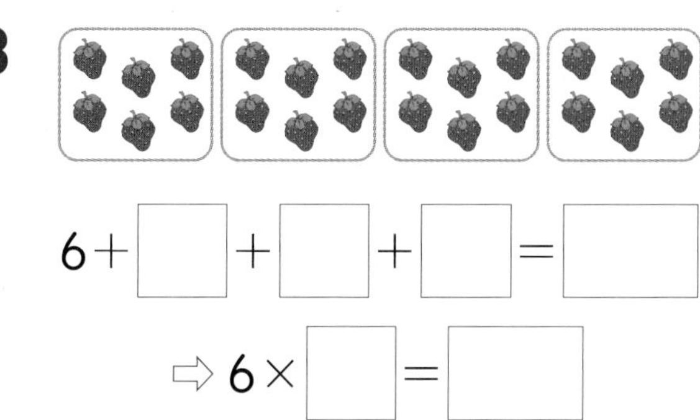

6+□+□+□=□

⇨ 6×□=□

6 단원

1단계 교과서 개념

곱셈식으로 나타내 볼까요

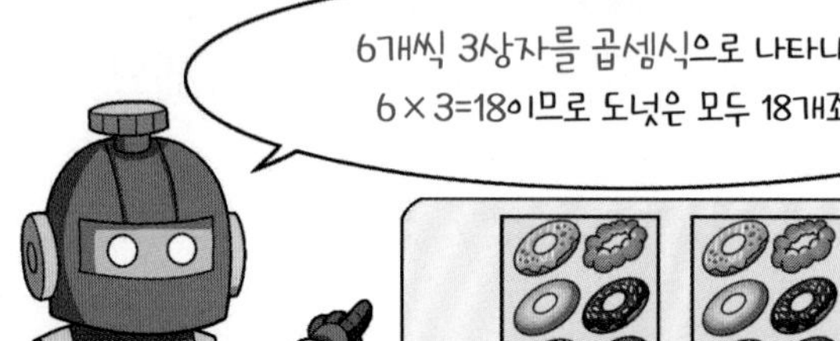

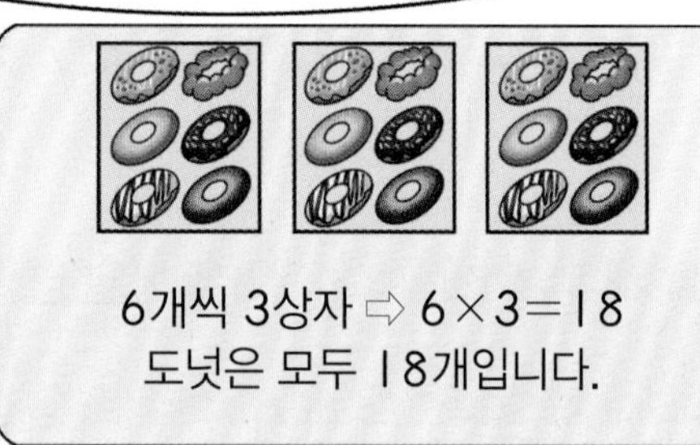

박사님, 도와주셔서 감사합니다.

뭘~ 나도 이곳에서 신기하고 재미있는 경험을 많이 해서 좋았는 걸~.

박사님, 이건 선물입니다.

한 상자에 도넛이 6개씩 들어 있고 모두 3상자입니다.
그럼 도넛은 모두 몇 개지?

6개씩 3상자 ⇨ $6 \times 3 = 18$
도넛은 모두 18개입니다.

고맙네~. 그럼 이제 난 돌아가야겠어.

박사님, 이곳에 서 주세요.
이쯤인가?

아인슈타인 박사님을 만나서 좋았어요.
저희도 열심히 공부해서 훌륭한 사람이 될게요.

너희도 좋은…
팟
앗! 너무 빨리 눌렀다.
헉!!

아… 이런
박사님…
아빠…

앗! 미안 실수야!
힝~. 박사님 말씀 다 못 들었는데….

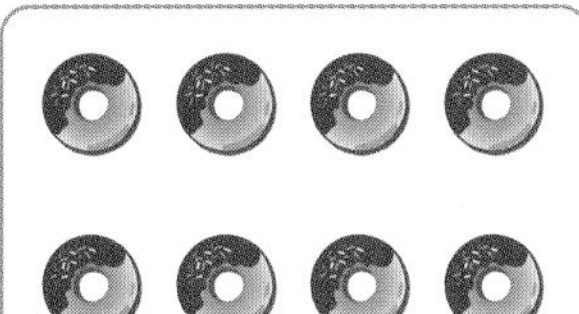

• 곱셈식으로 나타내기

2씩 4묶음 ⇨ 2의 4배
⇨ 2+2+2+2=[❶]
⇨ 2×4=8

4씩 2묶음 ⇨ 4의 2배 ⇨ 4+[❷]=8
⇨ 4×2=8

문제에 맞게
여러 가지 곱셈식으로
나타낼 수 있어요.

정답 | ❶ 8 ❷ 4

(1~2) 오토바이가 6대 있습니다. 바퀴는 모두 몇 개인지 알아보세요.

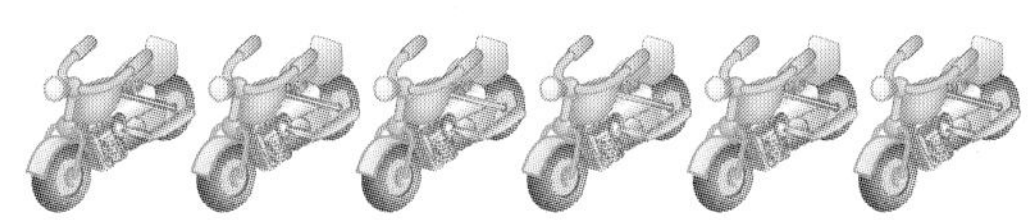

바퀴가 2개씩
있는 오토바이가 ★대
있으면 바퀴의 수는 2×★로
나타낼 수 있어요.

1 □ 안에 알맞은 수를 써넣으세요.

바퀴의 수는 2의 6배이므로 덧셈식으로 나타내면

2+2+□+□+□+□=□입니다.

2 바퀴의 수를 곱셈식으로 나타내 보세요.

2×□=□

(3~4) 오른쪽과 같이 한 상자에 과자가 5개씩 들어 있습니다. 3상자에 들어 있는 과자는 모두 몇 개인지 알아보세요.

3 □ 안에 알맞은 수를 써넣으세요.

과자의 수는 5씩 □묶음이므로 5의 □배입니다.

4 과자의 수를 곱셈식으로 나타내 보세요.

5×□=□

단계 2 개념 집중 연습

곱셈 알아보기

(1~2) 우유는 모두 몇 개인지 알아보세요.

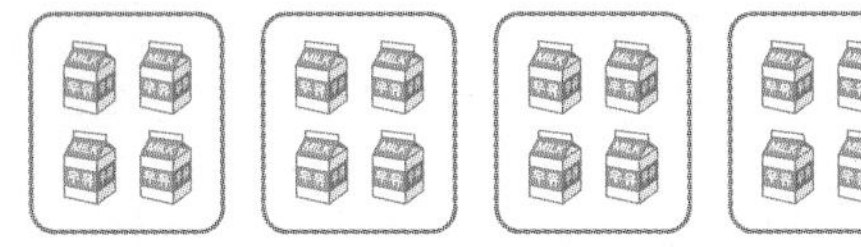

1 덧셈식으로 나타내 보세요.

덧셈식 ______________________

2 곱셈식으로 나타내 보세요.

곱셈식 ______________________

(3~5) 다음을 곱셈식으로 써 보세요.

3 5 곱하기 7은 35와 같습니다.

식 ______________________

4 6 곱하기 4는 24와 같습니다.

식 ______________________

5 4와 8의 곱은 32입니다.

식 ______________________

(6~8) 그림을 보고 □ 안에 알맞은 수를 써넣으세요.

6

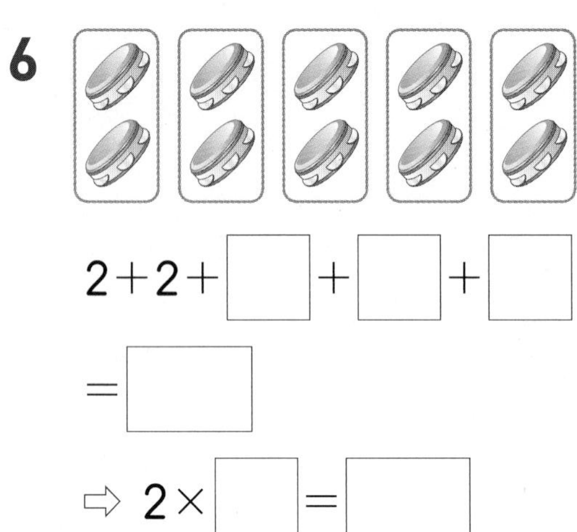

$2+2+\square+\square+\square$

$=\square$

⇨ $2\times\square=\square$

7

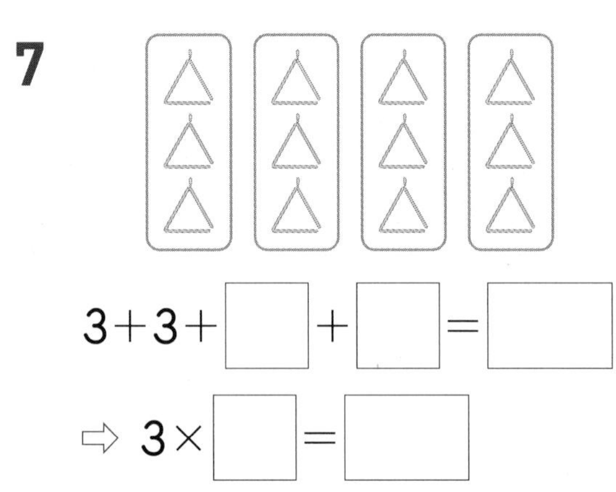

$3+3+\square+\square=\square$

⇨ $3\times\square=\square$

8

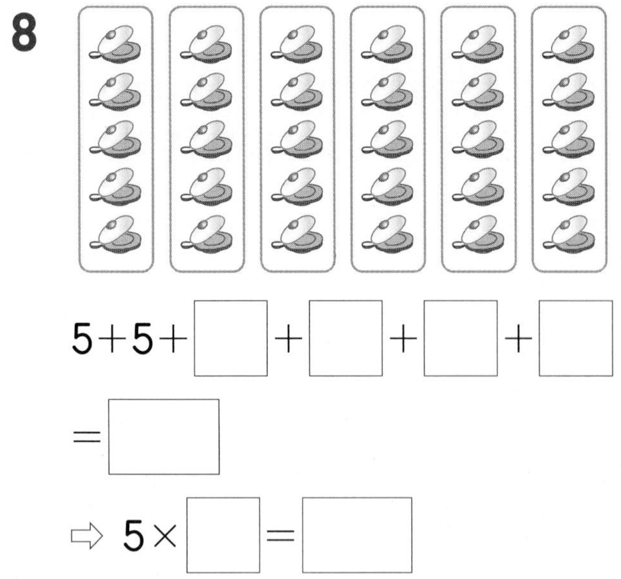

$5+5+\square+\square+\square+\square$

$=\square$

⇨ $5\times\square=\square$

곱셈식으로 나타내기

(9~15) 그림을 보고 곱셈식으로 나타내 보세요.

9

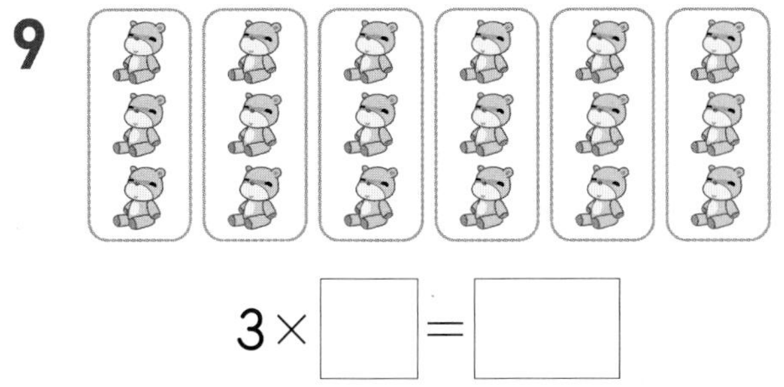

3 × □ = □

10

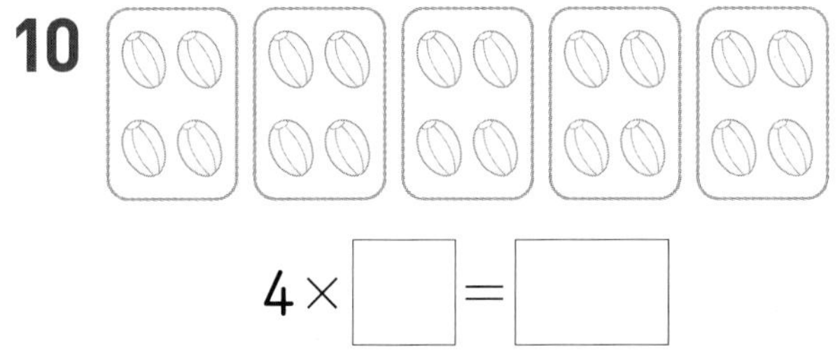

4 × □ = □

11

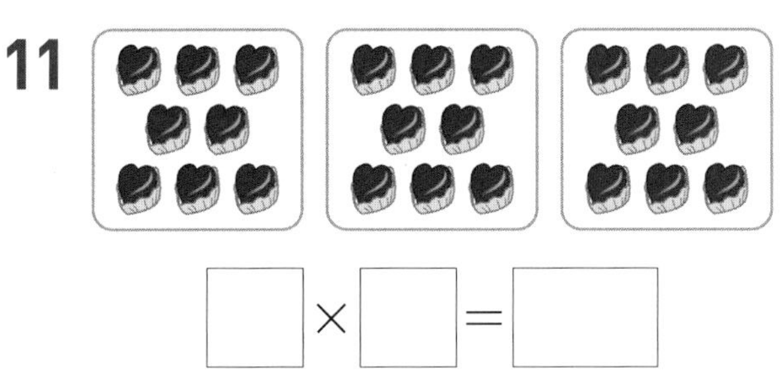

□ × □ = □

12

□ × □ = □

13

0 2 4 6 8 10 12

2 × □ = □

14

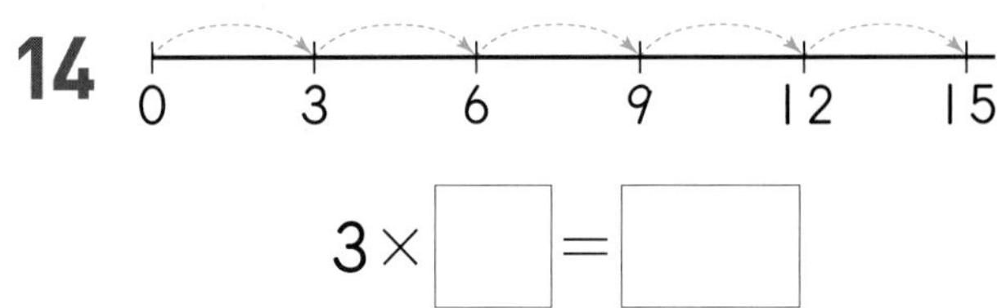

3 × □ = □

15

0 9 18 27 36

□ × 4 = □

16 그림을 보고 만들 수 있는 곱셈식을 4개 써 보세요.

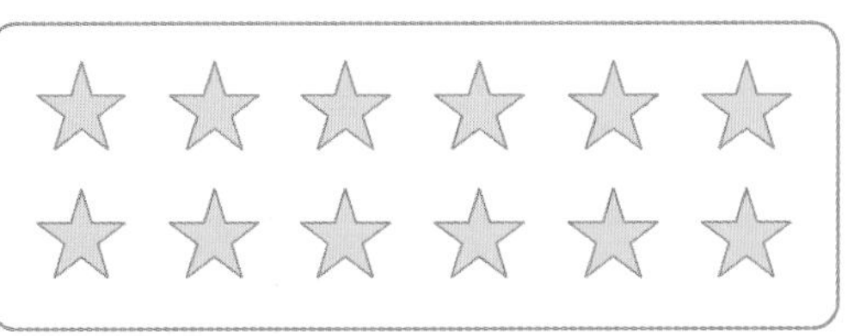

__________, __________

__________, __________

6 단원

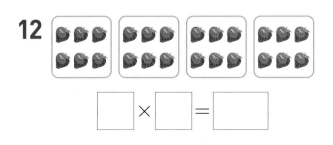

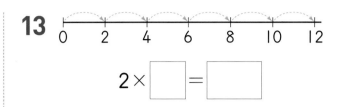

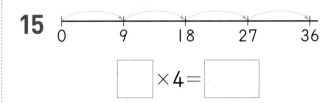

단계 3 익힘 문제 연습

1 사과는 모두 몇 개인지 세어 보세요.

(　　　　　　　　)

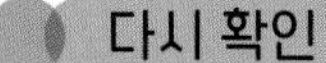

• 사과를 각자 편한 방법으로 세어 봅니다.
㉠ 하나씩 세기, 뛰어 세기, 묶어 세기

2 비누는 모두 몇 개인지 세어 보세요.

(　　　　　　　　)

수를 셀 때에는 하나씩 세어 보는 것보다 뛰어 세기나 묶어 세기를 하는 것이 더 편리해요!

3 인형은 모두 몇 개인지 묶어 세어 보세요.

(1) 2씩 몇 묶음일까요?

(　　　　　　　　)

(2) 빈칸에 알맞은 수를 써넣으세요.

(3) 인형은 모두 몇 개일까요?

(　　　　　　　　)

4 강아지는 모두 몇 마리인지 묶어 세어 보세요.

(1) 3씩 몇 묶음일까요?

( )

(2) 모두 몇 마리일까요?

( )

다시 확인

5 빵은 모두 몇 개인지 묶어 세어 보세요.

(1) 묶어 세어 보세요.

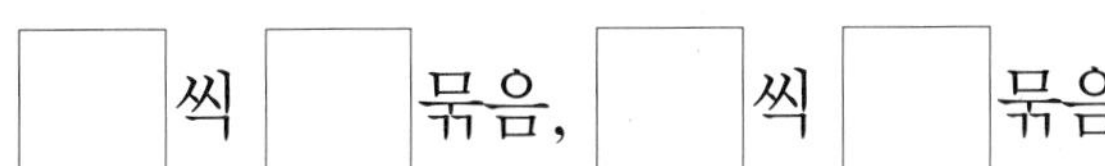

(2) 빵은 모두 몇 개일까요?

( )

6 □ 안에 알맞은 수를 써넣으세요.

• ▲씩 ★묶음
⇨ ▲의 ★배

(1) 2씩 8묶음은 2의 □ 배입니다.

(2) 4씩 4묶음은 4의 □ 배입니다.

7 그림을 보고 □ 안에 알맞은 수를 써넣으세요.

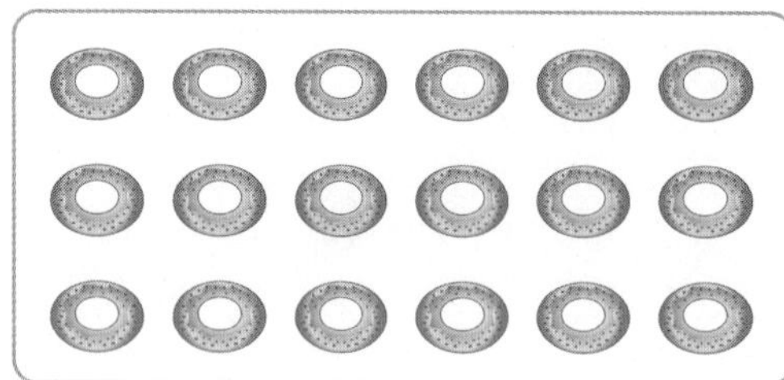

3씩 6묶음은 3의 □ 배이고,

3+3+□+□+□+□=□ 입니다.

8 □ 안에 알맞은 수를 써넣고, 사과의 수를 덧셈식과 곱셈식으로 각각 나타내 보세요.

⇨ 5씩 □ 묶음

덧셈식 ______________________

곱셈식 ______________________

9 빈칸에 알맞은 곱셈식을 써 보세요.

3×1=3	3×2=6			

다시 확인

• ▲씩 ●묶음
⇨ ▲의 ●배
⇨ ▲+▲+⋯+▲ (●번)

• ▲씩 ●묶음은 ▲×●로 나타냅니다.

10 연결 모형을 나은이는 2개, 서윤이는 10개 가지고 있습니다. 서윤이가 가진 연결 모형의 수는 나은이가 가진 연결 모형의 수의 몇 배일까요?

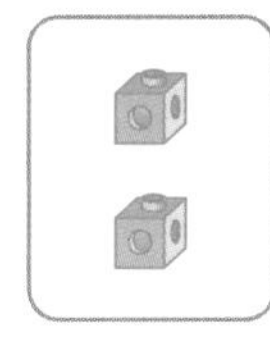
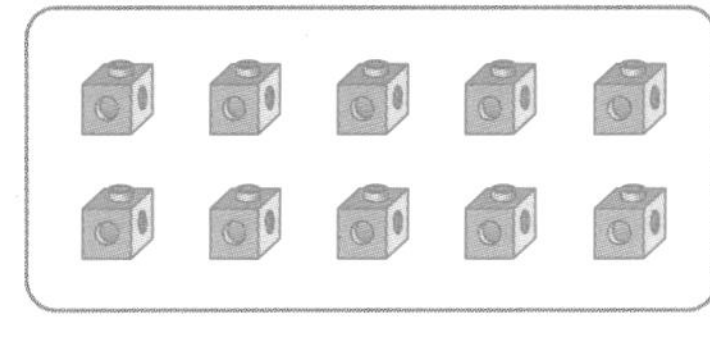

나은　　　　　서윤

(　　　　　　)

다시 확인

- 서윤이가 가진 연결 모형의 수는 2의 몇 배인지 알아봅니다.

11 꽃병 6개에 꽂혀 있는 꽃은 모두 몇 송이인지 알아보세요.

꽃이 몇씩 몇 묶음인지 알아본 후 덧셈식과 곱셈식으로 각각 나타내요.

(1) 덧셈식으로 나타내 보세요.

덧셈식 ______________________

(2) 곱셈식으로 나타내 보세요.

곱셈식 ______________________

12 놀이동산에 바퀴가 4개인 자동차가 6대 있습니다. 자동차 1대에는 2명씩 타고 있습니다. 곱셈식으로 나타내 보세요.

(1) 자동차에 타고 있는 사람의 수를 곱셈식으로 나타내 보세요.

2의 □ 배 ⇨ □ × □ = □

(2) 자동차 바퀴의 수를 곱셈식으로 나타내 보세요.

4의 □ 배 ⇨ □ × □ = □

- ▲의 ■배
⇨ ▲+▲+⋯+▲=● (■번)
⇨ ▲×■=●

6 단원

단계 4 단원 평가

(1~2) 그림을 보고 □ 안에 알맞은 수를 써넣으세요.

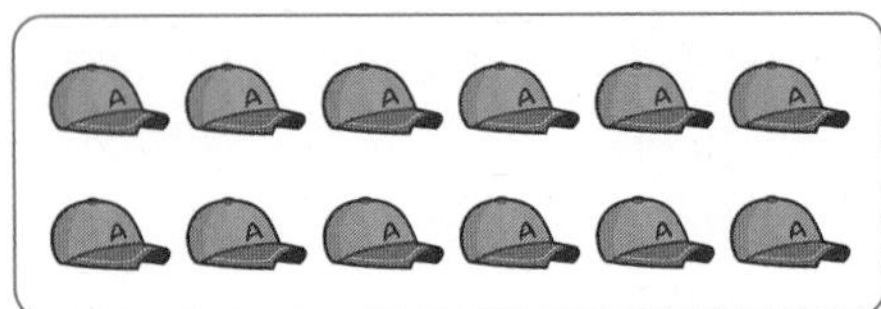

1 3씩 뛰어 세면 3, 6, □, □입니다.

2 4씩 묶어 세면 4씩 □묶음이므로 모두 □개입니다.

3 그림을 보고 □ 안에 알맞은 수를 써넣으세요.

2씩 □묶음 ⇨ □개

4 곱셈식을 읽어 보세요.

$9 \times 5 = 45$

⇨ □ 곱하기 □은/는 □와/과 같습니다.

5 그림을 보고 □ 안에 알맞은 수를 써넣으세요.

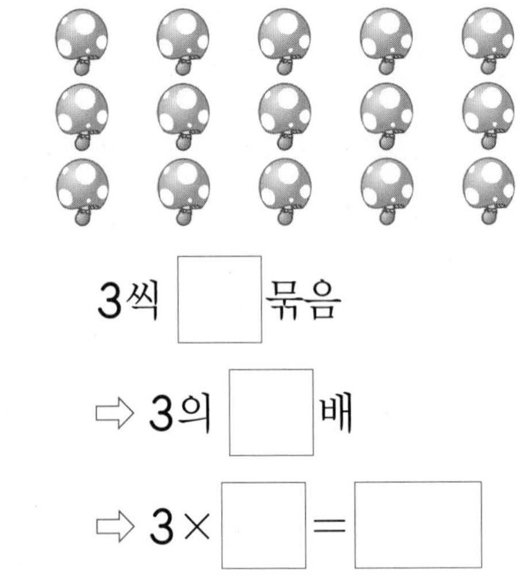

3씩 □묶음

⇨ 3의 □배

⇨ $3 \times$ □ $=$ □

6 □ 안에 알맞은 수를 써넣으세요.

$8+8+8+8+8+8+8=$ □

⇨ $8 \times$ □ $=$ □

7 관계있는 것끼리 선으로 이어 보세요.

4의 5배 •	• 4×3
8씩 4묶음 •	• 8×4
$4+4+4$ •	• 4×5

8 그림과 관계있는 것을 모두 고르세요. ··························· (　　　　)

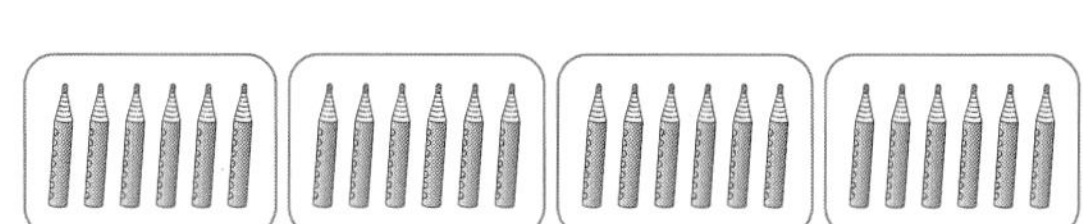

① 6+4　② 6−4
③ 4+4+4+4　④ 6+6+6+6
⑤ 6×4

9 그림을 보고 □ 안에 알맞은 수를 써넣으세요.

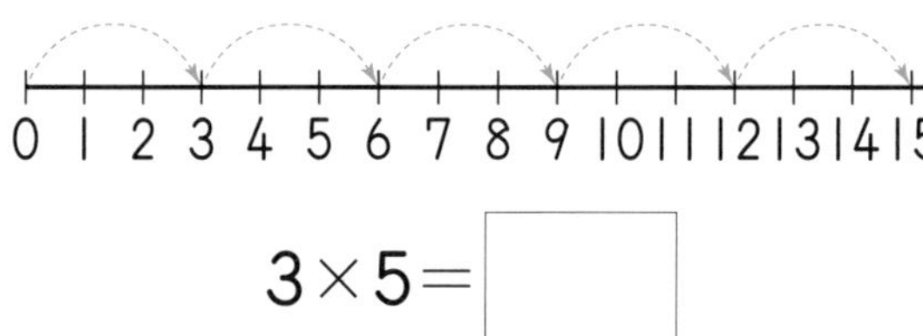

3×5=□

10 빈칸에 알맞은 곱셈식을 써넣으세요.

🍒	🍒	🍒	🍒
2×2=4	2×3=6		

11 그림을 보고 □ 안에 알맞은 수를 써넣으세요.

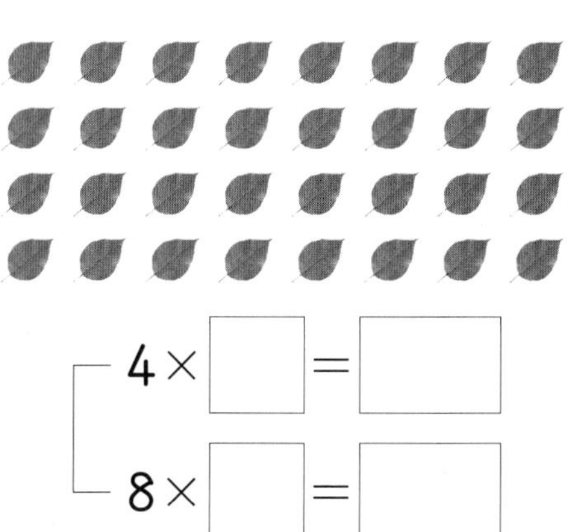

4×□=□
8×□=□

12 연필꽂이에 꽂혀 있는 연필은 모두 몇 자루인지 덧셈식과 곱셈식으로 각각 나타내 보세요.

덧셈식 ____________________

곱셈식 ____________________

[13~14] 꽃은 모두 몇 송이인지 알아보세요.

13 몇씩 몇 묶음일까요?

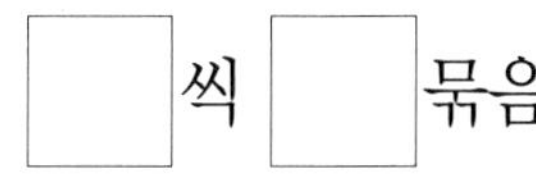

□씩 □묶음

14 꽃은 모두 몇 송이일까요?

(　　　　)

6 단원

15 2×6과 <u>다른</u> 하나는 어느 것일까요? ·································· (　　　)

① 2 곱하기 6
② 2의 6배
③ 2씩 6묶음
④ 2와 6의 곱
⑤ 2+2+2+2

16 꽃의 수는 나비 수의 몇 배일까요?

(　　　　　　　　)

17 색종이를 정희는 3장 가지고 있고 현민이는 정희가 가지고 있는 색종이 수의 4배만큼 가지고 있습니다. 현민이는 색종이를 몇 장 가지고 있을까요?

(　　　　　　　　)

18 그림을 보고 만들 수 있는 곱셈식이 <u>아닌</u> 것을 모두 고르세요. ········ (　　　　　)

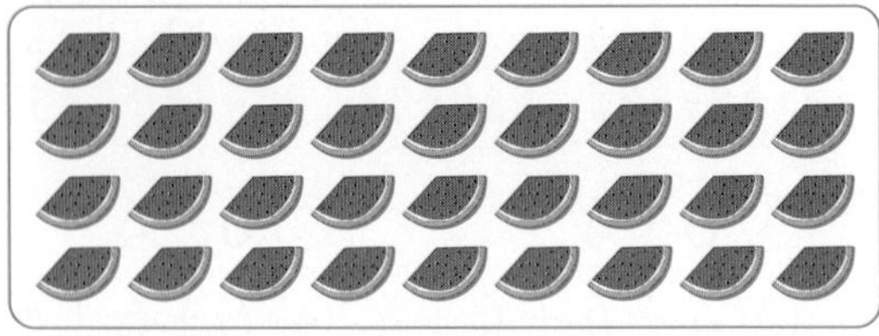

① 2×6　　　　② 4×9
③ 6×6　　　　④ 9×4
⑤ 5×9

[19~20] 한 통에 8자루씩 들어 있는 연필이 6통 있었습니다. 선생님께서 학생들에게 3통을 나누어 주었습니다. 물음에 답하세요.

19 학생들에게 나누어 주고 남은 것은 몇 통일까요?

(　　　　　　　　)

20 남은 연필은 몇 자루일까요?

(　　　　　　　　)

◀스피드 정답 13쪽 · 정답 및 풀이 48쪽

스스로 학습장

스스로 학습장은 이 단원에서 배운 것을 확인하는 코너입니다.
몰랐던 것은 꼭 다시 공부해서 내 것으로 만들어 보아요.

사과의 수를 세어 보며 곱셈을 정리해 보세요.

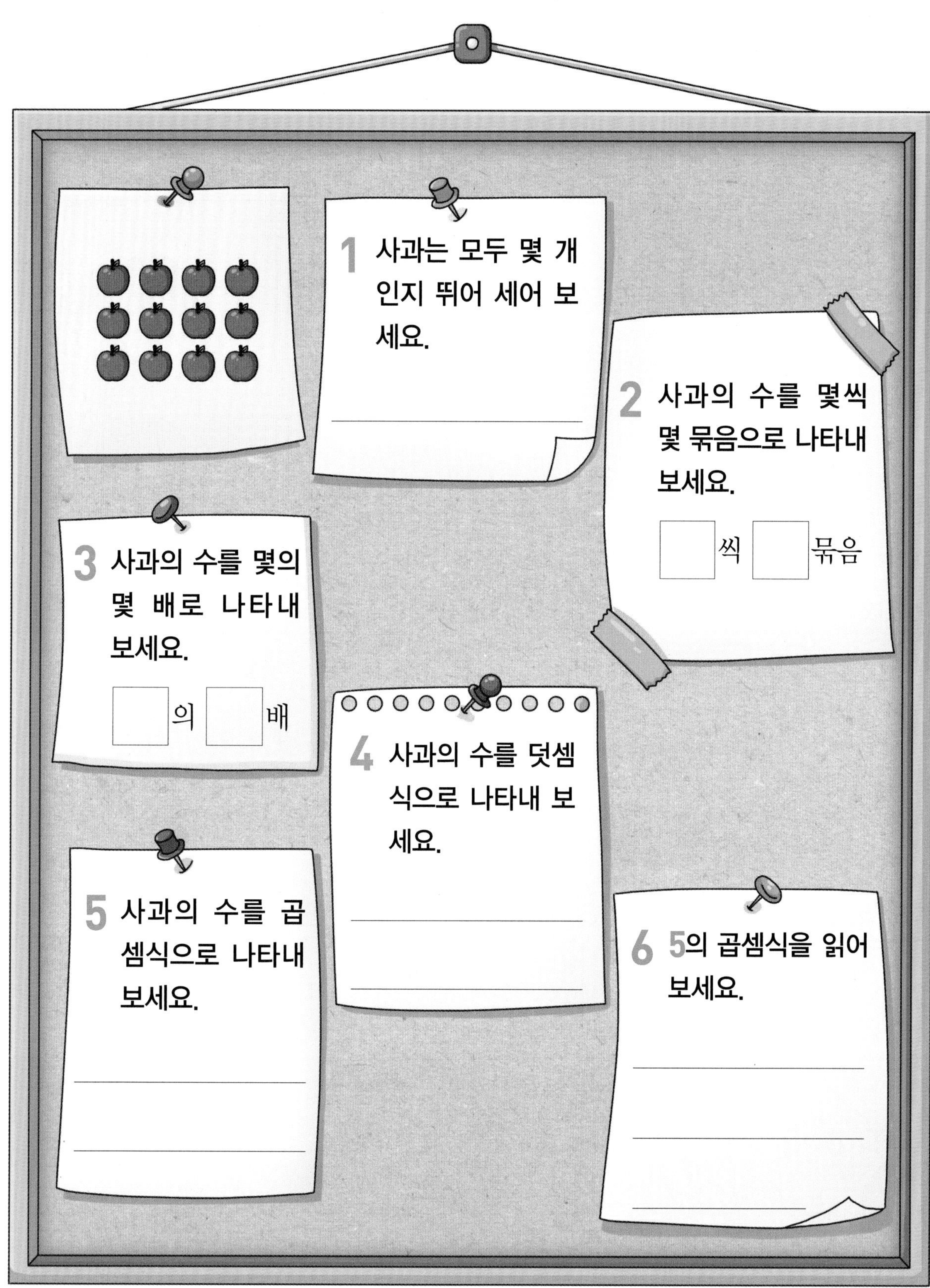

1 사과는 모두 몇 개인지 뛰어 세어 보세요.
2 사과의 수를 몇씩 몇 묶음으로 나타내 보세요.
씩
묶음
3 사과의 수를 몇의 몇 배로 나타내 보세요.
의
배
4 사과의 수를 덧셈식으로 나타내 보세요.
5 사과의 수를 곱셈식으로 나타내 보세요.
6 5의 곱셈식을 읽어 보세요.

에필로그

아빠!

재아 왔니? 나로는
오랜만이구나.
네.

아빠!
저 수학 시험
100점 받았어요.
우아~ 우리 딸
장하다.
100

박사님, 이
비행선은 뭐예요?

이 비행선은
역사에 오래 기억될
새로운 발명품이란다.
새 발명품이요?

그래, 바로 타임머신이지.

몇 달 전에 만드신
휴대 전화 모양의
타임머신이
있잖아요~.
아~
그건….

한 번 밖에 사용할 수
없었거든~.

이걸 이용하면 언제든
과거와 미래로
갈 수 있지.
두
둥
우아~
멋지다!

박사님,
마지막 점검이
끝났습니다.
오홋~

자! 그럼 과거로
여행을 가 볼까?

어디로
가실 거예요?
음…

그걸 아직 안 정했네.
아빠, 기억 안 나세요?
그때 아인슈타인 박사님께 작별 인사도 못했단 말이에요.
맞아요.
그럼 아인슈타인 박사님을 만나러 가야겠다.
그럼 저희도 함께 가도 되죠?
똑똑한 녀석들이야. 함께 갈 이유를 이리 쉽게 찾다니~.
이제 출발할 테니 모두 안전 벨트를 하렴.
네!
트롯, 이제 출발하자.
네. 박사님!
200년 전으로 간다! 출발~.
슈
웅
슈
슝
도착했습니다.
지
잉
자, 모두 내리자.
아빠, 여긴 왠지 공룡 시대 같은데요?
헉~ 트롯! 어떻게 된 거야?
제가 실수를…
쑤
욱
으악, 진짜 공룡이다!
쿵
쿵
쿵

아인슈타인은 1879년 3월
독일에서 태어났습니다.

아인슈타인은 어릴 때부터 수학과
과학에 큰 재능이 있었습니다.

하지만 엄격한 학교의 교육 방식에는
잘 적응하지 못했다고 합니다.

대학을 졸업한 아인슈타인은
연구하는 것을 좋아했습니다.

아인슈타인의 여러 연구들은 많은 사람들에게
알려지면서 1921년 노벨물리학상을 받았습니다.

아인슈타인은 그 후 미국에서 교수로
학생들을 가르치기도 했습니다.

평화를 사랑했던 아인슈타인은
1955년 세상을 떠났습니다.

최고의 과학자로 불리는 아인슈타인의 연구는
지금도 많은 곳에서 이용되고 있습니다.

배움으로 행복한 내일을 꿈꾸는

천재교육 커뮤니티 안내

교재 안내부터 구매까지 한 번에!

천재교육 홈페이지

자사가 발행하는 참고서, 교과서에 대한 소개는 물론
도서 구매도 할 수 있습니다. 회원에게 지급되는 별을 모아
다양한 상품 응모에도 도전해 보세요!

다양한 교육 꿀팁에 깜짝 이벤트는 덤!

천재교육 인스타그램

천재교육의 새롭고 중요한 소식을 가장 먼저 접하고 싶다면?
천재교육 인스타그램 팔로우가 필수!
깜짝 이벤트도 수시로 진행되니 놓치지 마세요!

수업이 편리해지는

천재교육 ACA 사이트

오직 선생님만을 위한, 천재교육 모든 교재에 대한 정보가 담긴
아카 사이트에서는 다양한 수업자료 및 부가 자료는 물론
시험 출제에 필요한 문제도 다운로드하실 수 있습니다.

https://aca.chunjae.co.kr

천재교육을 사랑하는 샘들의 모임

천사샘

학원 강사, 공부방 선생님이시라면 누구나 가입할 수 있는 천사샘!
교재 개발 및 평가를 통해 교재 검토진으로 참여할 수 있는 기회는 물론
다양한 교사용 교재 증정 이벤트가 선생님을 기다립니다.

아이와 함께 성장하는 학부모들의 모임공간

튠맘 학습연구소

튠맘 학습연구소는 초·중등 학부모를 대상으로 다양한 이벤트와 함께
교재 리뷰 및 학습 정보를 제공하는 네이버 카페입니다.
초등학생, 중학생 자녀를 둔 학부모님이라면 튠맘 학습연구소로 오세요!

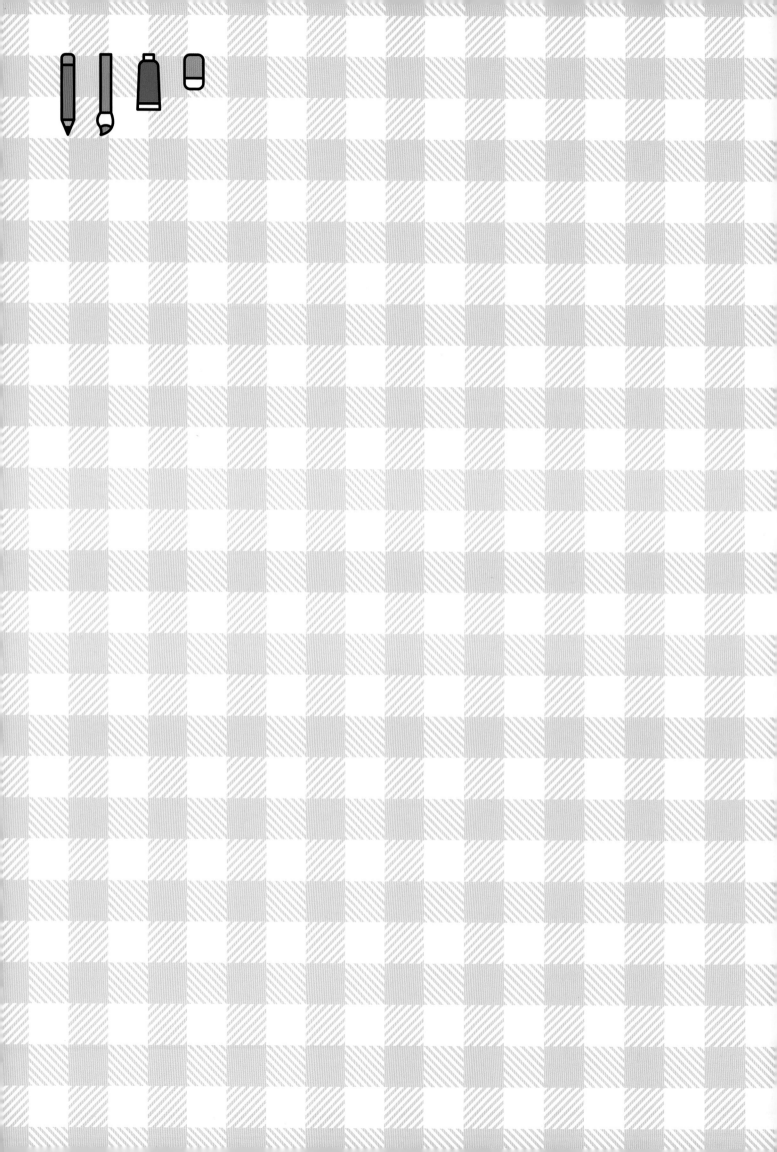

개념클릭

초등 수학 2·1

정답 및 풀이

천재교육

정답 및 풀이
포인트 3가지

- 빠르게 정답을 확인하는 스피드 정답
- 혼자서도 이해할 수 있는 친절한 문제 풀이
- 문제 해결에 필요한 핵심 내용 또는
  틀리기 쉬운 내용을 담은 참고와 주의

스피드 정답

❶ 세 자리 수

11쪽 단계 1 교과서 개념

1 50, 60, 90, 100 **2** 100, 백
3 100개 **4** 96, 100
5 70, 100

13쪽 단계 1 교과서 개념

1 200 **2** 400
3 500, 오백 **4** 700, 칠백

14~15쪽 단계 2 개념 집중 연습

1 100 **2** 100
3 10 **4** 10
5 100 **6** 98, 100
7 80, 100 **8** 6, 600
9 8, 800 **10** 300
11 7 **12** 400
13 이백 **14** 사백
15 칠백 **16** 600
17 300 **18** 900
19 500, 오백 **20** 800, 팔백

17쪽 단계 1 교과서 개념

1 437, 사백삼십칠
2 459 **3** 703
4 640 **5** 392

19쪽 단계 1 교과서 개념

1 500, 20, 7
2 30, 5 ; 30, 5
3 200, 8 ; 200, 8

20~21쪽 단계 2 개념 집중 연습

1 218 **2** 352
3 427 **4** 643
5 249 **6** 820
7 369 **8** 백오십사
9 구백육 **10** 이백칠십삼
11 4, 9, 7 **12** 6, 0, 8
13 300, 10 **14** 700, 20
15 30 ; 30 **16** 200, 5 ; 200, 5
17 20 **18** 800, 6
19 600, 30 **20** 900, 70

23쪽 단계 1 교과서 개념

1 400, 500, 800, 900
2 940, 950, 980, 990
3 993, 994, 996, 998, 999
4 1000

25쪽 단계 1 교과서 개념

1 (위부터) 4, 3, 8 ; >
2 < **3** <
4 < **5** >
6 > **7** >

26~27쪽 단계 2 개념 집중 연습

1 326, 526, 626 **2** 572, 672, 772
3 605, 705, 905 **4** 644, 664, 674
5 796, 806, 816 **6** 506, 516, 536
7 738, 740, 741 **8** 955, 956, 958
9 400, 401, 402 **10** 10
11 100 **12** > **13** <
14 < **15** > **16** <
17 < **18** < **19** >
20 < **21** 682 **22** 583
23 748

28~31쪽 단계 3 익힘 문제 연습

1 (1) 10, 0 (2) 1, 0, 0 ; 100
2 (1) 95, 97, 100 (2) 50, 80, 100
3 2, 6, 5 ; 265 4 (1) 오백 (2) 구백
5 (1) 400 (2) 800 6 (1) × (2) ○
7 6, 600 ; 3, 30 ; 9, 9
8 예 (100)(100)(100)(100)(100)(100)(100)(100)(100) (10)(10)(10)(10)(10)(10)(10)(10)(10)(10) (1)(1)(1)(1)(1)(1)(1)(1)(1)(1)
; 70, 6
9
10 40, 500, 5, 20
11 430, 530, 630
12 319, 320, 322
13 (1) 360, 370, 380, 390
(2) 800, 700, 600, 500
14 (위부터) 5, 4, 4, 2 ; >
15 438, 440, 572

32~34쪽 단계 4 단원 평가

1 100 2 6, 600, 육백
3 875 4 ②, ⑤ 5 447원
6 7 ; 9, 90 ; 6, 6 7 <
8
9 473
10 237>185
11 730, 750, 770 12 1000, 천
13 < 14 714, 742에 ○표
15 135, 145, 155 ; 10 16 261, 369
17 연우 18 600+40+2
19 524에 ○표, 179에 △표
20 853, 358

35쪽 스스로 학습장

1 (1) 10 (2) 10 (3) 백 (4) 500, 오백
(5) 254, 354
2 (1) 3, 4, 7 (2) 삼백사십칠 (3) 3, 4, 7
(4) 40 (5) 큽니다에 ○표

❷ 여러 가지 도형

39쪽 단계 1 교과서 개념

1 (1) 삼각형 (2) 꼭짓점, 변 2 ○
3 × 4 × 5 ○ 6 ×

41쪽 단계 1 교과서 개념

1 (1) 사각형에 ○표
(2) 꼭짓점에 ○표, 변에 ○표
2 ○ 3 × 4 ×
5 ○ 6 ×

42~43쪽 단계 2 개념 집중 연습

1 ○ 2 × 3 ×
4 ○ 5 × 6 다, 마
7
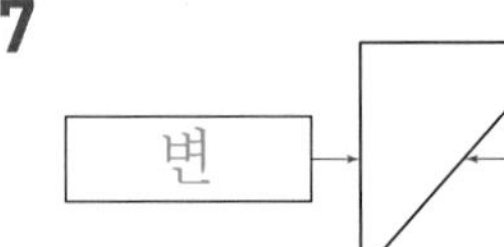

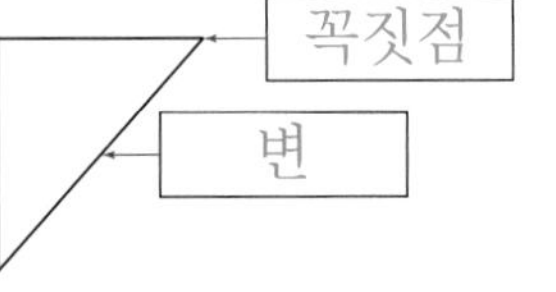

8 3개 9 3개
10 ( )(○)( )
11 ( )( )(○)
12 (○)( )( )
13 (○)( )( )
14

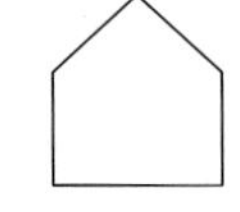
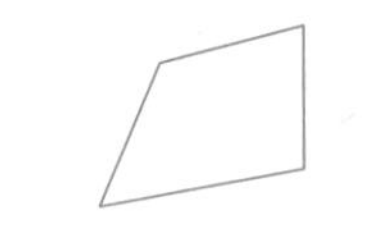
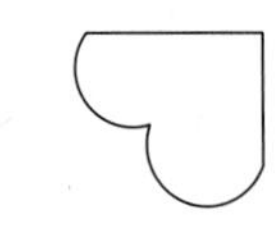
15 꼭짓점, 변, 꼭짓점
16 4
17 4
18 예

45쪽 단계 1 교과서 개념

1 원 2 ○ 3 ×
4 × 5 ○ 6 ×

47쪽 단계 1 교과서 개념

1 (1) 사각형 (2) 5, 사각형
2 예 3 예

48~49쪽 단계 2 개념 집중 연습

1 원 2 ㉢
3 ㉡ 4 ○
5 × 6 다, 사
7 라, 바 8 ㉡
9 예 10 예
11 예

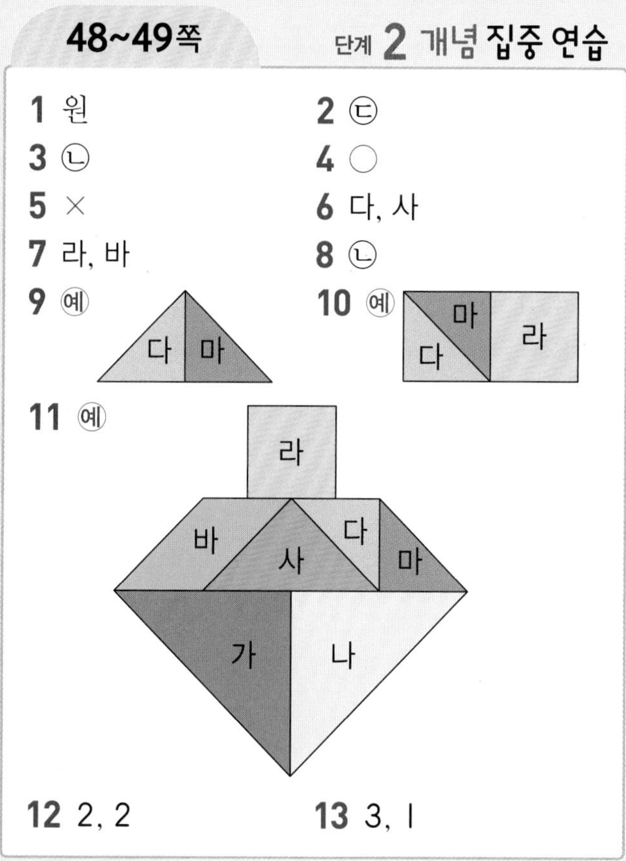

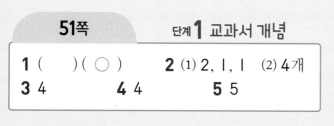

12 2, 2 13 3, 1

51쪽 단계 1 교과서 개념

1 ( )(○) 2 (1) 2, 1, 1 (2) 4개
3 4 4 4 5 5

53쪽 단계 1 교과서 개념

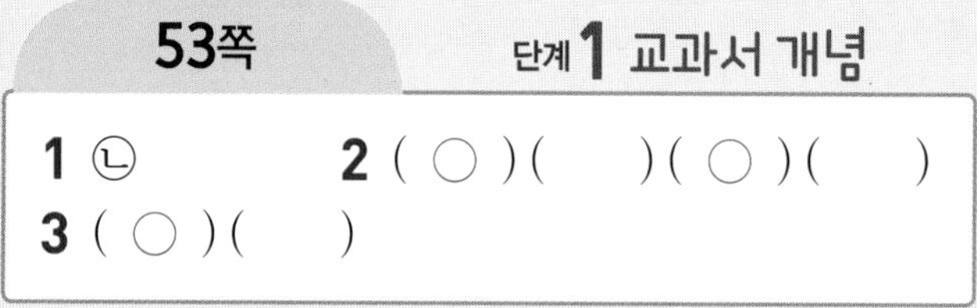

1 ㉡ 2 (○)( )(○)( )
3 (○)( )

54~55쪽 단계 2 개념 집중 연습

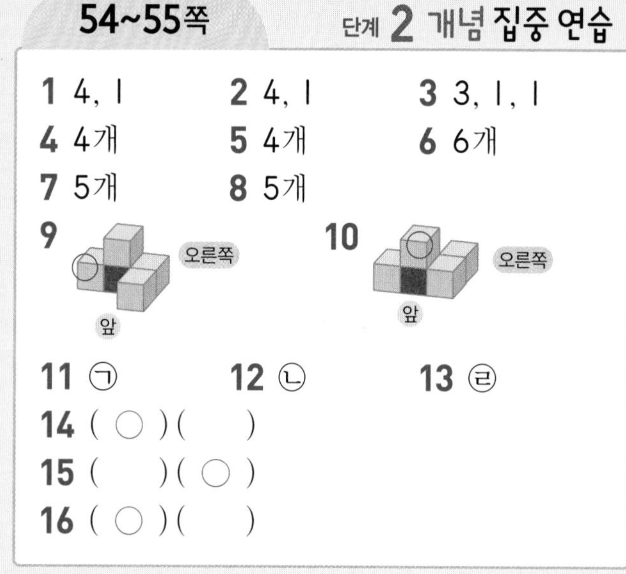

1 4, 1 2 4, 1 3 3, 1, 1
4 4개 5 4개 6 6개
7 5개 8 5개
9 10

11 ㉠ 12 ㉡ 13 ㉣
14 (○)( )
15 ( )(○)
16 (○)( )

56~59쪽 단계 3 익힘 문제 연습

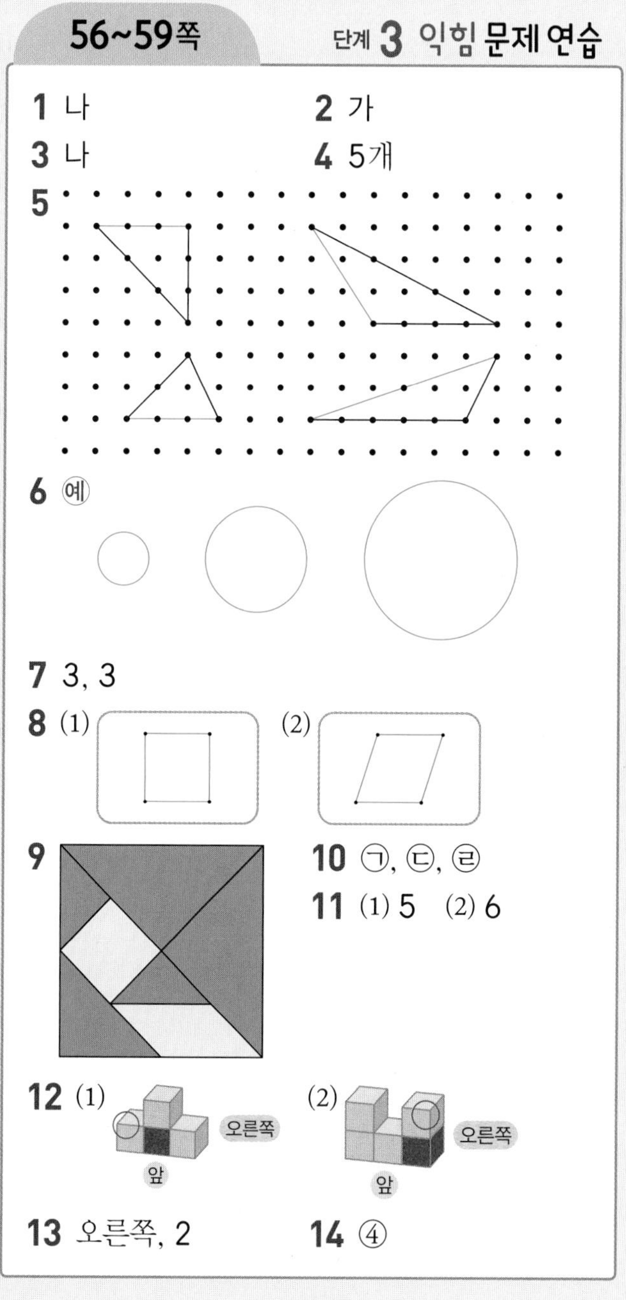

1 나 2 가
3 나 4 5개
5
6 예
7 3, 3
8 (1) (2)
9
10 ㉠, ㉢, ㉣
11 (1) 5 (2) 6
12 (1) (2)

13 오른쪽, 2 14 ④

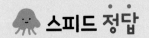

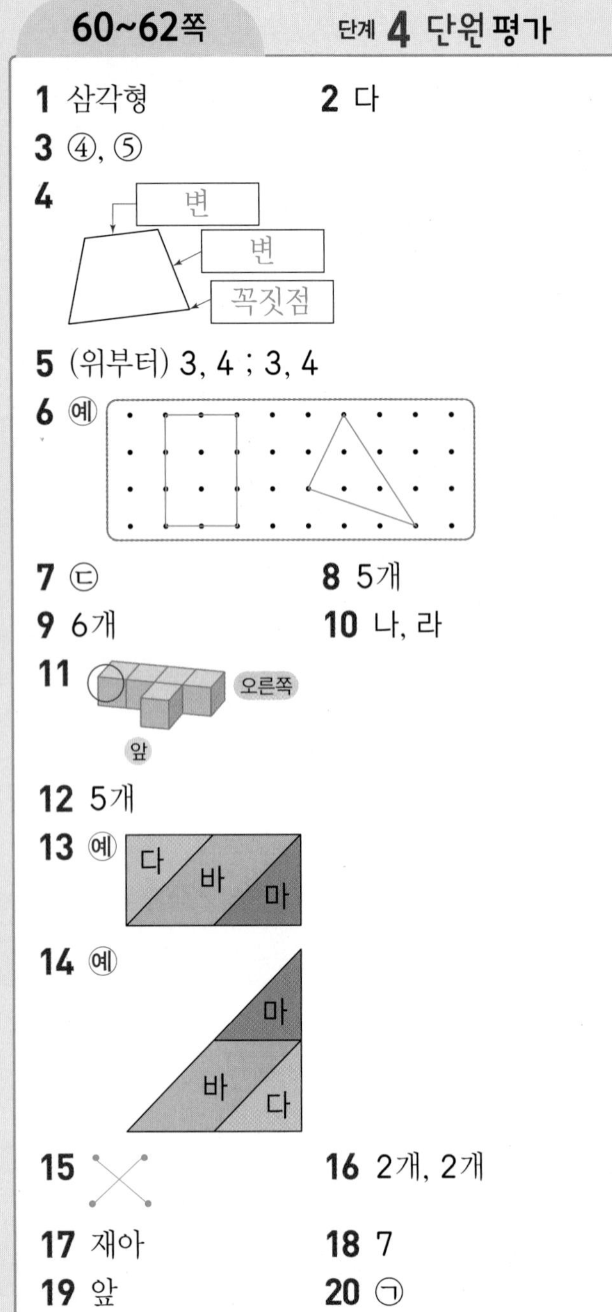

60~62쪽 단계 4 단원 평가

1 삼각형
2 다
3 ④, ⑤
4

5 (위부터) 3, 4 ; 3, 4
6 예
7 ㉢
8 5개
9 6개
10 나, 라
11

12 5개
13 예

14 예

15
16 2개, 2개
17 재아
18 7
19 앞
20 ㉠

63쪽 스스로 학습장

1 ○
2 ○
3 ×
4 ×
5 ○
6 ×
7 ○
8 ×
9 ○

❸ 덧셈과 뺄셈

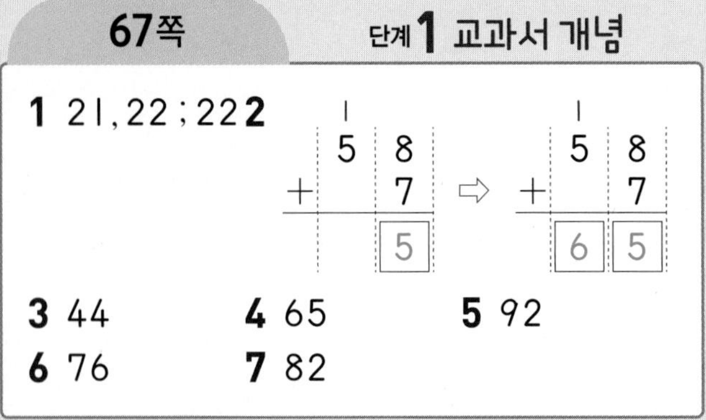

67쪽 단계 1 교과서 개념

1 21, 22 ; 22
2 $\begin{array}{r} ^{1}\ \ \\ 5\ 8 \\ +\ \ \ 7 \\ \hline \boxed{5} \end{array} \Rightarrow \begin{array}{r} ^{1}\ \ \\ 5\ 8 \\ +\ \ \ 7 \\ \hline \boxed{6}\ \boxed{5} \end{array}$
3 44
4 65
5 92
6 76
7 82

69쪽 단계 1 교과서 개념

1 $\begin{array}{r} \boxed{1}\ \ \\ 4\ 6 \\ +\ 2\ 7 \\ \hline \boxed{3} \end{array} \Rightarrow \begin{array}{r} \boxed{1}\ \ \\ 4\ 6 \\ +\ 2\ 7 \\ \hline \boxed{7}\ \boxed{3} \end{array}$
2 4, 4, 53
3 8, 11, 61
4 81
5 85
6 81
7 44

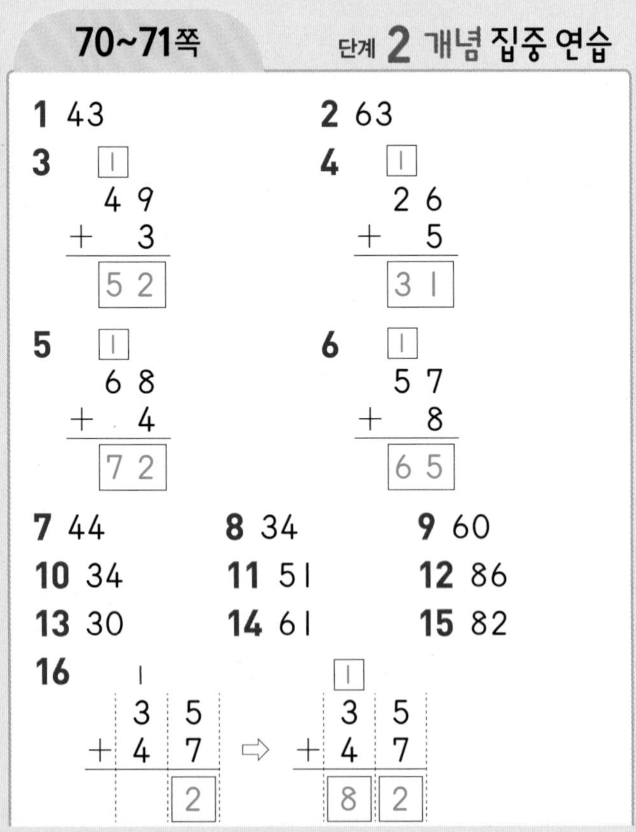

70~71쪽 단계 2 개념 집중 연습

1 43
2 63
3 $\begin{array}{r} \boxed{1}\ \ \\ 4\ 9 \\ +\ \ \ 3 \\ \hline \boxed{5\ 2} \end{array}$
4 $\begin{array}{r} \boxed{1}\ \ \\ 2\ 6 \\ +\ \ \ 5 \\ \hline \boxed{3\ 1} \end{array}$
5 $\begin{array}{r} \boxed{1}\ \ \\ 6\ 8 \\ +\ \ \ 4 \\ \hline \boxed{7\ 2} \end{array}$
6 $\begin{array}{r} \boxed{1}\ \ \\ 5\ 7 \\ +\ \ \ 8 \\ \hline \boxed{6\ 5} \end{array}$
7 44
8 34
9 60
10 34
11 51
12 86
13 30
14 61
15 82
16 $\begin{array}{r} ^{1}\ \ \\ 3\ 5 \\ +\ 4\ 7 \\ \hline \boxed{2} \end{array} \Rightarrow \begin{array}{r} \boxed{1}\ \ \\ 3\ 5 \\ +\ 4\ 7 \\ \hline \boxed{8}\ \boxed{2} \end{array}$

17 56 + 28 ⇨ 84

18 47 + 27 = 74

19 63 + 19 = 82

20 28 + 38 = 66

21 45 + 26 = 71

22 81 **23** 75 **24** 61
25 91 **26** 83 **27** 82
28 70 **29** 85 **30** 81

73쪽 단계 1 교과서 개념

1

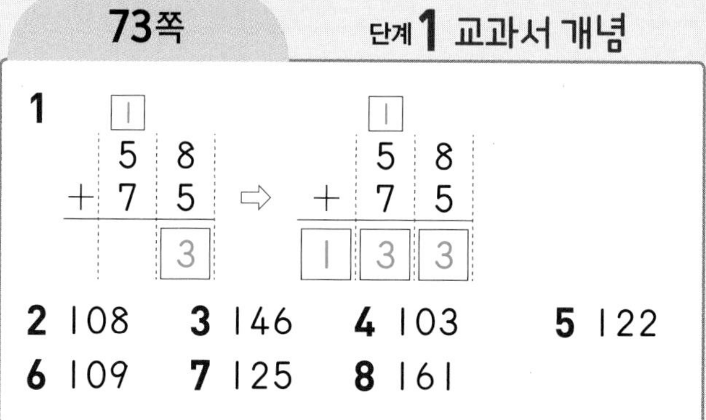

2 108 **3** 146 **4** 103 **5** 122
6 109 **7** 125 **8** 161

75쪽 단계 1 교과서 개념

1 8, 9, 10, 11 ; 8

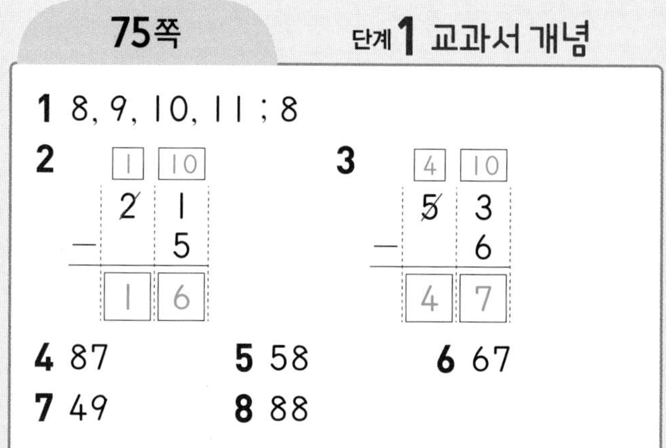

4 87 **5** 58 **6** 67
7 49 **8** 88

76~77쪽 단계 2 개념 집중 연습

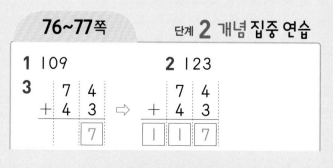

1 109 **2** 123

3 74 + 43 ⇨ 117

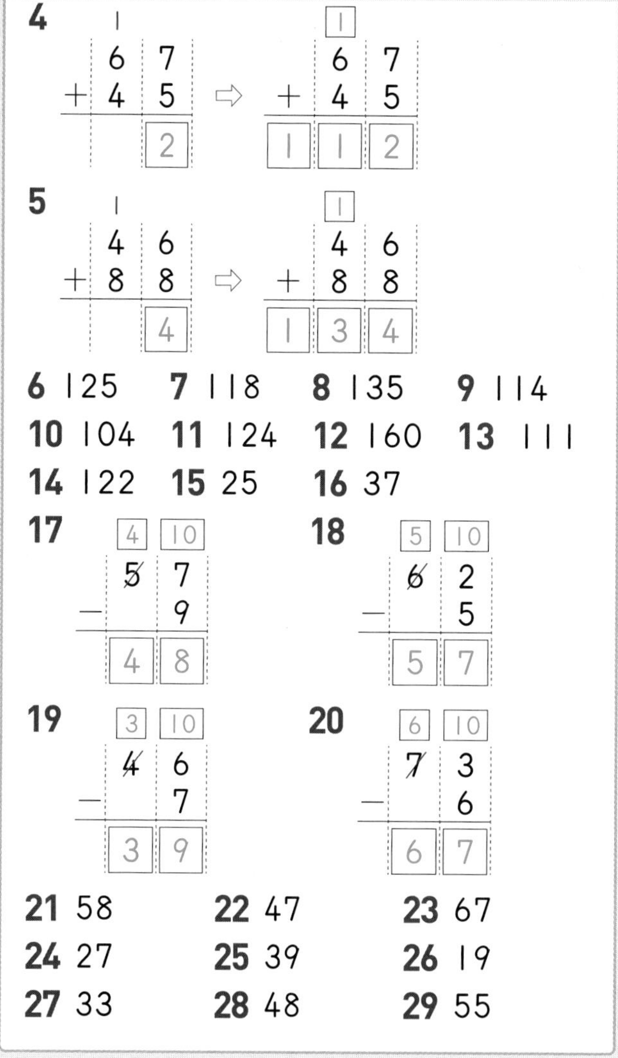

6 125 **7** 118 **8** 135 **9** 114
10 104 **11** 124 **12** 160 **13** 111
14 122 **15** 25 **16** 37

21 58 **22** 47 **23** 67
24 27 **25** 39 **26** 19
27 33 **28** 48 **29** 55

79쪽 단계 1 교과서 개념

1

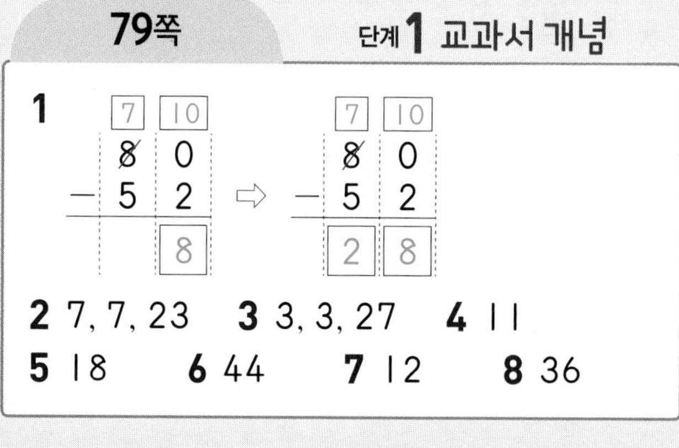

2 7, 7, 23 **3** 3, 3, 27 **4** 11
5 18 **6** 44 **7** 12 **8** 36

81쪽 단계 1 교과서 개념

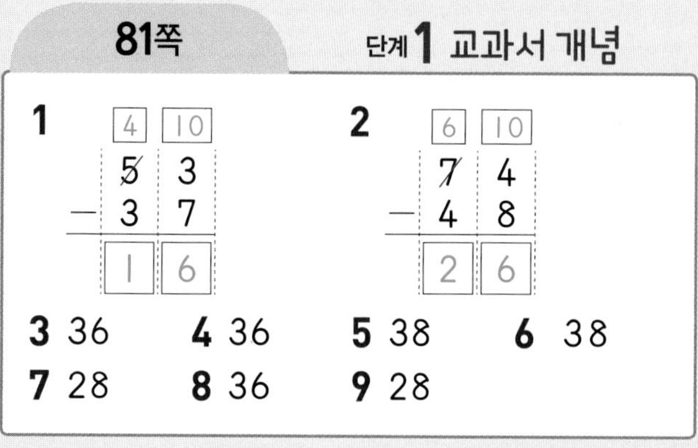

3 36 **4** 36 **5** 38 **6** 38
7 28 **8** 36 **9** 28

82~83쪽 단계 2 개념 집중 연습

1 (4, 10) 50 − 14 → 6 ⇨ 50 − 14 = 36

2 (3, 10) 40 − 17 → 3 ⇨ 40 − 17 = 23

3 (5, 10) 60 − 15 = 45

4 (7, 10) 80 − 48 = 32

5 (3, 10) 40 − 23 = 17

6 (4, 10) 50 − 32 = 18

7 44　8 21　9 22
10 26　11 34　12 27
13 52　14 15　15 29
16 27　17 27

18 (7, 10) 82 − 37 = 45

19 (4, 10) 51 − 14 = 37

20 (5, 10) 63 − 26 = 37

21 (6, 10) 74 − 45 = 29

22 27　23 26　24 39
25 49　26 37　27 18
28 38　29 25　30 27

85쪽 단계 1 교과서 개념

1 37+45−67=15 (37+45=82, 82−67=15)

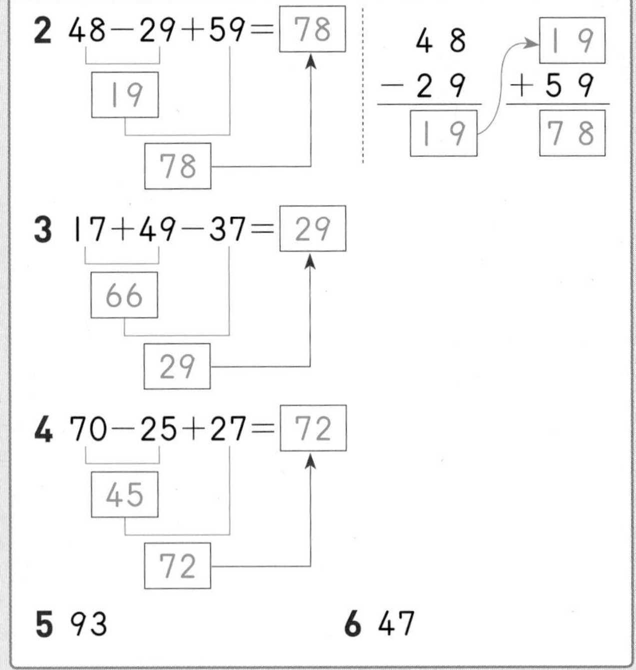

5 93　6 47

87쪽 단계 1 교과서 개념

1 (1) 22 (2) 22, 22　2 36, 15
3 64, 19　4 62, 62　5 16, 37

88~89쪽 단계 2 개념 집중 연습

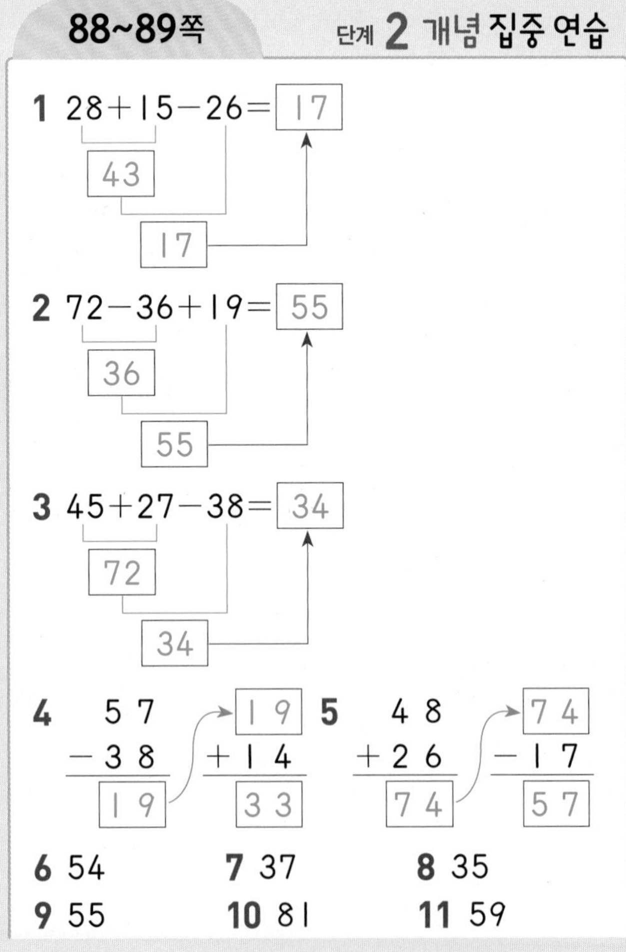

6 54　7 37　8 35
9 55　10 81　11 59

12 46, 46
13 34, 92, 34
14 45, 81, 36
15 35, 48
16 37, 63, 26
17 37, 94, 57
18 18, 40, 22

91쪽 단계 1 교과서 개념

1 (1) 14 (2) 6 (3) 6개
2 9
3 9
4 9
5 7

93쪽 단계 1 교과서 개념

1 (1) 7 (2) 5 (3) 5개
2 4
3 7
4 13
5 14

94~95쪽 단계 2 개념 집중 연습

1 (1) 15 (2) 15, 8 (3) 8개
2 5, 5
3 6, 6
4 6
5 7
6 6
7 6
8 2
9 8
10 9
11 (1) 8 (2) 8, 13 (3) 13개
12 13
13 6
14 13
15 6
16 11
17 8
18 12
19 8

96~99쪽 단계 3 익힘 문제 연습

1 (1) 92 (2) 77
2 72
3 (1) 123 (2) 122 (3) 114 (4) 122
4 (1) 18 (2) 36
5 (1) 33 (2) 56 (3) 35 (4) 17
6 (위부터) 43, 42, 85
7 121권
8 (⊖ →, ⊖ ↓)

83	44	39
26	18	8
57	26	

9 (1) 46 (2) 71

10 61, 35, 26 ; 61, 26, 35
11 48, 26, 74 ; 26, 48, 74
12 7, 7
13 (1) 5 (2) 7
14 (1) 50, 62 (2) 64, 62
15 (1) 21, 25 (2) 24, 25

100~102쪽 단계 4 단원 평가

1 45
2 (받아내림 5, 10) 63 − 28 = 35
3 135
4 23
5 79
6 81
7 5
8 46
9 62 ; 62, 62, 35
10 (⊕ →, ⊕ ↓)

65	39	104
27	54	81
92	93	

11 38+16=54 ; 16+38=54
12 7
13 12
14 7, 5
15 20, 56, 64
16 10, 32, 27
17 >
18 ㉠ 6+□=14 ; 8
19 33개
20 24명

103쪽 스스로 학습장

1 (1) 20, 74, 81 (2) (받아올림 1) 54 + 27 = 81
(3) 81 ; 81−54=27, 81−27=54
(4) 46
2 (1) 10, 52, 44 (2) (받아내림 5, 10) 62 − 18 = 44
(3) 44 ; 44+18=62, 18+44=62
(4) 71

❹ 길이 재기

107쪽 단계 1 교과서 개념

1 5　2 8번　3 7번
4 9번　5 5번

109쪽 단계 1 교과서 개념

1 3, 3, 3　2 2, 2 cm, 2 센티미터
3 4, 4　4 6, 6

110~111쪽 단계 2 개념 집중 연습

1 3뼘　2 2뼘　3 5뼘
4 4뼘　5 3번　6 6번
7 5번　8 4번　9 7번
10 1 cm ; 1 센티미터
11 3 cm ; 3 센티미터
12 1 cm, 1 센티미터
13 4 cm, 4 센티미터
14 6 cm, 6 센티미터
15 예
16 예
17 5, 5　18 2, 2

113쪽 단계 1 교과서 개념

1 5　2 4
3 3 cm　4 9 cm

115쪽 단계 1 교과서 개념

1 6, 6　2 5
3 약 8 cm　4 약 10 cm

117쪽 단계 1 교과서 개념

1 예 8　2 8
3 예 약 9 cm ; 9 cm　4 예 약 4 cm ; 4 cm
5 예 약 7 cm ; 7 cm

118~119쪽 단계 2 개념 집중 연습

1 2　2 4　3 5
4 3　5 6　6 4 cm
7 7 cm　8 6 cm　9 5
10 4　11 3　12 7
13 약 4 cm　14 약 6 cm
15 약 7 cm　16 예 6
17 6　18 예 약 3 cm ; 3 cm
19 예 약 5 cm ; 5 cm　20 예 약 4 cm ; 4 cm

120~123쪽 단계 3 익힘 문제 연습

1 7　2 (○)(　)(△)(　)
3 1 cm, 1 cm
4 (○)
(　)
(　)
5 4, 4
6 (1) 3　(2) 8
7

1 cm	예
3 cm	예

8 7　9 ㉯
10 약 3 cm, 약 4 cm, 약 6 cm
11 (위부터) 예 2, 2 ; 예 5, 5
12 예 사람마다 뼘의 길이가 다르기 때문입니다.
13 주희
14 (1) 예 6, 6　(2) 예 10, 10
15 연정, 민혁, 현수

124~126쪽 단계 4 단원 평가

1 5번 2 9 센티미터 3 6뼘
4 ㉠ 5 8번 6 4번
7 6 cm, 6 센티미터
8 4 cm 9 5 cm
10 예

11 4 12 예 약 7 cm ; 7 cm
13 약 5 cm 14 약 6 cm
15

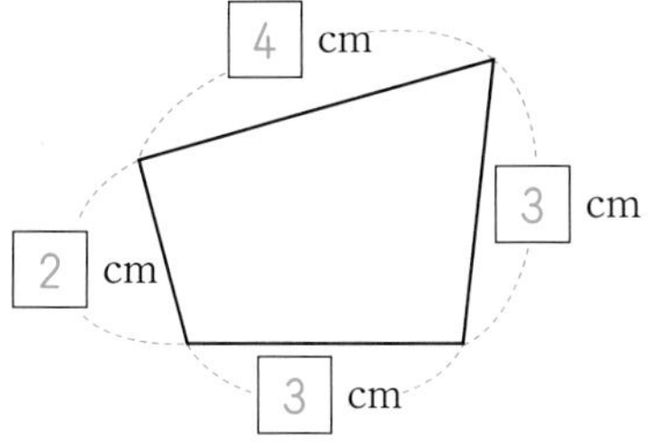

16 줄기 17 사탕 18 나
19 대훈 20 8 cm

127쪽 스스로 학습장

1 ○ 2 ○ 3 ○
4 × 5 × 6 ○
7 ○ 8 ○ 9 ×

❺ 분류하기

131쪽 단계 1 교과서 개념

1 (○)( )( ) 2 ㉡

133쪽 단계 1 교과서 개념

1

색깔	초록색	파란색	빨간색
번호	①, ⑥, ⑦	②, ④, ⑧	③, ⑤

2

모양	삼각형	사각형	원
번호	②, ⑤	①, ④, ⑦	③, ⑥, ⑧

3

바다	돌고래, 오징어, 문어
땅	사자, 토끼, 기린

134~135쪽 단계 2 개념 집중 연습

1 (○)( ) 2 (○)( )
3 (○)( ) 4 ( )(○)
5 ㉡ 6 ㉢ 7 ㉠
8

모양	기호
☆	㉠, ㉥
(꽃 모양)	㉡, ㉣
♡	㉢, ㉤

9

색깔	기호
노란색	㉠, ㉤
초록색	㉡, ㉥
빨간색	㉢, ㉣

10

색깔	이름
노란색	바나나, 피망, 참외
보라색	포도, 가지
초록색	오이, 브로콜리, 고추, 호박

11

다리의 수	이름
다리 2개	닭, 타조, 부엉이
다리 4개	강아지, 코끼리, 고양이

137쪽 단계 1 교과서 개념

1

분류 기준	종류

종류	피자	떡볶이	짜장면
세면서 표시하기	///	//	/
학생 수(명)	3	2	1

2

분류 기준	장래 희망

장래 희망	의사	선생님	축구 선수	가수
세면서 표시하기				
학생 수(명)	3	1	2	1

139쪽 단계 1 교과서 개념

1

분류 기준	장소

장소	동물원	수목원	놀이공원
학생 수(명)	4	1	3

; 동물원

2

분류 기준	맛

맛	딸기 맛	초콜릿 맛	바닐라 맛
학생 수(명)	2	4	1

3 초콜릿 맛

140~141쪽 단계 2 개념 집중 연습

1

분류 기준	종류

종류	잠자리	나비	메뚜기
세면서 표시하기			
학생 수(명)	4	3	1

2

분류 기준	종류

종류	과일	채소
세면서 표시하기		
수(개)	3	5

3

분류 기준	종류

종류	장미	튤립	해바라기
학생 수(명)	4	3	5

4

분류 기준	색깔

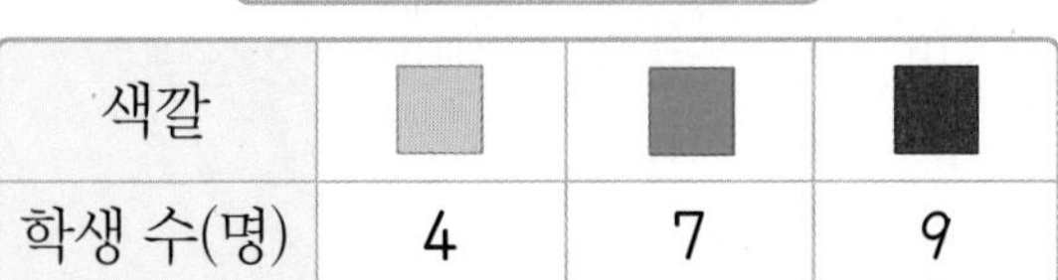

색깔			
학생 수(명)	4	7	9

5

분류 기준	종류

종류	트라이앵글	캐스터네츠	탬버린
세면서 표시하기			
학생 수(명)	5	3	7

6 탬버린

7 캐스터네츠

8

분류 기준	색깔

색깔	검은색	흰색	빨간색	파란색
신발 수(켤레)	4	7	3	1

9 흰색

10 ㉠ 흰색

142~145쪽 단계 3 익힘 문제 연습

1 ( )(○)( )

2 ( )
(○)
(○)
( )

3

분류 기준	다리의 수

다리 0개	⑤, ⑧
다리 2개	②, ④, ⑥, ⑨
다리 4개	①, ③, ⑦

4

분류 기준	모양

모양	삼각형	사각형
조각 번호	①, ②, ④, ⑥, ⑦	③, ⑤

5 ㉠ 색깔 ; 모양

6 예 사람마다 예쁘다고 생각하는 기준이 다릅니다. 그러므로 '예쁜', '예쁘지 않은'은 분류 기준으로 알맞지 않습니다.

7

분류 기준	종류

종류	연필	가위	풀	지우개
세면서 표시하기				
학용품 수(개)	5	3	4	6

8

분류 기준	놀이

놀이				
세면서 표시하기				
학생 수(명)	3	7	2	3

9

분류 기준	색깔

색깔	초록색	노란색	빨간색	파란색
세면서 표시하기				
화분 수(개)	5	10	6	3

10 노란색 11 파란색

146~148쪽 단계 4 단원 평가

1 (○)( )

2 단추 구멍의 수에 ○표

3 ㉢

4 

5

모양	번호
	②, ④, ⑥
	①, ③, ⑤

6

종류	한글	알파벳
글자	마, 사, 아, 오	S, M, E, A

7

모양	♡	☆
기호	㉠, ㉤, ㉥	㉡, ㉢, ㉣

8

색깔	초록색	노란색
기호	㉠, ㉢, ㉥	㉡, ㉣, ㉤

9

분류 기준	종류

종류	햄버거	떡볶이	김밥
세면서 표시하기			
학생 수(명)	2	4	2

10 떡볶이

11

분류 기준	놀이 시설

놀이 시설	시소	그네	미끄럼틀
학생 수(명)	4	5	3

12 그네 13 미끄럼틀

14

분류 기준	모양

모양			
블록 수(개)	3	2	3

15

분류 기준	색깔

색깔	빨간색	초록색	파란색
블록 수(개)	3	2	3

16 단풍나무 17 소나무

18

분류 기준	색깔

색깔	하늘색	분홍색	노란색	검은색
세면서 표시하기				
우산 수(개)	4	7	3	1

19 분홍색 20 예 분홍색

149쪽 스스로 학습장

1 예 모양, 색깔, 단추 구멍의 수

2 예

분류 기준	모양

모양	삼각형	사각형	원
단추 기호	㉠, ㉣, ㉥, ㉨	㉡, ㉤, ㉦, ㉩	㉢, ㉧

3 예

분류 기준	색깔

색깔	초록색	빨간색	파란색
단추 수 (개)	5	2	3

6 곱셈

153쪽 단계 1 교과서 개념

1 (1) 9, 12, 15 (2) 3 (3) 15
2 12, 16, 16

155쪽 단계 1 교과서 개념

1 (위부터) 16, 20, 24 ; 4, 5, 6
2 6, 24
3 9, 12 ; 4
4 12개

156~157쪽 단계 2 개념 집중 연습

1 6, 8, 8
2 9, 12, 12
3 12, 16, 20, 20
4 3, 12
5 6, 30
6 4, 24
7 9, 12, 15, 18, 21 ; 7 ; 21
8 6, 8, 10, 12, 14 ; 7 ; 14
9 3, 18
10 3, 21
11 5, 20
12 8, 24

159쪽 단계 1 교과서 개념

1 3
2 4, 4
3 3, 3
4 4, 4

161쪽 단계 1 교과서 개념

1 (1) 1, 1 (2) 2, 2 (3) 2
2 4
3 (1) 3, 3 (2) 3

162~163쪽 단계 2 개념 집중 연습

1 4, 4
2 3, 3
3 5, 5
4 (1) 5, 3, 5 (2) 3, 5, 3
5 하늘
6 5, 2
7 2, 2
8 2
9 4
10 2
11 2
12 3

165쪽 단계 1 교과서 개념

1 (1) 4, 4 (2) 2, 2, 8 (3) 4, 8
2 7, 7, 21 ; 3, 21
3 6, 6, 6, 24 ; 4, 24

167쪽 단계 1 교과서 개념

1 2, 2, 2, 2, 12
2 6, 12
3 3, 3
4 3, 15

168~169쪽 단계 2 개념 집중 연습

1 $4+4+4+4=16$
2 $4\times4=16$
3 $5\times7=35$
4 $6\times4=24$
5 $4\times8=32$
6 2, 2, 2, 10 ; 5, 10
7 3, 3, 12 ; 4, 12
8 5, 5, 5, 5, 30 ; 6, 30
9 6, 18
10 5, 20
11 8, 3, 24
12 6, 4, 24
13 6, 12
14 5, 15
15 9, 36
16 예 $2\times6=12$, $3\times4=12$, $4\times3=12$, $6\times2=12$

170~173쪽 단계 3 익힘 문제 연습

1 6개
2 12개
3 (1) 5묶음 (2) 6, 8, 10 (3) 10개
4 (1) 6묶음 (2) 18마리
5 (1) 3, 5 ; 5, 3 (2) 15개
6 (1) 8 (2) 4
7 6 ; 3, 3, 3, 3, 18
8 4 ; $5+5+5+5=20$; $5\times4=20$
9 $3\times3=9$, $3\times4=12$, $3\times5=15$
10 5배
11 (1) $5+5+5+5+5+5=30$
(2) $5\times6=30$
12 (1) 6 ; 2, 6, 12 (2) 6 ; 4, 6, 24

174~176쪽 단계 4 단원 평가

1 9, 12
2 3, 12
3 7, 14
4 9, 5, 45
5 5 ; 5 ; 5, 15
6 56 ; 7, 56
7
8 ④, ⑤
9 15
10 $2\times4=8$, $2\times5=10$
11 8, 32 ; 4, 32
12 $3+3+3+3=12$; $3\times4=12$
13 예 3, 8
14 24송이
15 ⑤
16 6배
17 12장
18 ①, ⑤
19 3통
20 24자루

177쪽 스스로 학습장

1 예 3, 6, 9, 12 ⇨ 12개
2 예 3, 4
3 예 3, 4
4 예 $3+3+3+3=12$
5 예 $3\times4=12$
6 예 3 곱하기 4는 12와 같습니다.

정답 및 풀이

❶ 세 자리 수

학부모 지도 가이드 1학년에서 배운 두 자리 수를 세 자리 수와 1000까지 범위로 넓혀 학습하고 실생활에서 세 자리 수가 쓰이는 상황에 대해 생각해 볼 수 있습니다.
이 단원에서는 100, 몇백, 세 자리 수, 세 자리 수의 각 자리의 숫자가 나타내는 값을 이용하여 수의 크기를 비교해 봅니다.

11쪽 단계 1 교과서 개념

1 50, 60, 90, 100	2 100, 백
3 100개	4 96, 100
5 70, 100	

1 10부터 10씩 뛰어 세어 봅니다.
2 90보다 10만큼 더 큰 수는 100이고, 100은 백이라고 읽습니다.
3 달걀은 10개씩 10묶음이므로 모두 100개입니다.
4 95보다 1만큼 더 큰 수는 96이고, 99보다 1만큼 더 큰 수는 100입니다.
5 60보다 10만큼 더 큰 수는 70이고, 90보다 10만큼 더 큰 수는 100입니다.

13쪽 단계 1 교과서 개념

1 200	2 400
3 500, 오백	4 700, 칠백

3 100이 5개이면 500이라 쓰고, 오백이라고 읽습니다.
4 100이 7개이면 700이라 쓰고, 칠백이라고 읽습니다.

14~15쪽 단계 2 개념 집중 연습

1 100	2 100
3 10	4 10
5 100	6 98, 100
7 80, 100	8 6, 600
9 8, 800	10 300
11 7	12 400
13 이백	14 사백
15 칠백	16 600
17 300	18 900
19 500, 오백	20 800, 팔백

2 99에 일 모형 1개를 더하면 100입니다.
3 100은 10이 10개인 수입니다.
4 100은 90보다 10만큼 더 큰 수입니다.
6 97보다 1만큼 더 큰 수는 98이고, 99보다 1만큼 더 큰 수는 100입니다.
7 70보다 10만큼 더 큰 수는 80이고, 90보다 10만큼 더 큰 수는 100입니다.
8 백 모형이 6개이면 600입니다.
9 백 모형이 8개이면 800입니다.
10 100이 ■개이면 ■00입니다.
11 700은 100이 7개인 수입니다.
13 200 ⇨ 이백
14 400 ⇨ 사백
15 700 ⇨ 칠백
16 육백 ⇨ 600
17 삼백 ⇨ 300
18 구백 ⇨ 900
19 100이 5개이면 500이라 쓰고, 오백이라고 읽습니다.
20 100이 8개이면 800이라 쓰고, 팔백이라고 읽습니다.

17쪽 단계 1 교과서 개념

1 437, 사백삼십칠
2 459
3 703
4 640
5 392

1 100이 4개 ⇨ 400, 10이 3개 ⇨ 30, 1이 7개 ⇨ 7 → 437(사백삼십칠)

2 100이 4개 ⇨ 400, 10이 5개 ⇨ 50, 1이 9개 ⇨ 9 → 459

3 100이 7개 ⇨ 700, 10이 0개 ⇨ 0, 1이 3개 ⇨ 3 → 703

4 100이 6개 ⇨ 600, 10이 4개 ⇨ 40, 1이 0개 ⇨ 0 → 640

5 100이 3개 ⇨ 300, 10이 9개 ⇨ 90, 1이 2개 ⇨ 2 → 392

19쪽 단계 1 교과서 개념

1 500, 20, 7
2 30, 5 ; 30, 5
3 200, 8 ; 200, 8

2 635에서
- 6은 백의 자리 숫자, 600
- 3은 십의 자리 숫자, 30
- 5는 일의 자리 숫자, 5

⇨ 635=600+30+5

3 278에서
- 2는 백의 자리 숫자, 200
- 7은 십의 자리 숫자, 70
- 8은 일의 자리 숫자, 8

⇨ 278=200+70+8

20~21쪽 단계 2 개념 집중 연습

1 218
2 352
3 427
4 643
5 249
6 820
7 369
8 백오십사
9 구백육
10 이백칠십삼
11 4, 9, 7
12 6, 0, 8
13 300, 10
14 700, 20
15 30 ; 30
16 200, 5 ; 200, 5
17 20
18 800, 6
19 600, 30
20 900, 70

1 100이 2개 ⇨ 200, 10이 1개 ⇨ 10, 1이 8개 ⇨ 8 → 218

2 100이 3개 ⇨ 300, 10이 5개 ⇨ 50, 1이 2개 ⇨ 2 → 352

3 100이 4개 ⇨ 400, 10이 2개 ⇨ 20, 1이 7개 ⇨ 7 → 427

4 100이 6개 ⇨ 600, 10이 4개 ⇨ 40, 1이 3개 ⇨ 3 → 643

5 100이 2개 ⇨ 200, 10이 4개 ⇨ 40, 1이 9개 ⇨ 9 → 249

6 100이 8개 ⇨ 800, 10이 2개 ⇨ 20, 1이 0개 ⇨ 0 → 820

7 100이 3개 ⇨ 300, 10이 6개 ⇨ 60, 1이 9개 ⇨ 9 → 369

11 4 9 7

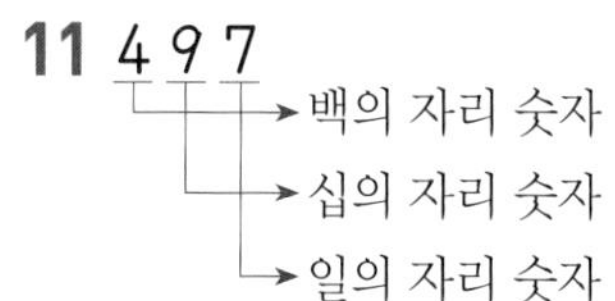

12 608

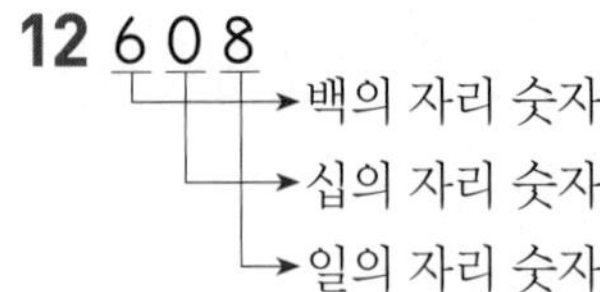

13 315 ─ 3은 백의 자리 숫자, 300 / 1은 십의 자리 숫자, 10 / 5는 일의 자리 숫자, 5

14 726 ─ 7은 백의 자리 숫자, 700 / 2는 십의 자리 숫자, 20 / 6은 일의 자리 숫자, 6

15 537에서 5는 500을, 3은 30을, 7은 7을 나타냅니다.
⇨ 537=500+30+7

16 285에서 2는 200을, 8은 80을, 5는 5를 나타냅니다.
⇨ 285=200+80+5

17 429에서 4는 400을, 2는 20을, 9는 9를 나타냅니다.
⇨ 429=400+20+9

18 816에서 8은 800을, 1은 10을, 6은 6을 나타냅니다.
⇨ 816=800+10+6

19 635에서 6은 600을, 3은 30을, 5는 5를 나타냅니다.
⇨ 635=600+30+5

20 973에서 9는 900을, 7은 70을, 3은 3을 나타냅니다.
⇨ 973=900+70+3

23쪽 단계 1 교과서 개념

1 400, 500, 800, 900
2 940, 950, 980, 990
3 993, 994, 996, 998, 999
4 1000

1 백의 자리 수가 1씩 커집니다.
2 십의 자리 수가 1씩 커집니다.
3 일의 자리 수가 1씩 커집니다.
4 999보다 1만큼 더 큰 수는 1000입니다.

25쪽 단계 1 교과서 개념

1 (위부터) 4, 3, 8 ; >
2 < **3** <
4 < **5** >
6 > **7** >

1 346과 328은 백의 자리 수가 같으므로 십의 자리 수를 비교합니다.
⇨ 4>2이므로 346>328입니다.

2 546<679
└5<6┘

4 832<897
└3<9┘

6 327>326
└7>6┘

참고 백의 자리 수, 십의 자리 수가 각각 같으므로 일의 자리 수를 비교합니다.

26~27쪽 단계 2 개념 집중 연습

1 326, 526, 626 **2** 572, 672, 772
3 605, 705, 905 **4** 644, 664, 674
5 796, 806, 816 **6** 506, 516, 536
7 738, 740, 741 **8** 955, 956, 958
9 400, 401, 402 **10** 10
11 100 **12** >
13 < **14** <
15 > **16** <
17 < **18** <
19 > **20** <
21 682 **22** 583
23 748

1 100씩 뛰어 세면 백의 자리 수가 1씩 커집니다.
4 10씩 뛰어 세면 십의 자리 수가 1씩 커집니다.

7 1씩 뛰어 세면 일의 자리 수가 1씩 커집니다.

10 십의 자리 수가 1씩 커지므로 10씩 뛰어 센 것입니다.

11 백의 자리 수가 1씩 커지므로 100씩 뛰어 센 것입니다.

12 백 모형이 많을수록 큰 수입니다. 325는 백 모형이 3개, 251은 백 모형이 2개이므로 325>251입니다.

14 527<943
5<9

17 241<284
4<8

21 682>640>376

22 583>524>406

23 748>746>701

28~31쪽 단계 3 익힘 문제 연습

1 (1) 10, 0 (2) 1, 0, 0 ; 100

2 (1) 95, 97, 100 (2) 50, 80, 100

3 2, 6, 5 ; 265

4 (1) 오백 (2) 구백

5 (1) 400 (2) 800

6 (1) × (2) ○

7 6, 600 ; 3, 30 ; 9, 9

8 예

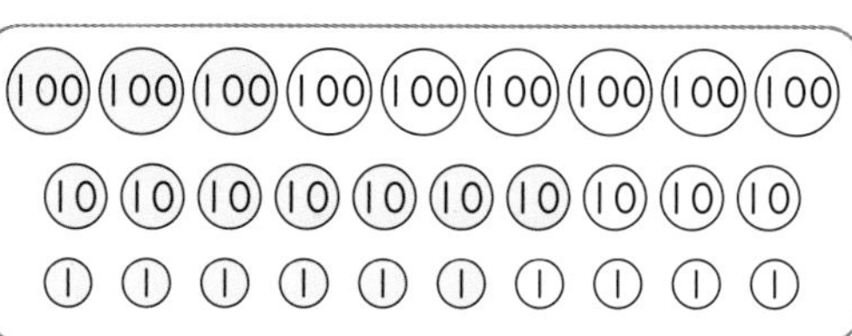

; 70, 6

9 

10 40, 500, 5, 20

11 430, 530, 630

12 319, 320, 322

13 (1) 360, 370, 380, 390
(2) 800, 700, 600, 500

14 (위부터) 5, 4, 4, 2 ; >

15 438, 440, 572

2 (1) 94보다 1만큼 더 큰 수는 95, 96보다 1만큼 더 큰 수는 97, 99보다 1만큼 더 큰 수는 100입니다.
(2) 40보다 10만큼 더 큰 수는 50, 70보다 10만큼 더 큰 수는 80, 90보다 10만큼 더 큰 수는 100입니다.

3 100이 2개 ⇨ 200
10이 6개 ⇨ 60
1이 5개 ⇨ 5
→ 265

6 (1) 100이 6개이면 600입니다.
(2) ▲00은 100이 ▲개인 수입니다.

7 639
6 → 백의 자리 숫자, 600
3 → 십의 자리 숫자, 30
9 → 일의 자리 숫자, 9

8 376은
100이 3개 ⇨ 300
10이 7개 ⇨ 70
1이 6개 ⇨ 6
⇨ 376=300+70+6

9 240 ⇨ 이백사십
402 ⇨ 사백이
420 ⇨ 사백이십

10 • 248에서 4는 십의 자리 숫자이고, 40을 나타냅니다.
• 592에서 5는 백의 자리 숫자이고, 500을 나타냅니다.
• 375에서 5는 일의 자리 숫자이고, 5를 나타냅니다.
• 726에서 2는 십의 자리 숫자이고, 20을 나타냅니다.

13 (1) 십의 자리 수가 1씩 커집니다.
(2) 백의 자리 수가 1씩 작아집니다.

14 254>242
5>4

15 백의 자리 수를 비교하면 572가 가장 큽니다. 440과 438을 비교하면 438<440입니다.
⇨ 438<440<572

32~34쪽 단계 4 단원 평가

1 100
2 6, 600, 육백
3 875
4 ②, ⑤
5 447원
6 7 ; 9, 90 ; 6, 6
7 <
8
9 473
10 237>185
11 730, 750, 770
12 1000, 천
13 <
14 714, 742에 ○표
15 135, 145, 155 ; 10
16 261, 369
17 연우
18 600+40+2
19 524에 ○표, 179에 △표
20 853, 358

1 90보다 10만큼 더 큰 수는 100입니다.

2 백 모형이 6개이므로 600이고, 육백이라고 읽습니다.

3 100이 8개 ⇨ 800
10이 7개 ⇨ 70
1이 5개 ⇨ 5
→ 875

4 ① 800 ⇨ 팔백
③ 325 ⇨ 삼백이십오
④ 716 ⇨ 칠백십육

5 100원짜리 4개 ⇨ 400원
10원짜리 4개 ⇨ 40원
1원짜리 7개 ⇨ 7원
→ 447원

6 7 9 6
7 → 백의 자리 숫자, 700
9 → 십의 자리 숫자, 90
6 → 일의 자리 숫자, 6

7 135는 백 모형이 1개, 207은 백 모형이 2개이므로 135<207입니다.

8 100이 5개 ⇨ 500
100이 8개 ⇨ 800

9 100이 4개이면 400, 10이 7개이면 70, 1이 3개이면 3이므로 473입니다.

10 ■는 ▲보다 큽니다. ⇨ ■>▲

11 십의 자리 수가 1씩 커집니다.

12 996부터 수를 차례대로 써 보면 996−997−998−999입니다.
㉠은 999보다 1만큼 더 큰 수이므로 1000이고, 천이라고 읽습니다.

13 백의 자리 수가 같으므로 십의 자리 수를 비교합니다.
⇨ 349<372
(4<7)

14 7□□인 세 자리 수를 모두 찾습니다.

15 십의 자리 수가 1씩 커지므로 10씩 뛰어 세었습니다.

16 261 → 60, 546 → 6, 627 → 600, 369 → 60

17 435>345
(4>3)

18 642에서 6은 600을, 4는 40을, 2는 2를 나타냅니다.
⇨ 642=600+40+2

19 백, 십, 일의 자리 순서대로 각각 같은 자리 수를 비교합니다.
⇨ 524>507>426>179

20 • 가장 큰 세 자리 수:
큰 수부터 백의 자리, 십의 자리, 일의 자리에 차례대로 놓습니다. ⇨ 853
• 가장 작은 세 자리 수:
작은 수부터 백의 자리, 십의 자리, 일의 자리에 차례대로 놓습니다. ⇨ 358

35쪽 스스로 학습장

1 (1) 10 (2) 10 (3) 백 (4) 500, 오백
(5) 254, 354
2 (1) 3, 4, 7 (2) 삼백사십칠 (3) 3, 4, 7
(4) 40 (5) 큽니다에 ○표

❷ 여러 가지 도형

학부모 지도 가이드 우리 주변에서 볼 수 있는 여러 가지 도형들이 있습니다. 그 도형들을 모양에 따라 삼각형, 사각형, 원으로 약속하고 칠교판으로 여러 가지 모양을 만들어 도형에 대한 감각을 기를 수 있습니다. 이 단원에서는 도형들뿐만 아니라 쌓기나무로 만든 모양을 보고 똑같이 쌓고 여러 가지 모양으로 쌓아 보는 활동을 통해 입체도형에 대한 공간 감각을 기를 수 있습니다. 또한 쌓기나무로 쌓은 모양에 대해 설명해 보는 활동을 통해 문제 해결, 의사 소통 능력도 기를 수 있도록 합니다.

39쪽 단계 1 교과서 개념

1 (1) 삼각형 (2) 꼭짓점, 변
2 ○ 3 ×
4 × 5 ○
6 ×

1 (1) 곧은 선 3개로 둘러싸여 있으므로 삼각형입니다.

3 곧지 않은 선이 있으므로 삼각형이 아닙니다.
참고 삼각형의 모양은 다르지만 변과 꼭짓점은 모두 3개씩입니다.

4 변이 4개이므로 삼각형이 아닙니다.

6 곧지 않은 선이 있으므로 삼각형이 아닙니다.

41쪽 단계 1 교과서 개념

1 (1) 사각형에 ○표
(2) 꼭짓점에 ○표, 변에 ○표
2 ○ 3 ×
4 × 5 ○
6 ×

1 (1) 곧은 선 4개로 둘러싸여 있으므로 사각형입니다.
(2) ㉠은 두 곧은 선이 만나는 점이므로 꼭짓점이고 ㉡은 곧은 선이므로 변입니다.

3 끊어진 부분이 있습니다.

4 변이 3개이므로 사각형이 아닙니다.

6 곧지 않은 선이 있으므로 사각형이 아닙니다.

42~43쪽 단계 2 개념 집중 연습

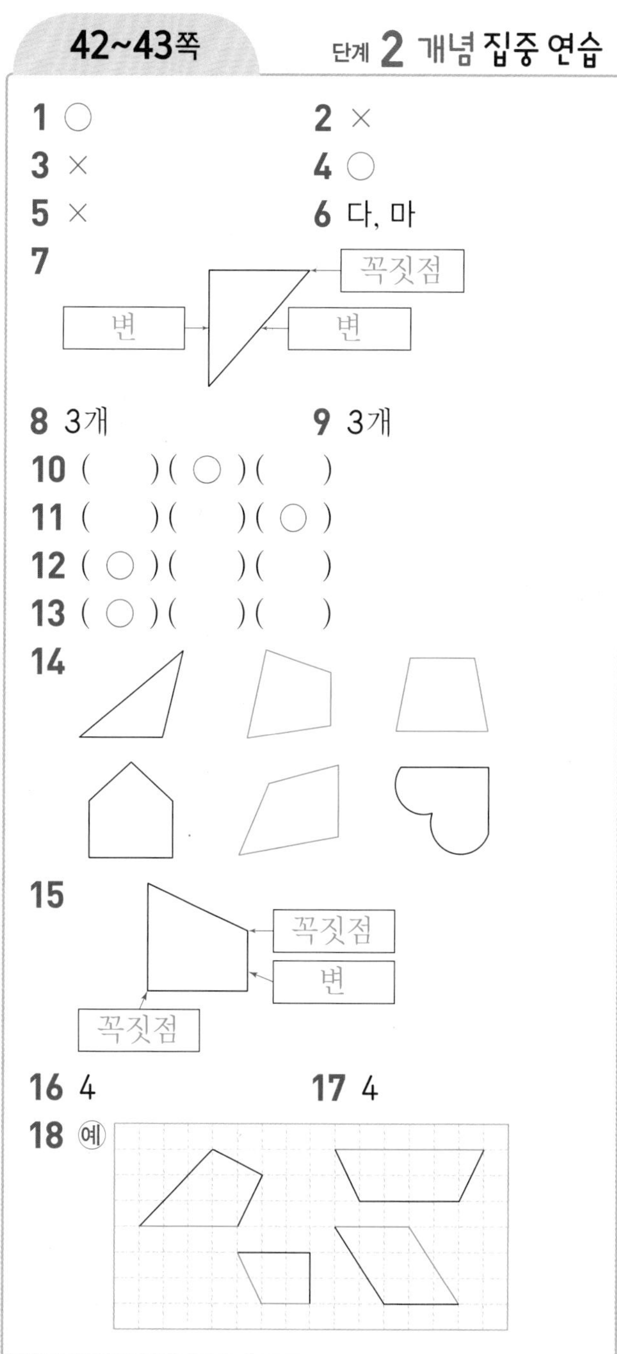

1 ○
2 ×
3 ×
4 ○
5 ×
6 다, 마
7
꼭짓점
변
변
8 3개
9 3개
10 ( )(○)( )
11 ( )( )(○)
12 (○)( )( )
13 (○)( )( )
14
15
꼭짓점
변
꼭짓점
16 4
17 4
18 예

2 변이 4개이므로 삼각형이 아닙니다.

3 곧지 않은 선이 있으므로 삼각형이 아닙니다.

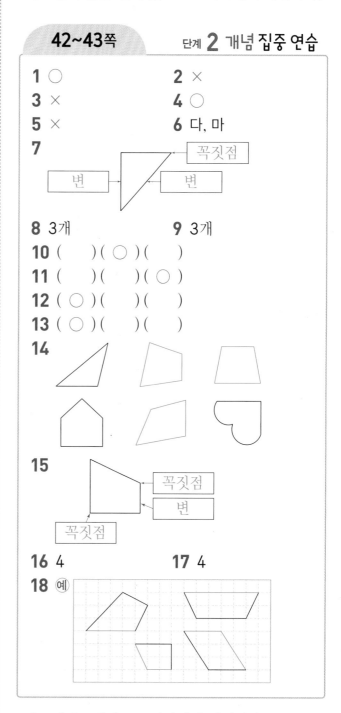

5 끊어진 부분이 있으므로 삼각형이 아닙니다.

6 곧은 선 3개로 둘러싸인 도형을 모두 찾으면 다, 마입니다.

7 삼각형에서 곧은 선은 변이고, 두 곧은 선이 만나는 점은 꼭짓점입니다.

8 곧은 선을 찾으면 3개입니다.

9 두 곧은 선이 만나는 점을 찾으면 3개입니다.

10 곧은 선 4개로 둘러싸인 도형을 찾습니다.

15 사각형에서 곧은 선을 변이라 하고, 두 곧은 선이 만나는 점을 꼭짓점이라고 합니다.

16 사각형에는 곧은 선이 4개 있습니다.

17 사각형에는 두 곧은 선이 만나는 점이 4개 있습니다.

참고 사각형은 모두 4개의 변이 있고 사각형의 꼭짓점은 모두 4개입니다.

45쪽 단계 1 교과서 개념

1 원　　2 ○
3 ×　　4 ×
5 ○　　6 ×

1 종이에 통조림 통을 대고 테두리를 따라 도형을 그리면 원이 그려집니다.

3 어느 쪽에서 보아도 같은 모양이 아닙니다.

4 곧은 선이 있습니다.

6 끊어진 부분이 있습니다.

47쪽 단계 1 교과서 개념

1 (1) 사각형　(2) 5, 사각형

2 예　　3 예

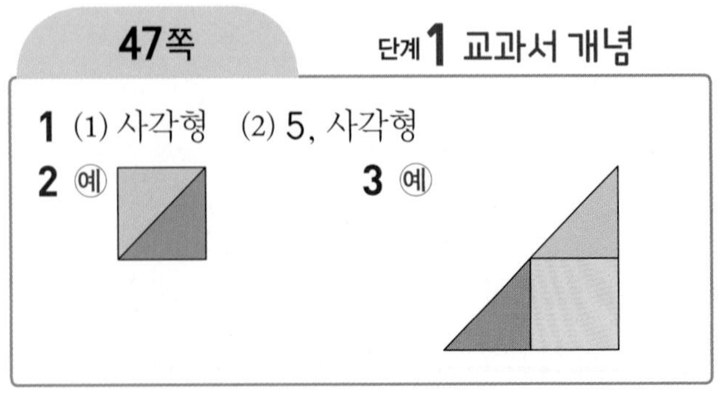

1 (2) 칠교 조각은 삼각형 조각이 5개, 사각형 조각이 2개 있습니다.

48~49쪽 단계 2 개념 집중 연습

1 원　　2 ㉢
3 ㉡　　4 ○
5 ×　　6 다, 사
7 라, 바　　8 ㉡
9 예　　10 예
11 예

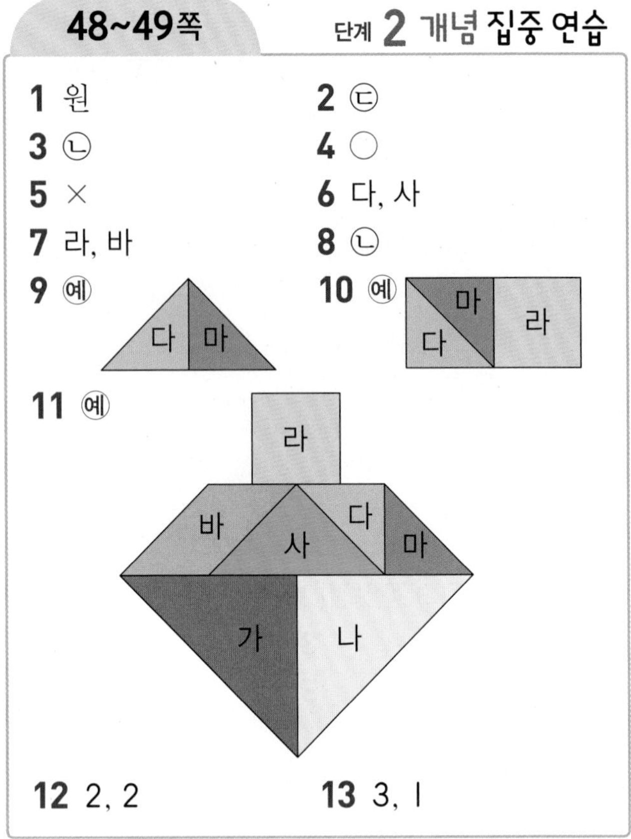

12 2, 2　　13 3, 1

1 동그란 모양의 도형을 원이라고 합니다.

2 ㉠ 곧은 선이 있습니다.
㉡ 어느 쪽에서 보아도 같은 모양이 아닙니다.

3 ㉠ 곧은 선이 있습니다.
㉢ 끊어진 부분이 있습니다.

4 원은 곧은 선이 없습니다.

5 원은 동그란 모양으로 뾰족한 점이 없습니다.

6 삼각형 조각을 모두 찾으면 가, 나, 다, 마, 사입니다.

7 사각형 조각을 모두 찾으면 라, 바입니다.

8 ㉠ 칠교 조각에는 삼각형과 사각형이 있습니다.
㉢ 칠교 조각 중 크기가 가장 큰 조각은 삼각형입니다.

12 삼각형 조각 2개, 사각형 조각 2개로 나무 모양을 만든 것입니다.

13 삼각형 조각 3개, 사각형 조각 1개로 배 모양을 만든 것입니다.

51쪽 단계 1 교과서 개념

1 (   )(○)
2 (1) 2, 1, 1 (2) 4개
3 4
4 4
5 5

1 설명과 똑같이 쌓은 모양은 오른쪽 모양입니다.

참고

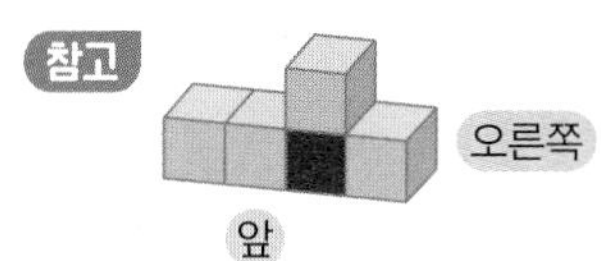

빨간색 쌓기나무 왼쪽에 쌓기나무 2개가 나란히 있고 오른쪽에 1개가 있습니다. 빨간색 쌓기나무 위쪽에 쌓기나무 1개가 있습니다.

2 (2) 2+1+1=4(개)

3 1층: 3개, 2층: 1개
⇨ 3+1=4(개)

4 1층: 3개, 2층: 1개
⇨ 3+1=4(개)

5 1층: 4개, 2층: 1개
⇨ 4+1=5(개)

53쪽 단계 1 교과서 개념

1 ㉡
2 (○)(   )(○)(   )
3 (○)(   )

1 말굽 자석을 앞에서 본 모습을 생각하며 만든 것은 ㉡입니다.

2 쌓기나무의 개수를 세어 4개로 만든 모양을 모두 찾습니다.

3 각 층에 놓인 쌓기나무의 개수를 알아본 후 2층에 쌓기나무가 놓인 위치를 살펴봅니다.

54~55쪽 단계 2 개념 집중 연습

1 4, 1
2 4, 1
3 3, 1, 1
4 4개
5 4개
6 6개
7 5개
8 5개
9 (그림) 오른쪽, 앞
10 (그림) 오른쪽, 앞
11 ㉠
12 ㉡
13 ㉣
14 (○)(   )
15 (   )(○)
16 (○)(   )

1 1층: 4개, 2층: 1개

2 1층: 4개, 2층: 1개

3 1층: 3개, 2층: 1개, 3층: 1개

4 1층: 3개, 2층: 1개
⇨ 3+1=4(개)

5 1층: 2개, 2층: 1개, 3층: 1개
⇨ 2+1+1=4(개)

6 1층: 5개, 2층: 1개
⇨ 5+1=6(개)

7 1층: 3개, 2층: 2개
⇨ 3+2=5(개)

8 1층: 4개, 2층: 1개
⇨ 4+1=5(개)

9 쌓기나무가 놓인 위치를 살펴본 후 빨간색 쌓기나무의 왼쪽에 있는 쌓기나무를 찾아봅니다.

10 쌓기나무가 놓인 위치를 살펴본 후 빨간색 쌓기나무의 위에 있는 쌓기나무를 찾아봅니다.

11 ㉠ 1층: 3개, 2층: 1개
⇨ 3+1=4(개)
㉡ 1층: 4개, 2층: 1개
⇨ 4+1=5(개)
㉢ 1층: 1개, 2층: 1개, 3층: 1개
⇨ 1+1+1=3(개)

12 ㉠ 1층: 4개, 2층: 1개, 3층: 1개
⇨ $4+1+1=6$(개)
㉡ 1층: 3개, 2층: 2개
⇨ $3+2=5$(개)
㉢ 1층: 3개, 2층: 1개
⇨ $3+1=4$(개)
㉣ 1층: 4개

13 ㉠ 1층: 4개, 2층: 1개
⇨ $4+1=5$(개)
㉡ 1층: 3개, 2층: 1개, 3층: 1개
⇨ $3+1+1=5$(개)
㉢ 1층: 3개, 2층: 1개, 3층: 1개
⇨ $3+1+1=5$(개)
㉣ 1층: 4개, 2층: 1개, 3층: 1개
⇨ $4+1+1=6$(개)

14 오른쪽 모양은 1층에 쌓기나무 3개를 나란히 놓았습니다.

15 왼쪽 모양은 2층의 쌓기나무를 맨 오른쪽 위에 1개를 놓았습니다.

16 오른쪽 모양은 1층에 쌓기나무 2개를 나란히 놓고 그 왼쪽에 쌓기나무 3개를 쌓았습니다.

56~59쪽 단계 3 익힘 문제 연습

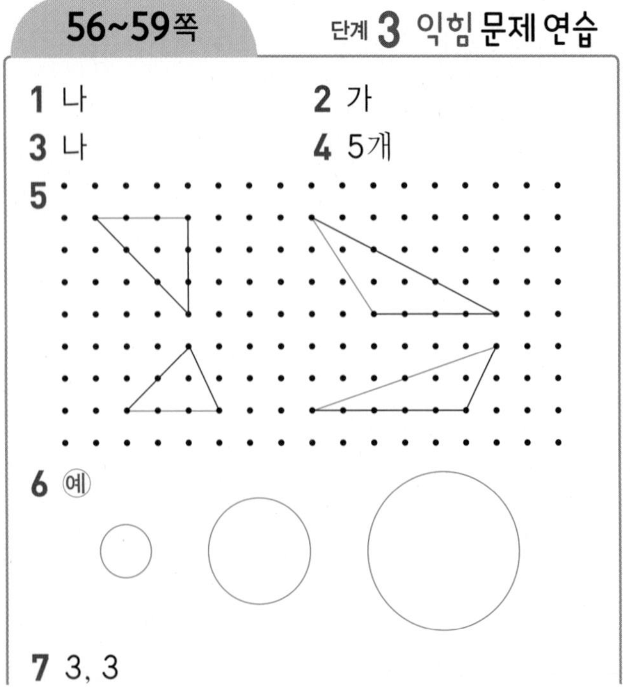

1 나
2 가
3 나
4 5개
5
6 예
7 3, 3

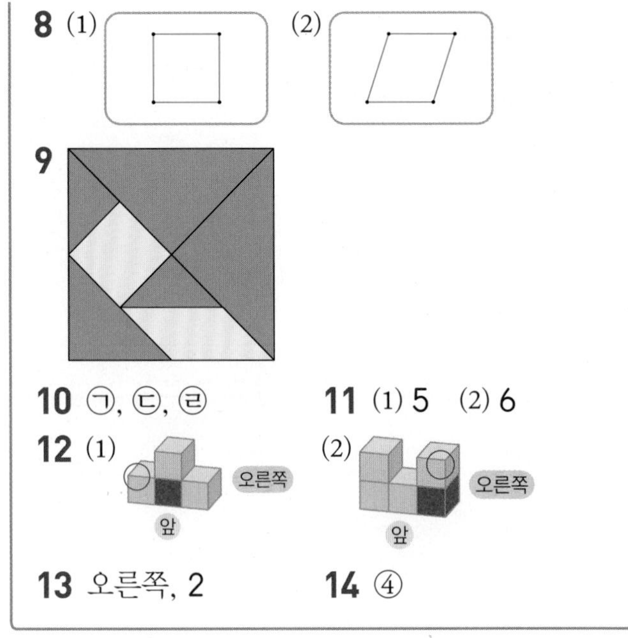

8 (1) (2)
9
10 ㉠, ㉢, ㉣
11 (1) 5 (2) 6
12 (1) (2)
13 오른쪽, 2
14 ④

1 가: 곧은 선이 4개입니다.
다: 곧은 선이 6개입니다.

2 나: 곧지 않은 선이 있습니다.
다: 변이 3개입니다.
라: 변이 5개입니다.

3 가, 다, 라: 곧은 선이 있으므로 원이 아닙니다.

4 원은 모두 5개입니다.

5 변이 3개인 도형을 완성합니다.
주의 곧은 선을 그리기 힘들다면 자를 이용하여 그려 봅니다.

7 삼각형은 변과 꼭짓점이 각각 3개입니다.

8 점 4개를 이어서 사각형을 그립니다.

9 칠교 조각은 삼각형 5개, 사각형 2개입니다.

11 (1) 1층: 4개, 2층: 1개
⇨ $4+1=5$(개)
(2) 1층: 5개, 2층: 1개
⇨ $5+1=6$(개)

12 쌓기나무가 놓여 있는 위치를 잘 살펴본 후 빨간색 쌓기나무의 왼쪽과 위에 있는 쌓기나무를 각각 찾습니다.

13 빨간색 쌓기나무를 기준으로 오른쪽에 쌓기나무 2개가 2층으로 있고 왼쪽에 1층으로 2개가 나란히 있습니다.

14 왼쪽 모양에서 쌓기나무 ④를 ②의 앞으로 (또는 뒤로) 옮겨 오른쪽과 똑같은 모양을 만들 수 있습니다.

60~62쪽 단계 4 단원 평가

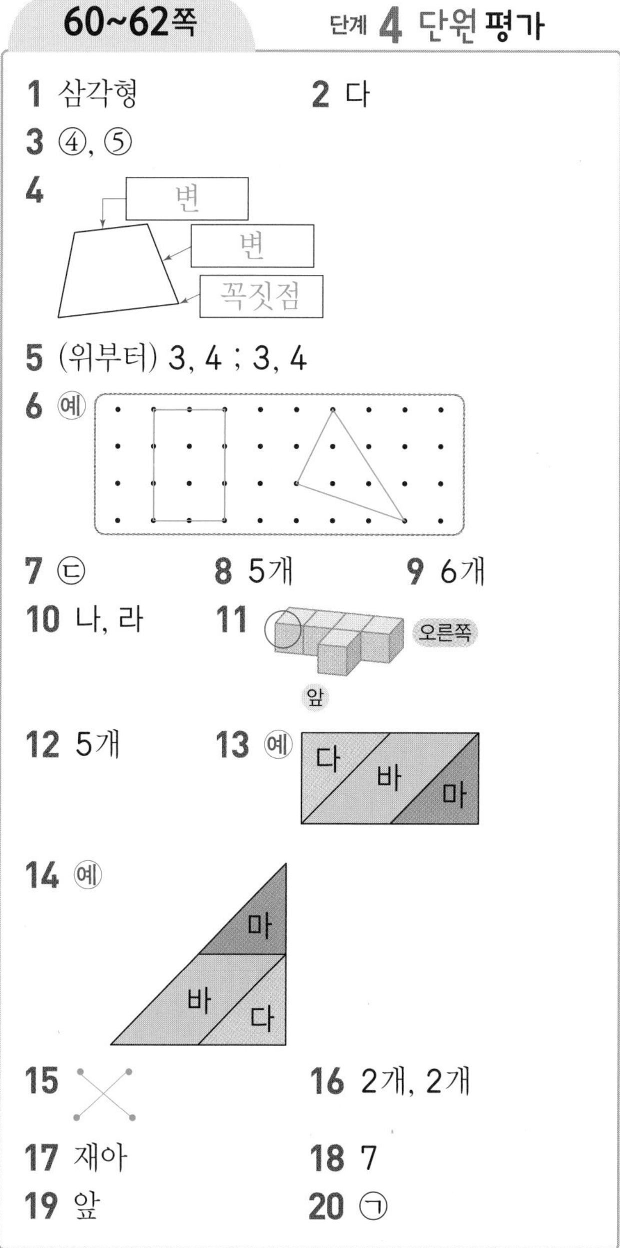

1 삼각형
2 다
3 ④, ⑤
4
변
변
꼭짓점
5 (위부터) 3, 4 ; 3, 4
6 예
7 ㉢
8 5개
9 6개
10 나, 라
11
오른쪽
앞
12 5개
13 예
다
바
마
14 예
마
바
다
15
16 2개, 2개
17 재아
18 7
19 앞
20 ㉠

1 변이 3개인 도형이므로 삼각형입니다.

2 어느 쪽에서 보아도 똑같이 동그란 모양의 도형을 찾습니다.

3 사각형은 4개의 변으로 둘러싸인 도형입니다.
④ 곧지 않은 선이 있습니다.
⑤ 곧은 선 5개로 둘러싸인 도형입니다.

4 도형에서 곧은 선을 변이라 하고, 두 곧은 선이 만나는 점을 꼭짓점이라고 합니다.

5 삼각형은 변과 꼭짓점이 각각 3개, 사각형은 변과 꼭짓점이 각각 4개입니다.

6 사각형은 4개의 변과 4개의 꼭짓점이 있고, 삼각형은 3개의 변과 3개의 꼭짓점이 있는 도형입니다.

7 ㉢ 원은 크기가 달라도 모양은 모두 같습니다.

8 1층: 5개

9 1층: 4개, 2층: 1개, 3층: 1개
⇨ $4+1+1=6$(개)

10 가: 3개, 나: 5개, 다: 4개, 라: 5개

12 칠교판에 삼각형 조각이 5개입니다.

13 다, 마, 바 세 조각을 이용하여 사각형을 만듭니다.

14 다, 마, 바 세 조각을 이용하여 삼각형을 만듭니다.

16 삼각형 조각과 사각형 조각을 각각 2개씩 이용하였습니다.

17 원은 모양은 모두 같지만 크기는 다를 수 있습니다.

18 ㉠ 0 ㉡ 3 ㉢ 4
⇨ $0+3+4=7$

19 쌓기나무의 쌓은 모양, 위치를 살펴봅니다.

20 ㉠을 ㉢의 오른쪽으로 옮겨야 합니다.

63쪽 스스로 학습장

1 ○	2 ○	3 ×
4 ×	5 ○	6 ×
7 ○	8 ×	9 ○

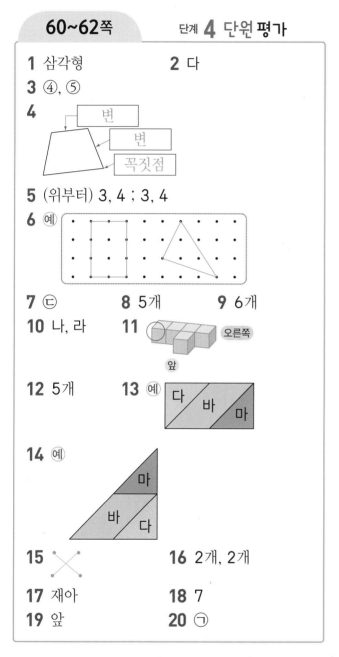

❸ 덧셈과 뺄셈

학부모 지도 가이드 실생활에서 덧셈과 뺄셈을 이용하는 상황은 아주 많습니다. 우리 반 남학생 수와 여학생 수의 합, 가지고 있는 사탕의 수에서 나누어 주고 남은 사탕의 수 등을 해결하기 위해서는 덧셈과 뺄셈이 필요합니다. 이 단원에서는 받아올림이 있는 덧셈, 받아내림이 있는 뺄셈, 세 수의 계산을 학습하고 실생활에 직접 적용해 봅니다.

67쪽 단계 1 교과서 개념

1 21, 22 ; 22

2 $\begin{array}{r} ^{1} \\ 58 \\ +\ \ 7 \\ \hline 5 \end{array} \Rightarrow \begin{array}{r} ^{1} \\ 58 \\ +\ \ 7 \\ \hline 65 \end{array}$

3 44　**4** 65

5 92　**6** 76

7 82

1 18부터 이어 세기로 구합니다.

5 $\begin{array}{r} ^{1} \\ 87 \\ +\ \ 5 \\ \hline 92 \end{array}$　**6** $\begin{array}{r} ^{1} \\ 68 \\ +\ \ 8 \\ \hline 76 \end{array}$

7 $\begin{array}{r} ^{1} \\ 74 \\ +\ \ 8 \\ \hline 82 \end{array}$

69쪽 단계 1 교과서 개념

1 $\begin{array}{r} ^{1} \\ 46 \\ +27 \\ \hline 3 \end{array} \Rightarrow \begin{array}{r} ^{1} \\ 46 \\ +27 \\ \hline 73 \end{array}$

2 4, 4, 53　**3** 8, 11, 61

4 81　**5** 85

6 81　**7** 44

1 10을 십의 자리로 받아올림할 때 십의 자리 수 위에 받아올림한 수 1을 쓰고 십의 자리 수를 계산할 때 더합니다.

6 $\begin{array}{r} ^{1} \\ 16 \\ +65 \\ \hline 81 \end{array}$　**7** $\begin{array}{r} ^{1} \\ 25 \\ +19 \\ \hline 44 \end{array}$

70~71쪽 단계 2 개념 집중 연습

1 43　**2** 63

3 $\begin{array}{r} ^{1} \\ 49 \\ +\ \ 3 \\ \hline 52 \end{array}$　**4** $\begin{array}{r} ^{1} \\ 26 \\ +\ \ 5 \\ \hline 31 \end{array}$

5 $\begin{array}{r} ^{1} \\ 68 \\ +\ \ 4 \\ \hline 72 \end{array}$　**6** $\begin{array}{r} ^{1} \\ 57 \\ +\ \ 8 \\ \hline 65 \end{array}$

7 44　**8** 34

9 60　**10** 34

11 51　**12** 86

13 30　**14** 61

15 82

16 $\begin{array}{r} ^{1} \\ 35 \\ +47 \\ \hline 2 \end{array} \Rightarrow \begin{array}{r} ^{1} \\ 35 \\ +47 \\ \hline 82 \end{array}$

17 $\begin{array}{r} ^{1} \\ 56 \\ +28 \\ \hline 4 \end{array} \Rightarrow \begin{array}{r} ^{1} \\ 56 \\ +28 \\ \hline 84 \end{array}$

18 $\begin{array}{r} ^{1} \\ 47 \\ +27 \\ \hline 74 \end{array}$　**19** $\begin{array}{r} ^{1} \\ 63 \\ +19 \\ \hline 82 \end{array}$

20 $\begin{array}{r} ^{1} \\ 28 \\ +38 \\ \hline 66 \end{array}$　**21** $\begin{array}{r} ^{1} \\ 45 \\ +26 \\ \hline 71 \end{array}$

22 81　　**23** 75
24 61　　**25** 91
26 83　　**27** 82
28 70　　**29** 85
30 81

1 일 모형 6개와 7개를 더하면 십 모형 1개와 일 모형 3개이므로 36+7은 십 모형 4개와 일 모형 3개입니다.

2 일 모형 5개와 8개를 더하면 십 모형 1개와 일 모형 3개이므로 55+8은 십 모형 6개와 일 모형 3개입니다.

3~6 일의 자리 수끼리의 합이 10이거나 10보다 크면 십의 자리로 받아올림합니다.

13
$$\begin{array}{r} {\scriptstyle 1} \\ 26 \\ +4 \\ \hline 30 \end{array}$$

14
$$\begin{array}{r} {\scriptstyle 1} \\ 59 \\ +2 \\ \hline 61 \end{array}$$

15
$$\begin{array}{r} {\scriptstyle 1} \\ 76 \\ +6 \\ \hline 82 \end{array}$$

16 일의 자리 수끼리의 합 5+7=12에서 10을 십의 자리 수 3 위에 1이라 쓰고 십의 자리와 계산합니다.

17 일의 자리 수끼리의 합 6+8=14에서 10을 십의 자리 수 5 위에 1이라 쓰고 십의 자리와 계산합니다.

28
$$\begin{array}{r} {\scriptstyle 1} \\ 53 \\ +17 \\ \hline 70 \end{array}$$

29
$$\begin{array}{r} {\scriptstyle 1} \\ 26 \\ +59 \\ \hline 85 \end{array}$$

30
$$\begin{array}{r} {\scriptstyle 1} \\ 47 \\ +34 \\ \hline 81 \end{array}$$

73쪽　단계 1 교과서 개념

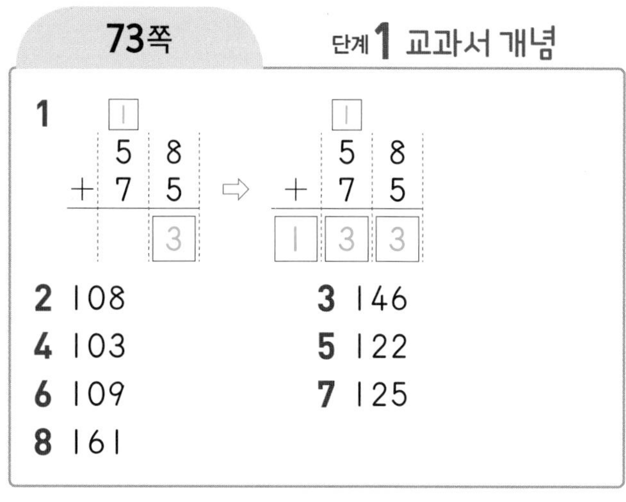

1
$$\begin{array}{r} {\scriptstyle 1} \\ 58 \\ +75 \\ \hline 3 \end{array} \Rightarrow \begin{array}{r} {\scriptstyle 1} \\ 58 \\ +75 \\ \hline 133 \end{array}$$

2 108　　**3** 146
4 103　　**5** 122
6 109　　**7** 125
8 161

1 일의 자리와 십의 자리에서 모두 받아올림이 있으면 2번 받아올림합니다.

2~5 십의 자리에서 받아올림한 수는 잊지 말고 백의 자리 위에 씁니다.

6
$$\begin{array}{r} 42 \\ +67 \\ \hline 109 \end{array}$$

7
$$\begin{array}{r} {\scriptstyle 1} \\ 76 \\ +49 \\ \hline 125 \end{array}$$

8
$$\begin{array}{r} {\scriptstyle 1} \\ 88 \\ +73 \\ \hline 161 \end{array}$$

75쪽　단계 1 교과서 개념

1 8, 9, 10, 11 ; 8

2
$$\begin{array}{r} {\scriptstyle 1\ 10} \\ \not{2}\ 1 \\ -\ 5 \\ \hline 1\ 6 \end{array}$$

3
$$\begin{array}{r} {\scriptstyle 4\ 10} \\ \not{5}\ 3 \\ -\ 6 \\ \hline 4\ 7 \end{array}$$

4 87　　**5** 58
6 67　　**7** 49
8 88

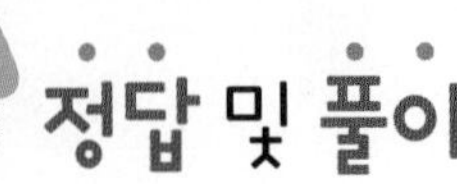

1 13부터 거꾸로 세기로 구합니다.

2 일의 자리 계산: 1−5를 계산할 수 없으므로 십의 자리에서 10을 받아내림하여 계산하면 10+1−5=6입니다.
십의 자리 계산: 일의 자리로 받아내림했으므로 2−1=1입니다.

3 일의 자리 계산: 3−6을 계산할 수 없으므로 십의 자리에서 10을 받아내림하여 계산하면 10+3−6=7입니다.
십의 자리 계산: 일의 자리로 받아내림했으므로 5−1=4입니다.

4~5 십의 자리 계산은 일의 자리로 받아내림하고 남은 수를 써야 합니다.

6 $\begin{array}{r} ^{6\,10} \\ \not{7}\,5 \\ -\ \ 8 \\ \hline 6\,7 \end{array}$

7 $\begin{array}{r} ^{4\,10} \\ \not{5}\,2 \\ -\ \ 3 \\ \hline 4\,9 \end{array}$

8 $\begin{array}{r} ^{8\,10} \\ \not{9}\,2 \\ -\ \ 4 \\ \hline 8\,8 \end{array}$

76~77쪽 단계 2 개념 집중 연습

1 109 **2** 123

3 $\begin{array}{r} 7\,4 \\ +\,4\,3 \\ \hline 7 \end{array} \Rightarrow \begin{array}{r} 7\,4 \\ +\,4\,3 \\ \hline 1\,1\,7 \end{array}$

4 $\begin{array}{r} ^{1}\ \ \\ 6\,7 \\ +\,4\,5 \\ \hline 2 \end{array} \Rightarrow \begin{array}{r} ^{1}\ \ \\ 6\,7 \\ +\,4\,5 \\ \hline 1\,1\,2 \end{array}$

5 $\begin{array}{r} ^{1}\ \ \\ 4\,6 \\ +\,8\,8 \\ \hline 4 \end{array} \Rightarrow \begin{array}{r} ^{1}\ \ \\ 4\,6 \\ +\,8\,8 \\ \hline 1\,3\,4 \end{array}$

6 125 **7** 118
8 135 **9** 114
10 104 **11** 124
12 160 **13** 111
14 122
15 25 **16** 37

17 $\begin{array}{r} ^{4\,10} \\ \not{5}\,7 \\ -\ \ 9 \\ \hline 4\,8 \end{array}$ **18** $\begin{array}{r} ^{5\,10} \\ \not{6}\,2 \\ -\ \ 5 \\ \hline 5\,7 \end{array}$

19 $\begin{array}{r} ^{3\,10} \\ \not{4}\,6 \\ -\ \ 7 \\ \hline 3\,9 \end{array}$ **20** $\begin{array}{r} ^{6\,10} \\ \not{7}\,3 \\ -\ \ 6 \\ \hline 6\,7 \end{array}$

21 58 **22** 47
23 67 **24** 27
25 39 **26** 19
27 33 **28** 48
29 55

1 십 모형 6개와 4개를 더하면 백 모형 1개가 됩니다.

2 일 모형 8개와 5개를 더하면 십 모형 1개와 일 모형 3개이고, 십 모형 12개는 백 모형 1개와 십 모형 2개이므로 58+65=123입니다.

3 십의 자리 수끼리의 합이 7+4=11이므로 백의 자리로 받아올림합니다.

4~5 일의 자리 수끼리의 합이 10이거나 10보다 크면 십의 자리로, 십의 자리 수끼리의 합이 100이거나 100보다 크면 백의 자리로 받아올림합니다.

12 $\begin{array}{r} ^{1}\ \ \\ 7\,4 \\ +\,8\,6 \\ \hline 1\,6\,0 \end{array}$

13
$$\begin{array}{r} {\scriptstyle 1} \\ 36 \\ +75 \\ \hline 111 \end{array}$$

14
$$\begin{array}{r} {\scriptstyle 1} \\ 64 \\ +58 \\ \hline 122 \end{array}$$

15 일 모형 2개에서 7개를 덜어낼 수 없으므로 십 모형 1개를 일 모형 10개로 바꾸어 뺍니다.

16 일 모형 5개에서 8개를 덜어낼 수 없으므로 십 모형 1개를 일 모형 10개로 바꾸어 뺍니다.
⇨ 십 모형 3개와 일 모형 7개가 남으므로 45−8=37입니다.

17~20 일의 자리 수끼리 뺄셈을 할 수 없으므로 십의 자리에서 10을 받아내림하여 계산합니다.

27
$$\begin{array}{r} {\scriptstyle 3\ 10} \\ \not{4}\,1 \\ -\ \ 8 \\ \hline 33 \end{array}$$

28
$$\begin{array}{r} {\scriptstyle 4\ 10} \\ \not{5}\,5 \\ -\ \ 7 \\ \hline 48 \end{array}$$

29
$$\begin{array}{r} {\scriptstyle 5\ 10} \\ \not{6}\,3 \\ -\ \ 8 \\ \hline 55 \end{array}$$

79쪽 단계 1 교과서 개념

1
$$\begin{array}{r} {\scriptstyle 7\ 10} \\ \not{8}\,0 \\ -5\,2 \\ \hline 8 \end{array} \Rightarrow \begin{array}{r} {\scriptstyle 7\ 10} \\ \not{8}\,0 \\ -5\,2 \\ \hline 28 \end{array}$$

2 7, 7, 23
3 3, 3, 27
4 11
5 18
6 44
7 12
8 36

1 일의 자리 수끼리 뺄셈을 할 수 없으므로 십의 자리에서 10을 받아내림하여 계산합니다.

6
$$\begin{array}{r} {\scriptstyle 7\ 10} \\ \not{8}\,0 \\ -36 \\ \hline 44 \end{array}$$

7
$$\begin{array}{r} {\scriptstyle 3\ 10} \\ \not{4}\,0 \\ -28 \\ \hline 12 \end{array}$$

8
$$\begin{array}{r} {\scriptstyle 8\ 10} \\ \not{9}\,0 \\ -54 \\ \hline 36 \end{array}$$

81쪽 단계 1 교과서 개념

1
$$\begin{array}{r} {\scriptstyle 4\ 10} \\ \not{5}\,3 \\ -3\,7 \\ \hline 16 \end{array}$$

2
$$\begin{array}{r} {\scriptstyle 6\ 10} \\ \not{7}\,4 \\ -4\,8 \\ \hline 26 \end{array}$$

3 36
4 36
5 38
6 38
7 28
8 36
9 28

1 일의 자리 계산: 10+3−7=6
십의 자리 계산: 5−1−3=1

2 일의 자리 계산: 10+4−8=6
십의 자리 계산: 7−1−4=2

3~6 일의 자리로 받아내림에 주의하여 계산합니다.

7
$$\begin{array}{r} {\scriptstyle 4\ 10} \\ \not{5}\,2 \\ -24 \\ \hline 28 \end{array}$$

8
$$\begin{array}{r} {\scriptstyle 7\ 10} \\ \not{8}\,5 \\ -49 \\ \hline 36 \end{array}$$

9 $\begin{array}{r} {\scriptstyle 5\ 10} \\ \not{6}\,4 \\ -\,3\,6 \\ \hline 2\,8 \end{array}$

82~83쪽 단계 2 개념 집중 연습

1 $\begin{array}{r} {\scriptstyle 4\ \boxed{10}} \\ \not{5}\,0 \\ -\,1\,4 \\ \hline \boxed{6} \end{array}$ ⇨ $\begin{array}{r} {\scriptstyle \boxed{4}\ \boxed{10}} \\ \not{5}\,0 \\ -\,1\,4 \\ \hline \boxed{3}\,\boxed{6} \end{array}$

2 $\begin{array}{r} {\scriptstyle 3\ \boxed{10}} \\ \not{4}\,0 \\ -\,1\,7 \\ \hline \boxed{3} \end{array}$ ⇨ $\begin{array}{r} {\scriptstyle \boxed{3}\ \boxed{10}} \\ \not{4}\,0 \\ -\,1\,7 \\ \hline \boxed{2}\,\boxed{3} \end{array}$

3 $\begin{array}{r} {\scriptstyle \boxed{5}\ \boxed{10}} \\ \not{6}\,0 \\ -\,1\,5 \\ \hline \boxed{4}\,\boxed{5} \end{array}$

4 $\begin{array}{r} {\scriptstyle \boxed{7}\ \boxed{10}} \\ \not{8}\,0 \\ -\,4\,8 \\ \hline \boxed{3}\,\boxed{2} \end{array}$

5 $\begin{array}{r} {\scriptstyle \boxed{3}\ \boxed{10}} \\ \not{4}\,0 \\ -\,2\,3 \\ \hline \boxed{1}\,\boxed{7} \end{array}$

6 $\begin{array}{r} {\scriptstyle \boxed{4}\ \boxed{10}} \\ \not{5}\,0 \\ -\,3\,2 \\ \hline \boxed{1}\,\boxed{8} \end{array}$

7 44　**8** 21
9 22　**10** 26
11 34　**12** 27
13 52　**14** 15
15 29
16 27　**17** 27

18 $\begin{array}{r} {\scriptstyle \boxed{7}\ \boxed{10}} \\ \not{8}\,2 \\ -\,3\,7 \\ \hline \boxed{4}\,\boxed{5} \end{array}$

19 $\begin{array}{r} {\scriptstyle \boxed{4}\ \boxed{10}} \\ \not{5}\,1 \\ -\,1\,4 \\ \hline \boxed{3}\,\boxed{7} \end{array}$

20 $\begin{array}{r} {\scriptstyle \boxed{5}\ \boxed{10}} \\ \not{6}\,3 \\ -\,2\,6 \\ \hline \boxed{3}\,\boxed{7} \end{array}$

21 $\begin{array}{r} {\scriptstyle \boxed{6}\ \boxed{10}} \\ \not{7}\,4 \\ -\,4\,5 \\ \hline \boxed{2}\,\boxed{9} \end{array}$

22 27　**23** 26
24 39　**25** 49
26 37　**27** 18
28 38　**29** 25
30 27

1~2 일의 자리 수끼리 뺄셈을 할 수 없으므로 십의 자리에서 10을 받아내림합니다.

13 $\begin{array}{r} {\scriptstyle 8\ 10} \\ \not{9}\,0 \\ -\,3\,8 \\ \hline 5\,2 \end{array}$

14 $\begin{array}{r} {\scriptstyle 5\ 10} \\ \not{6}\,0 \\ -\,4\,5 \\ \hline 1\,5 \end{array}$

15 $\begin{array}{r} {\scriptstyle 3\ 10} \\ \not{4}\,0 \\ -\,1\,1 \\ \hline 2\,9 \end{array}$

16 일 모형 3개에서 6개를 덜어낼 수 없으므로 십 모형 1개를 일 모형 10개로 바꾸어 뺍니다.

17 일 모형 5개에서 8개를 덜어낼 수 없으므로 십 모형 1개를 일 모형 10개로 바꾸어 뺍니다.
⇨ 십 모형 2개와 일 모형 7개가 남으므로 $55-28=27$입니다.

18~21 일의 자리 수끼리 뺄셈을 할 수 없을 때에는 십의 자리에서 10을 받아내림합니다.

28 $\begin{array}{r} {\scriptstyle 5\ 10} \\ \not{6}\,4 \\ -\,2\,6 \\ \hline 3\,8 \end{array}$

29 $\begin{array}{r} {\scriptstyle 6\ 10} \\ \not{7}\,2 \\ -\,4\,7 \\ \hline 2\,5 \end{array}$

30 $\begin{array}{r} {\scriptstyle 4\ 10} \\ \not{5}\,6 \\ -\,2\,9 \\ \hline 2\,7 \end{array}$

85쪽 단계 1 교과서 개념

1 37+45−67=15

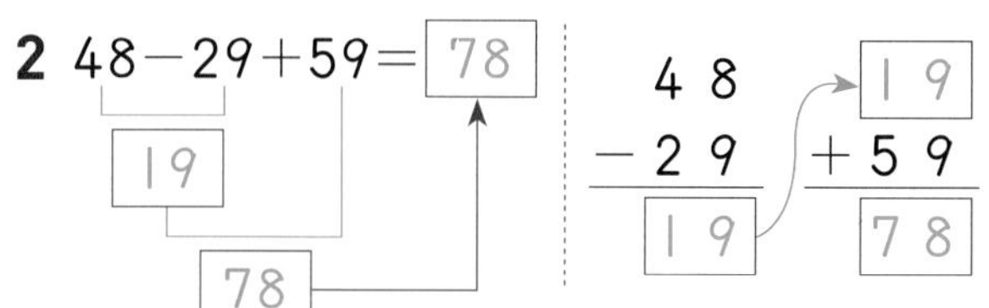

2 48−29+59=78

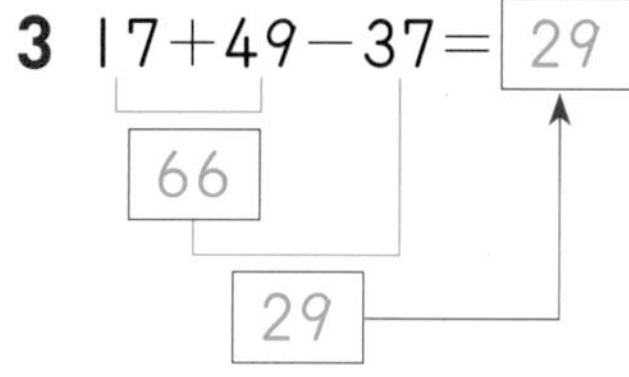

3 17+49−37=29

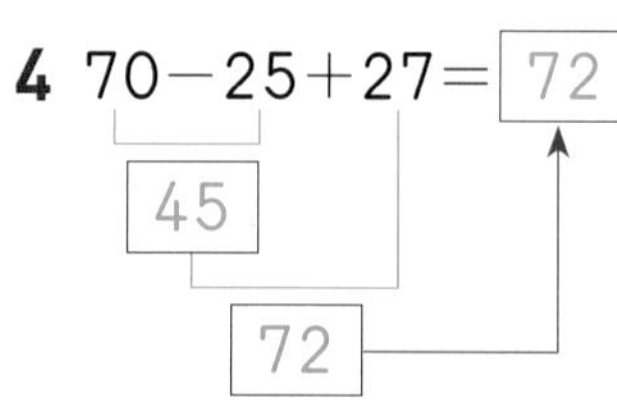

4 70−25+27=72 (45, 72)

5 93　　6 47

1 37+45−67=82−67=15

2 48−29+59=19+59=78

3 17+49−37=66−37=29

4 70−25+27=45+27=72

5 86−18+25=93 (68, 93)

6 65+16−34=47 (81, 47)

87쪽 단계 1 교과서 개념

1 (1) 22 (2) 22, 22　2 36, 15

3 64, 19　4 62, 62　5 16, 37

1 14+8=22 → 22−14=8, 14+8=22 → 22−8=14

2 ▲+■=● ⇨ ●−▲=■, ●−■=▲

3 64+19=83 → 83−64=19, 64+19=83 → 83−19=64

4 ■−▲=● ⇨ ●+▲=■, ▲+●=■

5 53−16=37 → 37+16=53, 53−16=37 → 16+37=53

88~89쪽 단계 2 개념 집중 연습

1 28+15−26=17 (43, 17)

2 72−36+19=55 (36, 55)

3 45+27−38=34 (72, 34)

4

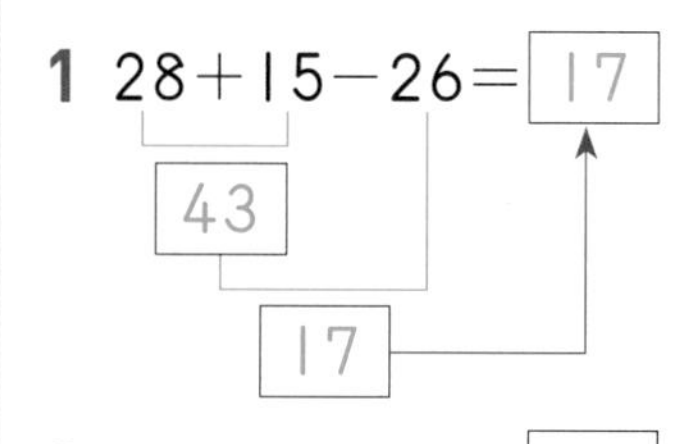

57−38=19, 19+14=33

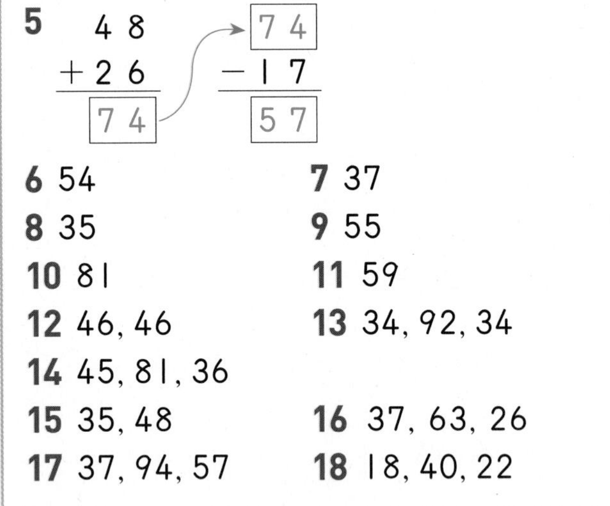

6 54　7 37

8 35　9 55

10 81　11 59

12 46, 46　13 34, 92, 34

14 45, 81, 36

15 35, 48　16 37, 63, 26

17 37, 94, 57　18 18, 40, 22

1 $28+15-26=43-26=17$

2 $72-36+19=36+19=55$

3 $45+27-38=72-38=34$

4 $57-38+14=19+14=33$

5 $48+26-17=74-17=57$

6 $41-26+39=54$ (15, 54)

7 $54+29-46=37$ (83, 37)

8 $63-45+17=35$ (18, 35)

9 $36+37-18=55$ (73, 55)

10 $52-16+45=81$ (36, 81)

11 $43+29-13=59$ (72, 59)

12 $46+27=73$ → $73-46=27$, $46+27=73$ → $73-27=46$

13 $34+58=92$ → $92-34=58$, $34+58=92$ → $92-58=34$

14 $81-45=36$ → $36+45=81$, $81-45=36$ → $45+36=81$

15 $35+48=83$ → $83-35=48$, $35+48=83$ → $83-48=35$

16 $26+37=63$ → $63-26=37$, $26+37=63$ → $63-37=26$

17 $94-37=57$ → $57+37=94$, $94-37=57$ → $37+57=94$

18 $40-18=22$ → $22+18=40$, $40-18=22$ → $18+22=40$

91쪽 단계 1 교과서 개념

1 (1) 14　(2) 6　(3) 6개

2 9　3 9

4 9　5 7

1 (1) 친구에게 받은 초콜릿 수를 모르므로 ■로 하여 덧셈식으로 나타냅니다.
(2) $8+■=14$ ⇨ $14-8=■$, $■=6$
(3) 연수가 친구에게 받은 초콜릿은 6개입니다.

2 $6+□=15$ ⇨ $15-6=□$, $□=9$

3 $1+□=10$ ⇨ $10-1=□$, $□=9$

4 $□+2=11$ ⇨ $11-2=□$, $□=9$

5 $□+8=15$ ⇨ $15-8=□$, $□=7$

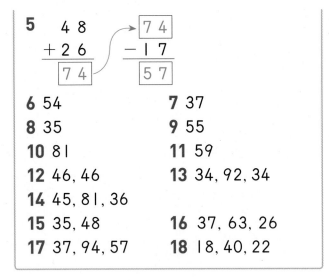

93쪽 단계 1 교과서 개념

1 (1) 7 (2) 5 (3) 5개	
2 4	**3** 7
4 13	**5** 14

1 (1) 먹은 딸기의 수를 모르므로 ■로 하여 뺄셈 식으로 나타냅니다.
(2) 12−■=7 ⇨ 12−7=■, ■=5
(3) 먹은 딸기는 5개입니다.

2 13−□=9
⇨ 13−9=□, □=4

3 11−□=4
⇨ 11−4=□, □=7

4 □−7=6
⇨ 6+7=□, □=13

5 □−6=8
⇨ 8+6=□, □=14

94~95쪽 단계 2 개념 집중 연습

1 (1) 15 (2) 15, 8 (3) 8개	
2 5, 5	**3** 6, 6
4 6	**5** 7
6 6	**7** 6
8 2	**9** 8
10 9	
11 (1) 8 (2) 8, 13 (3) 13개	
12 13	**13** 6
14 13	**15** 6
16 11	**17** 8
18 12	**19** 8

1 (1) 더 사 온 귤 수를 모르므로 ■로 하여 덧셈 식으로 나타냅니다.
(2) 7+■=15 ⇨ 15−7=■, ■=8

2 □+7=12
⇨ 12−7=□, □=5

3 5+□=11
⇨ 11−5=□, □=6

4 □+9=15
⇨ 15−9=□, □=6

5 5+□=12
⇨ 12−5=□, □=7

6 □+8=14
⇨ 14−8=□, □=6

7 7+□=13
⇨ 13−7=□, □=6

8 □+9=11
⇨ 11−9=□, □=2

9 6+□=14
⇨ 14−6=□, □=8

10 □+7=16
⇨ 16−7=□, □=9

11 (1) 처음에 있던 과자의 수를 모르므로 ■로 하여 뺄셈식으로 나타냅니다.
(2) ■−5=8 ⇨ 8+5=■, ■=13

12 □−4=9
⇨ 9+4=□, □=13

13 12−□=6
⇨ 12−6=□, □=6

14 □−8=5
⇨ 5+8=□, □=13

15 12−□=6
⇨ 12−6=□, □=6

16 □−4=7
⇨ 7+4=□, □=11

17 17−□=9
⇨ 17−9=□, □=8

18 □−5=7
⇨ 7+5=□, □=12

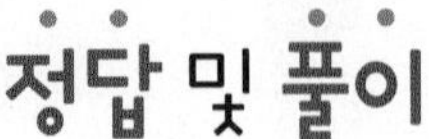

19 13−□=5

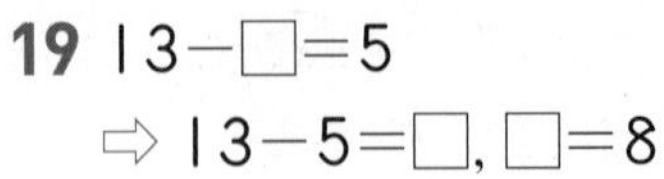

⇨ 13−5=□, □=8

96~99쪽 　단계 3 익힘 문제 연습

1 (1) 92 (2) 77 　**2** 72

3 (1) 123 (2) 122 (3) 114 (4) 122

4 (1) 18 (2) 36

5 (1) 33 (2) 56 (3) 35 (4) 17

6 (위부터) 43, 42, 85

7 121권

8

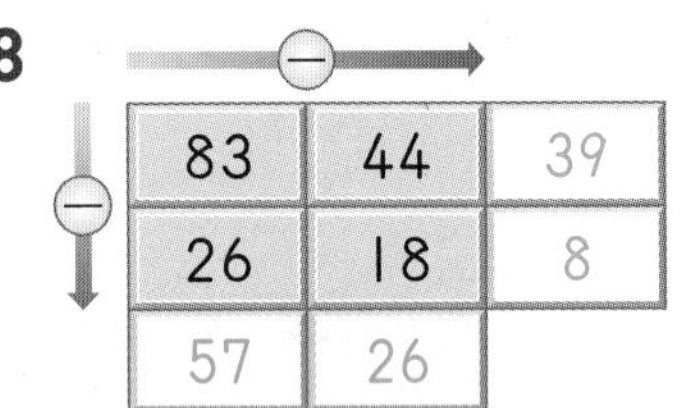

83	44	39
26	18	8
57	26	

9 (1) 46 (2) 71

10 61, 35, 26 ; 61, 26, 35

11 48, 26, 74 ; 26, 48, 74

12 7, 7

13 (1) 5 (2) 7

14 (1) 50, 62 (2) 64, 62

15 (1) 21, 25 (2) 24, 25

2 일 모형 8개와 4개를 더하면 십 모형 1개와 일 모형 2개입니다.
따라서 십 모형 7개와 일 모형 2개이므로 28+44=72입니다.

3 (3) $\begin{array}{r} {}^{1}\ \ \\ 85 \\ +29 \\ \hline 114 \end{array}$ 　(4) $\begin{array}{r} {}^{1}\ \ \\ 66 \\ +56 \\ \hline 122 \end{array}$

4 (1) $\begin{array}{r} {}^{1\ 10} \\ \not{2}5 \\ -\ \ 7 \\ \hline 18 \end{array}$ 　(2) $\begin{array}{r} {}^{3\ 10} \\ \not{4}2 \\ -\ \ 6 \\ \hline 36 \end{array}$

참고 두 수의 차는 큰 수에서 작은 수를 뺍니다.

5 (3) $\begin{array}{r} {}^{6\ 10} \\ \not{7}0 \\ -35 \\ \hline 35 \end{array}$ 　(4) $\begin{array}{r} {}^{3\ 10} \\ \not{4}0 \\ -23 \\ \hline 17 \end{array}$

6 $\begin{array}{r} {}^{1}\ \ \\ 18 \\ +25 \\ \hline 43 \end{array}$, $\begin{array}{r} {}^{1}\ \ \\ 25 \\ +17 \\ \hline 42 \end{array}$, $\begin{array}{r} 43 \\ +42 \\ \hline 85 \end{array}$

7 (동화책 수)+(위인전 수)=46+75
=121(권)

8 $\begin{array}{r} {}^{7\ 10} \\ \not{8}3 \\ -44 \\ \hline 39 \end{array}$, $\begin{array}{r} {}^{1\ 10} \\ \not{2}6 \\ -18 \\ \hline 8 \end{array}$, $\begin{array}{r} {}^{7\ 10} \\ \not{8}3 \\ -26 \\ \hline 57 \end{array}$, $\begin{array}{r} {}^{3\ 10} \\ \not{4}4 \\ -18 \\ \hline 26 \end{array}$

9 (1) 37+25−16=46
62
46

(2) 54−19+36=71
35
71

10 35+26=61 　35+26=61
61−35=26 　61−26=35

11 74−26=48 　74−26=48
48+26=74 　26+48=74

12 14−□=7
⇨ 14−7=□, □=7

13 (1) 9+□=14
⇨ 14−9=□, □=5

(2) 6+□=13
⇨ 13−6=□, □=7

14 (1) 38=30+8, 24=20+4로 생각하여 십의 자리끼리 일의 자리끼리 더합니다.
(2) 38에 2를 더하면 40이므로 38을 40으로 생각하고 40에 24를 더한 후 2를 뺍니다.

15 (1) 64를 60과 4로 가르기하여 60에서 39를 뺀 후 4를 더합니다.
(2) 39를 가까운 40으로 바꾸어 40−1로 생각하여 64에서 40을 뺀 후 1을 더합니다.

100~102쪽 단계 4 단원 평가

1 45

2
$$\begin{array}{r} \boxed{5}\boxed{10} \\ \not{6}\ 3 \\ -\ 2\ 8 \\ \hline \boxed{3\ 5} \end{array}$$

3 135

4 23

5 79

6 81

7 5

8 46

9 62 ; 62, 62, 35

10

⊕ →		
65	39	104
27	54	81
92	93	

11 38+16=54 ; 16+38=54

12 7

13 12

14 7, 5

15 20, 56, 64

16 10, 32, 27

17 >

18 ㊎ 6+□=14 ; 8

19 33개

20 24명

1 일 모형 10개는 십 모형 1개와 같으므로 37+8은 십 모형 4개와 일 모형 5개입니다.

2 일의 자리 수끼리 뺄 수 없으므로 십의 자리에서 일의 자리로 10을 받아내림하여 계산합니다.

3 일의 자리와 십의 자리에서 2번 받아올림합니다.

4 일의 자리 0에서 7을 뺄 수 없으므로 십의 자리에서 10을 받아내림합니다.

5 큰 수에서 작은 수를 뺍니다.
⇨ 83−4=79

6 72−15+24=81
(72−15=57, 57+24=81)

7 □+6=11 ⇨ 11−6=□, □=5

8 67+15−36=82−36=46

9 35+27=62 → 62−35=27, 62−27=35

10 65+39=104, 27+54=81,
65+27=92, 39+54=93

11 54−16=38 → 38+16=54, 54−16=38 → 16+38=54

12 6+□=13
⇨ 13−6=□, □=7

13 □−6=6
⇨ 6+6=□, □=12

14 두 식을 함께 살펴보면 전체는 12이고 부분은 7과 5입니다.

15 28을 20과 8로 가르기하여 36에 20을 더해 56을 만든 후 8을 더합니다.

16 15를 10과 5로 가르기하여 42에서 10을 뺀 후 5를 뺍니다.

17 27+48=75, 92−23=69 ⇨ 75>69

18 6과 □를 더하면 14입니다.
6+□=14
⇨ 14−6=□, □=8

19 (파란색 구슬의 수)+(노란색 구슬의 수)
=26+7=33(개)

20 (처음에 있던 학생 수)−(집으로 돌아간 학생 수)
=72−48=24(명)

103쪽 스스로 학습장

1 (1) 20, 74, 81 (2)
$$\begin{array}{r} \boxed{1}\ \ \\ 5\ 4 \\ +\ 2\ 7 \\ \hline \boxed{8\ 1} \end{array}$$
(3) 81 ; 81−54=27, 81−27=54
(4) 46

2 (1) 10, 52, 44 (2)
$$\begin{array}{r} \boxed{5}\boxed{10} \\ \not{6}\ 2 \\ -\ 1\ 8 \\ \hline \boxed{4\ 4} \end{array}$$
(3) 44 ; 44+18=62, 18+44=62
(4) 71

④ 길이 재기

학부모 지도 가이드 실생활에서 길이를 재어 문제를 해결해야 하는 경우가 종종 있습니다. 키를 재거나 물건 또는 가구의 길이를 알기 위해 자를 이용합니다. 또한 자를 이용하지 않고 대략 몇 센티미터가 되는지 어림해 보기도 합니다. 이 단원에서는 1 cm를 알아보고 자를 이용하여 길이를 재고 길이를 어림해 봄으로써 길이에 대한 감각을 키우도록 합니다.

107쪽 단계 1 교과서 개념

1 5　　2 8번
3 7번　　4 9번
5 5번

1 우산의 길이는 뼘으로 재어 보면 5뼘입니다.

2 색연필의 길이는 클립으로 재어 보면 8번입니다.

3 가위의 길이는 클립으로 재어 보면 7번입니다.

4 빗의 길이는 클립으로 재어 보면 9번입니다.

5 지우개의 길이는 클립으로 재어 보면 5번입니다.

109쪽 단계 1 교과서 개념

1 3, 3, 3
2 2, 2 cm, 2 센티미터
3 4, 4
4 6, 6

1 1 cm가 3번이므로 3 cm입니다.
⇨ 3 cm는 3 센티미터라고 읽습니다.
참고 ▲ cm는 ▲ 센티미터라고 읽습니다.

2 1 cm가 2번이므로 2 cm입니다.
⇨ 2 cm는 2 센티미터라고 읽습니다.

3 막대의 길이는 1 cm가 4번이므로 4 cm입니다.
참고 1 cm가 ▲번이면 ▲ cm입니다

4 막대의 길이는 1 cm가 6번이므로 6 cm입니다.

110~111쪽 단계 2 개념 집중 연습

1 3뼘　　2 2뼘
3 5뼘　　4 4뼘
5 3번　　6 6번
7 5번　　8 4번
9 7번
10 1 cm ; 1 센티미터
11 3 cm ; 3 센티미터
12 1 cm, 1 센티미터
13 4 cm, 4 센티미터
14 6 cm, 6 센티미터
15 예
16 예
17 5, 5
18 2, 2

1 빵의 길이는 뼘으로 재어 보면 3뼘입니다.

2 리코더의 길이는 뼘으로 재어 보면 2뼘입니다.

3 빗자루의 길이는 뼘으로 재어 보면 5뼘입니다.

4 장난감 기차의 길이는 뼘으로 재어 보면 4뼘입니다.

5 풀의 길이는 클립으로 재어 보면 3번입니다.

6 연필의 길이는 클립으로 재어 보면 6번입니다.

7 샤프심 통의 길이는 클립으로 재어 보면 5번입니다.

8 크레파스의 길이는 클립으로 재어 보면 4번입니다.

9 볼펜의 길이는 클립으로 재어 보면 7번입니다.

10 I은 크게 쓰고, cm는 작게 씁니다.

주의 센티미터를 쓰는 순서에 주의합니다.

I cm

12 I cm는 I 센티미터라고 읽습니다.

13 I cm가 4번이므로 4 cm라 쓰고 4 센티미터라고 읽습니다.

참고 1 cm가 몇 번인지 알아봅니다.

14 I cm가 6번이므로 6 cm라 쓰고 6 센티미터라고 읽습니다.

15 I cm가 2번이 되도록 점선을 따라 선을 긋습니다.

16 I cm가 3번이 되도록 점선을 따라 선을 긋습니다.

17 I cm가 5번이므로 5 cm입니다.

18 I cm가 2번이므로 2 cm입니다.

113쪽 단계 1 교과서 개념

1 5
2 4
3 3 cm
4 9 cm

1 리본 끈의 길이는 눈금 0에서 시작하여 5 cm입니다.

2 2부터 6까지 I cm가 4번이므로 4 cm입니다.

참고 자로 길이를 잴 때 1 cm가 몇 번 들어가는지 세거나 물건의 한쪽 끝을 자의 눈금 0에 맞춘 후 다른 쪽 끝에 있는 눈금을 읽습니다.

3 I cm가 몇 번 들어가는지 세거나 막대의 한쪽 끝을 자의 눈금 0에 맞추고 다른 쪽 끝에 있는 자의 눈금을 읽습니다.

115쪽 단계 1 교과서 개념

1 6, 6
2 5
3 약 8 cm
4 약 10 cm

1 열쇠의 길이는 5 cm보다 6 cm에 가깝기 때문에 약 6 cm입니다.

2 나사의 길이는 5 cm에 가깝기 때문에 약 5 cm입니다.

3 연필의 길이를 자로 재어 보면 8 cm에 가깝기 때문에 약 8 cm입니다.

4 연필의 길이를 자로 재어 보면 10 cm에 가깝기 때문에 약 10 cm입니다.

참고 물건의 길이가 자의 눈금 사이에 있으면 자의 더 가까운 쪽 눈금의 숫자를 읽어 숫자 앞에 약이라고 붙여서 말합니다.

117쪽 단계 1 교과서 개념

1 예 8
2 8
3 예 약 9 cm ; 9 cm
4 예 약 4 cm ; 4 cm
5 예 약 7 cm ; 7 cm

1 어림한 길이를 말할 때에는 약 ■ cm라고 합니다.

주의 어림한 길이는 실제 길이와 다를 수도 있습니다.

2 리본 끈의 길이를 자를 이용하여 재어 보면 8 cm입니다.

3 I cm의 길이를 생각하여 어림하고 자로 길이를 재어 확인해 봅니다.

참고 어림한 길이와 자로 잰 길이의 차가 작을수록 잘 어림한 것입니다.

118~119쪽 단계 2 개념 집중 연습

1 2
2 4
3 5
4 3
5 6
6 4 cm
7 7 cm
8 6 cm
9 5
10 4
11 3
12 7
13 약 4 cm
14 약 6 cm
15 약 7 cm
16 예 6
17 6
18 예 약 3 cm ; 3 cm
19 예 약 5 cm ; 5 cm
20 예 약 4 cm ; 4 cm

1 1 cm가 2번이므로 2 cm입니다.
2 1 cm가 4번이므로 4 cm입니다.
3 1부터 6까지 1 cm가 5번이므로 5 cm입니다.
4 2부터 5까지 1 cm가 3번이므로 3 cm입니다.
5 1부터 7까지 1 cm가 6번이므로 6 cm입니다.
6 1 cm가 몇 번 들어가는지 세거나 끈의 한쪽 끝을 자의 눈금 0에 맞추고 다른 쪽 끝에 있는 자의 눈금을 읽습니다.
9 머리핀의 길이는 5 cm에 가깝기 때문에 약 5 cm입니다.
10 성냥개비의 길이는 4 cm에 가깝기 때문에 약 4 cm입니다.
11 끈의 길이는 3 cm에 가깝기 때문에 약 3 cm입니다.
12 끈의 길이는 7 cm에 가깝기 때문에 약 7 cm입니다.
13 리본 끈의 길이를 자로 재어 보면 4 cm에 가깝기 때문에 약 4 cm입니다.
14 리본 끈의 길이를 자로 재어 보면 6 cm에 가깝기 때문에 약 6 cm입니다.
15 리본 끈의 길이를 자로 재어 보면 7 cm에 가깝기 때문에 약 7 cm입니다.
16 어림한 길이를 말할 때에는 약 ■ cm라고 합니다.
17 연필의 길이를 자로 재어 보면 6 cm입니다.
18 1 cm의 길이를 생각하여 나무 막대의 길이를 어림하고 실제로 자로 길이를 재어 확인해 봅니다.

120~123쪽 단계 3 익힘 문제 연습

1 7
2 (○)( )(△)( )
3 1 cm, 1 cm
4 (○)
( )
( )
5 4, 4
6 (1) 3 (2) 8
7
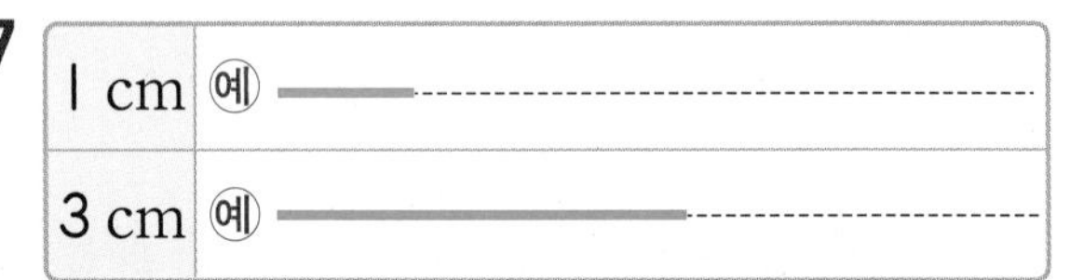

8 7
9 ㉯
10
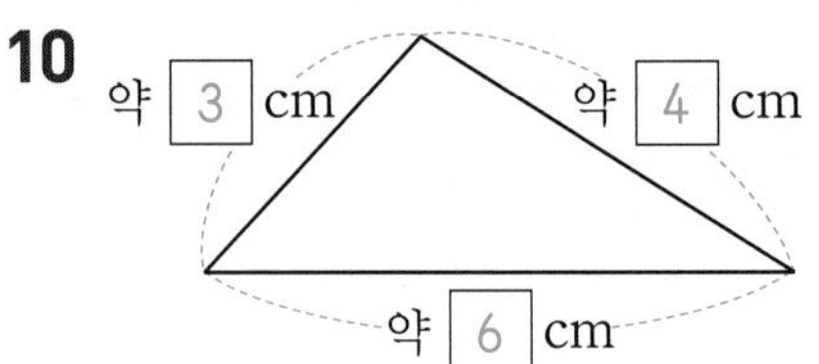

11 (위부터) 예 2, 2 ; 예 5, 5
12 예 사람마다 뼘의 길이가 다르기 때문입니다.
13 주희
14 (1) 예 6, 6 (2) 예 10, 10
15 연정, 민혁, 현수

1 연필의 길이를 클립으로 재어 보면 7번입니다.

2 가장 긴 것은 뼘이고 가장 짧은 것은 클립입니다.

3 1은 크게 쓰고, cm는 작게 씁니다.

주의 센티미터를 쓰는 순서에 주의합니다.

1 cm (①②③④)

4 자를 이용하여 길이를 잴 때는 물건의 한쪽 끝을 자의 눈금 0에 맞추고 자와 물건을 나란히 놓아야 합니다.

5 지우개의 길이는 4 cm에 가깝기 때문에 약 4 cm입니다.

참고 지우개의 길이가 자의 눈금 사이에 있을 때는 눈금과 가까운 쪽에 있는 숫자를 읽습니다.

6 1 cm가 몇 번 들어가는지 세거나 애벌레의 한쪽 끝을 자의 눈금 0에 맞추고 다른 쪽 끝에 있는 자의 눈금을 읽습니다.

7 자의 눈금 0을 점선의 왼쪽 끝에 맞춘 후 점선을 따라 길이만큼 선을 긋습니다.

8 색연필의 길이를 자로 재어 보면 7 cm에 가깝기 때문에 약 7 cm입니다.

9 ㉮는 7 cm, ㉯는 6 cm입니다.
⇨ 7 cm>6 cm이므로 ㉯가 더 짧습니다.

10 각 변의 길이를 재어 자의 눈금과 가까운 쪽의 숫자를 읽습니다.

11 1 cm의 길이를 생각하여 선의 길이를 어림하고 자로 길이를 재어 확인해 봅니다.

참고 어림한 길이는 길이 앞에 약이라고 붙여 약 ■ cm라고 씁니다.

12 은주와 승민이의 뼘의 길이가 다르기 때문에 잰 횟수가 다릅니다.

13 우산을 잰 횟수가 5번으로 같으므로 사용한 단위가 더 긴 주희의 우산이 더 깁니다.

참고 우산을 잰 횟수가 5번으로 같으므로 우산을 잰 단위를 비교합니다.

14 어림한 길이와 자로 잰 길이의 차가 작을수록 어림을 잘한 것입니다.

15 어림하여 자른 종이의 길이는
현수: 9 cm, 연정: 7 cm, 민혁: 6 cm입니다.
어림한 길이와 자른 종이의 길이의 차가 작을수록 7 cm에 가깝게 어림한 것입니다.
현수 : 9−7=2 (cm),
연정 : 7−7=0 (cm),
민혁 : 7−6=1 (cm)
⇨ 0<1<2이므로 연정, 민혁, 현수 순으로 7 cm에 가깝게 어림하였습니다.

124~126쪽 단계 4 단원 평가

1 5번 **2** 9 센티미터
3 6뼘 **4** ㉠
5 8번 **6** 4번
7 6 cm, 6 센티미터 **8** 4 cm
9 5 cm
10 예 (선 긋기)
11 4
12 예 약 7 cm ; 7 cm
13 약 5 cm **14** 약 6 cm
15 4 cm, 3 cm, 3 cm, 2 cm
16 중기 **17** 사탕
18 나 **19** 대훈
20 8 cm

1 리코더의 길이는 풀로 재어 보면 5번입니다.

2 cm는 센티미터라고 읽습니다.

3 책상의 긴 쪽의 길이는 뼘으로 재어 보면 6뼘입니다.

4 성냥개비의 한쪽 끝을 자의 눈금 0에 맞추고 자와 성냥개비를 나란히 놓고 다른 쪽 끝에 있는 자의 눈금을 읽습니다.

5 야구방망이의 길이는 크레파스로 재어 보면 8번입니다.

6 우산의 길이는 크레파스로 재어 보면 4번입니다.

7 1 cm가 6번이므로 6 cm라 쓰고 6 센티미터라고 읽습니다.

8 못의 길이는 1 cm가 4번이므로 4 cm입니다.

9 6부터 11까지 1 cm가 5번이므로 5 cm입니다.

주의 막대의 왼쪽 끝이 자의 눈금 0에 맞추어져 있지 않음에 주의합니다.

10 자의 눈금 0을 점선의 왼쪽 끝에 맞춘 다음, 자의 눈금 6까지 점선을 따라 선을 긋습니다.

11 머리핀의 길이는 4 cm에 가깝기 때문에 약 4 cm입니다.

12 어림한 길이는 자로 잰 길이와 달라도 됩니다.

참고 어림한 길이는 길이 앞에 약이라고 붙여 약 ■ cm라고 씁니다.

13 막대의 길이를 재어 보면 5 cm에 가깝기 때문에 약 5 cm입니다.

참고 길이가 자의 눈금 사이에 있을 때는 눈금과 가까운 쪽에 있는 숫자를 읽습니다.

14 막대의 길이를 재어 보면 6 cm에 가깝기 때문에 약 6 cm입니다.

15 변의 한쪽 끝을 자의 눈금 0에 맞추고 변과 자를 나란히 놓은 다음, 다른 쪽 끝이 가리키는 눈금을 읽습니다.

16 리본 끈을 잰 횟수가 모두 7번으로 같으므로 리본 끈을 잰 단위가 길수록 리본 끈의 길이가 깁니다.
⇨ 은주 $<$ 우혁 $<$ 중기

17 (개미)~(사탕)은 3 cm, (개미)~(과자)는 4 cm이므로 개미와 더 가깝게 있는 것은 사탕입니다.

18 가의 길이는 3 cm이고 나의 길이는 3부터 7까지 1 cm가 4번이므로 4 cm입니다.
⇨ 3 cm $<$ 4 cm이므로 나가 더 깁니다.

19 어림한 길이와 실제 길이의 차를 구해 보면
혜수는 $15-12=3$ (cm),
민국이는 $12-8=4$ (cm),
대훈이는 $12-10=2$ (cm)이므로
대훈이가 실제 길이에 가장 가깝게 어림하였습니다.

20 막대 사탕의 길이는 2 cm인 색 테이프로 4번이므로 2 cm를 4번 더합니다.
⇨ $2+2+2+2=8$ (cm)

127쪽 스스로 학습장

1 ○	2 ○	3 ○
4 ×	5 ×	6 ○
7 ○	8 ○	9 ×

1 뼘으로 재면 사람마다 뼘의 길이가 달라 재는 횟수가 달라지므로 정확한 길이를 잴 수 없습니다.

2 1 cm가 ▲번이면 ▲ cm입니다.

3 cm는 센티미터라고 읽습니다.

4 어림한 길이는 실제로 자로 잰 길이와 다를 수 있습니다.

5 자로 길이를 잴 때 자와 물건을 나란히 놓아야 합니다.

6 어림한 길이를 말할 때에는 약 ■ cm라고 말합니다.

7 ▲ cm는 1 cm가 ▲번입니다.

8 눈금과 가까운 쪽에 있는 숫자를 읽으며, 숫자 앞에 약이라고 붙여서 말합니다.

9 잰 횟수가 더 많은 볼펜의 길이가 더 깁니다.

❺ 분류하기

학부모 지도 가이드 우리 생활 주변에서 많은 물건들이 분류되어 있는 것을 찾아볼 수 있습니다. 문구점의 학용품이 종류별로 정리되어 있거나 옷 가게의 옷이 진열되어 있는 것 등은 분류하기를 우리 생활에 적용한 것입니다. 이 단원에서는 분류 기준에 따라 분류하고, 분류하기의 편리함을 알아보도록 합니다.

131쪽 단계 1 교과서 개념

1 (○)(　)(　)
2 ㉡

1 좋아하는 옷과 좋아하지 않는 옷, 편한 옷과 불편한 옷은 사람마다 분류한 결과가 달라질 수 있습니다.

2 ㉠과 ㉢은 사람마다 분류한 결과가 달라질 수 있습니다.

주의 분류할 때에는 분명한 분류 기준을 세워야 합니다.

133쪽 단계 1 교과서 개념

1

색깔	초록색	파란색	빨간색
번호	①, ⑥, ⑦	②, ④, ⑧	③, ⑤

2

모양	삼각형	사각형	원
번호	②, ⑤	①, ④, ⑦	③, ⑥, ⑧

3

바다	돌고래, 오징어, 문어
땅	사자, 토끼, 기린

1 단추를 색깔에 따라 분류합니다.

2 단추를 모양에 따라 삼각형, 사각형, 원으로 분류합니다.

3 동물들이 활동하는 곳을 바다, 땅으로 분류하여 봅니다.

134~135쪽 단계 2 개념 집중 연습

1 (○)(　)　2 (○)(　)
3 (○)(　)　4 (　)(○)
5 ㉡　6 ㉢
7 ㉠

8

모양	기호
☆	㉠, ㉥
(꽃 모양)	㉡, ㉣
♡	㉢, ㉤

9

색깔	기호
노란색	㉠, ㉤
초록색	㉡, ㉥
빨간색	㉢, ㉣

10

색깔	이름
노란색	바나나, 피망, 참외
보라색	포도, 가지
초록색	오이, 브로콜리, 고추, 호박

11

다리의 수	이름
다리 2개	닭, 타조, 부엉이
다리 4개	강아지, 코끼리, 고양이

1 과일과 채소를 색깔을 기준으로 분류해야 합니다.

2 도형을 모양을 기준으로 분류해야 합니다.

3 쿠키를 모양을 기준으로 분류해야 합니다.

4 양말을 색깔을 기준으로 분류해야 합니다.

5 ㉠과 ㉢은 사람마다 분류한 결과가 달라질 수 있습니다.

6 ㉠과 ㉡은 사람마다 분류한 결과가 달라질 수 있습니다.

7 ㉡과 ㉢은 사람마다 분류한 결과가 달라질 수 있습니다.

8 붙임 딱지를 모양에 따라 분류합니다.

9 붙임 딱지를 색깔에 따라 분류합니다.

10 과일과 채소를 색깔에 따라 분류합니다.

11 동물들을 다리의 수에 따라 분류합니다.

137쪽 단계 1 교과서 개념

1

분류 기준	종류

종류	피자	떡볶이	짜장면
세면서 표시하기			
학생 수(명)	3	2	1

2

분류 기준	장래 희망

장래 희망	의사	선생님	축구 선수	가수
세면서 표시하기				
학생 수(명)	3	1	2	1

1 자료를 빠뜨리거나 중복되지 않게 셉니다.
⇨ 피자: 3명, 떡볶이: 2명, 짜장면: 1명

2 자료를 셀 때마다 표시를 하면서 셉니다.

139쪽 단계 1 교과서 개념

1

분류 기준	장소

장소	동물원	수목원	놀이공원
학생 수(명)	4	1	3

; 동물원

2

분류 기준	맛

맛	딸기 맛	초콜릿 맛	바닐라 맛
학생 수(명)	2	4	1

3 초콜릿 맛

1 $4>3>1$이므로 가장 많은 학생들이 가고 싶어 하는 곳은 동물원입니다.

2 자료를 빠뜨리거나 중복되지 않게 주의하면서 세어 봅니다.

3 $4>2>1$이므로 가장 많은 학생들이 좋아하는 아이스크림은 초콜릿 맛입니다.

140~141쪽 단계 2 개념 집중 연습

1

분류 기준	종류

종류	잠자리	나비	메뚜기
세면서 표시하기			
학생 수(명)	4	3	1

2

분류 기준	종류

종류	과일	채소
세면서 표시하기		
수(개)	3	5

3

분류 기준	종류

종류	장미	튤립	해바라기
학생 수(명)	4	3	5

4

분류 기준	색깔

색깔	■	■	■
학생 수(명)	4	7	9

5

분류 기준	종류

종류	트라이앵글	캐스터네츠	탬버린
세면서 표시하기			
학생 수(명)	5	3	7

6 탬버린

7 캐스터네츠

8

분류 기준	색깔

색깔	검은색	흰색	빨간색	파란색
신발 수 (켤레)	4	7	3	1

9 흰색

10 예 흰색

1 / 표시를 하면서 세어 봅니다.

2 사과, 감, 바나나는 과일이고 가지, 양배추, 무, 양파, 감자는 채소입니다.

3 자료를 빠뜨리거나 중복되지 않게 셉니다.

4 자료를 빠뜨리거나 중복되지 않게 셉니다.

5 / 표시를 하면서 자료를 세어 보고 빠뜨리거나 중복되지 않도록 주의합니다.

6 탬버린을 좋아하는 학생들이 7명으로 가장 많습니다.

7 캐스터네츠를 좋아하는 학생들이 3명으로 가장 적습니다.

9 7>4>3>1로 흰색 신발이 오늘 가장 많이 팔렸습니다.

10 흰색 신발이 가장 많이 팔렸으므로 내일 신발을 많이 팔기 위해서는 흰색 신발을 가장 많이 준비하면 좋습니다.

142~145쪽 단계 3 익힘 문제 연습

1 ( )(○)( )

2 ( )
(○)
(○)
( )

3

분류 기준	다리의 수

다리 0개	⑤, ⑧
다리 2개	②, ④, ⑥, ⑨
다리 4개	①, ③, ⑦

4

분류 기준	모양

모양	삼각형	사각형
조각 번호	①, ②, ④, ⑥, ⑦	③, ⑤

5 예 색깔 ; 모양

6 예 사람마다 예쁘다고 생각하는 기준이 다릅니다. 그러므로 '예쁜', '예쁘지 않은'은 분류 기준으로 알맞지 않습니다.

7

분류 기준	종류

종류	연필	가위	풀	지우개
세면서 표시하기				
학용품 수 (개)	5	3	4	6

8

분류 기준	놀이

놀이				
세면서 표시하기	///	////// /	//	///
학생 수(명)	3	7	2	3

9

분류 기준	색깔

색깔	초록색	노란색	빨간색	파란색
세면서 표시하기	/////	///// /////	///// /	///
화분 수(개)	5	10	6	3

10 노란색 **11** 파란색

1 옷을 윗옷과 아래옷으로 분류해야 합니다.

2 무서운 것과 무섭지 않은 것, 좋아하는 것과 좋아하지 않는 것은 사람마다 분류한 결과가 달라질 수 있습니다.

참고 분류할 때 분명한 분류 기준을 세워 누가 분류를 하더라도 같은 결과가 나올 수 있도록 해야 합니다.

3 동물을 다리가 0개인 것, 2개인 것, 4개인 것으로 분류해 봅니다.

4 칠교 조각의 모양을 분류 기준으로 하여 분류해 봅니다.

5 젤리를 색깔과 모양을 분류 기준으로 하여 분류할 수 있습니다.

참고 젤리를 분류하는 분명한 분류 기준을 찾아야 합니다.

7 학용품을 세면서 표시할 때 빠뜨리거나 중복되지 않게 모두 셉니다.

8 참고 세면서 표시할 때 사용한 //// 표시 대신 正의 표시를 사용할 수도 있습니다.

9 모든 자료를 세어본 후 전체 화분 수와 같은지 확인해 봅니다.

10 노란색 화분이 10개로 가장 많습니다.

11 파란색 화분이 3개로 가장 적습니다.

146~148쪽 단계 4 단원 평가

1 (○)(　)

2 단추 구멍의 수에 ○표

3 ㉢

4

5

모양	번호
	②, ④, ⑥
	①, ③, ⑤

6

종류	한글	알파벳
글자	마, 사, 아, 오	S, M, E, A

7

모양	♡	☆
기호	㉠, ㉤, ㉥	㉡, ㉢, ㉣

8

색깔	초록색	노란색
기호	㉠, ㉢, ㉥	㉡, ㉣, ㉤

9

분류 기준	종류

종류	햄버거	떡볶이	김밥
세면서 표시하기	//	////	//
학생 수(명)	2	4	2

10 떡볶이

11

분류 기준	놀이 시설

놀이 시설	시소	그네	미끄럼틀
학생 수(명)	4	5	3

12 그네

13 미끄럼틀

14

분류 기준	모양

모양			
블록 수(개)	3	2	3

15

분류 기준	색깔

색깔	빨간색	초록색	파란색
블록 수(개)	3	2	3

16 단풍나무 **17** 소나무

18

분류 기준	색깔

색깔	하늘색	분홍색	노란색	검은색
세면서 표시하기				
우산 수(개)	4	7	3	1

19 분홍색 **20** ㉨ 분홍색

1 왼쪽을 삼각형과 사각형으로 분류할 수 있습니다.

2 단추를 구멍이 2개인 것과 4개인 것으로 분류한 것입니다.

3 ㉠과 ㉡은 사람마다 분류한 결과가 달라질 수 있습니다.

참고 분류할 때 분명한 분류 기준을 세워야 합니다.

4 얼룩말은 땅에서 활동하는 동물이므로 잘못 분류하였습니다.

7 붙임 딱지를 모양에 따라 분류합니다.

8 붙임 딱지를 색깔에 따라 분류합니다.

10 떡볶이를 좋아하는 학생들이 4명으로 가장 많습니다.

참고 9의 표를 보고 가장 많은 학생들이 좋아하는 음식을 찾아봅니다.

11 ○, ×, / 등의 표시를 하면서 빠뜨리거나 중복되지 않게 수를 셉니다.

12 그네를 좋아하는 학생들이 5명으로 가장 많습니다.

13 미끄럼틀을 좋아하는 학생들이 3명으로 가장 적습니다.

16 $6>5>3$이므로 학교에 가장 많이 심어져 있는 나무는 단풍나무입니다.

17 $3<5<6$이므로 학교에 가장 적게 심어져 있는 나무는 소나무입니다.

19 $7>4>3>1$로 분홍색 우산이 오늘 가장 많이 팔렸습니다.

20 오늘 가장 많이 팔린 분홍색 우산을 가장 많이 준비해야 합니다.

149쪽 스스로 학습장

1 ㉨ 모양, 색깔, 단추 구멍의 수

2 ㉨

분류 기준	모양

모양	삼각형	사각형	원
단추 기호	㉠, ㉣, ㉥, ㉨	㉡, ㉤, ㉦, ㉩	㉢, ㉧

3 ㉨

분류 기준	색깔

색깔	초록색	빨간색	파란색
단추 수(개)	5	2	3

2 색깔과 단추 구멍의 수를 분류 기준으로 하여 분류할 수도 있습니다.

분류 기준	색깔

색깔	초록색	파란색	빨간색
단추 기호	㉠, ㉤, ㉥, ㉧, ㉩	㉢, ㉦, ㉨	㉡, ㉣

분류 기준	단추 구멍의 수

단추 구멍의 수	2개	3개	4개
단추 기호	㉢, ㉤, ㉦	㉠, ㉣, ㉥	㉡, ㉧, ㉨, ㉩

❻ 곱셈

학부모 지도 가이드 일상 생활에서 물건의 개수를 셀 때 하나씩 세기를 이용하는 경우가 있습니다. 하지만 이런 방법은 시간이 많이 걸리므로 새로운 계산 방법이 필요합니다. 이 단원에서 뛰어 세기, 묶어 세기와 곱셈을 학습하여 일상 생활에서 계산을 할 때 곱셈을 이용하여 간편하게 계산할 수 있도록 합니다.

153쪽 단계 1 교과서 개념

1 (1) 9, 12, 15 (2) 3 (3) 15
2 12, 16, 16

1 (3) 뛰어 세거나 묶어 세어 보면 단추는 모두 15개입니다.

참고 물건을 셀 때 하나씩 세기, 뛰어 세기, 묶어 세기 등의 방법이 있습니다.

2 4씩 뛰어 세면 4, 8, 12, 16이므로 상자는 모두 16개입니다.

155쪽 단계 1 교과서 개념

1 (위부터) 16, 20, 24 ; 4, 5, 6
2 6, 24
3 9, 12 ; 4
4 12개

2 공깃돌은 4씩 6묶음이므로 4, 8, 12, 16, 20, 24로 세어 모두 24개입니다.

3 우산은 3씩 4묶음입니다.

4 우산은 3씩 4묶음이므로 3, 6, 9, 12로 세어 모두 12개입니다.

156~157쪽 단계 2 개념 집중 연습

1 6, 8, 8
2 9, 12, 12
3 12, 16, 20, 20
4 3, 12
5 6, 30
6 4, 24
7 9, 12, 15, 18, 21 ; 7 ; 21
8 6, 8, 10, 12, 14 ; 7 ; 14
9 3, 18
10 3, 21
11 5, 20
12 8, 24

1 아이스크림을 2씩 뛰어 세면 2, 4, 6, 8이므로 모두 8개입니다.

2 빵을 3씩 뛰어 세면 3, 6, 9, 12이므로 모두 12개입니다.

3 초콜릿을 4씩 뛰어 세면 4, 8, 12, 16, 20이므로 모두 20개입니다.

4 4씩 묶어 세면 3묶음이므로 모두 12조각입니다.

5 5씩 묶어 세면 6묶음이므로 모두 30개입니다.

6 6씩 묶어 세면 4묶음이므로 모두 24개입니다.

7 3씩 7묶음이므로 모두 21개입니다.

8 2씩 7묶음이므로 모두 14개입니다.

9 6씩 묶어 세면 3묶음이므로 모두 18송이입니다.

10 7씩 묶어 세면 3묶음이므로 모두 21개입니다.

11 5씩 묶어 세면 4묶음이므로 모두 20마리입니다.

12 8씩 묶어 세면 3묶음이므로 모두 24마리입니다.

159쪽 단계 1 교과서 개념

1 3	**2** 4, 4
3 3, 3	**4** 4, 4

1 4씩 3묶음 ⇨ 4의 3배

2 6씩 4묶음 ⇨ 6의 4배

3 7씩 3묶음 ⇨ 7의 3배

4 4씩 4묶음 ⇨ 4의 4배

161쪽 단계 1 교과서 개념

1 (1) 1, 1 (2) 2, 2 (3) 2
2 4
3 (1) 3, 3 (2) 3

2 재아가 읽은 책은 5씩 4묶음이므로 5의 4배입니다.

162~163쪽 단계 2 개념 집중 연습

1 4, 4	**2** 3, 3
3 5, 5	
4 (1) 5, 3, 5 (2) 3, 5, 3	
5 하늘	**6** 5, 2
7 2, 2	**8** 2
9 4	**10** 2
11 2	**12** 3

1 3씩 4묶음 ⇨ 3의 4배

2 5씩 3묶음 ⇨ 5의 3배

3 4씩 5묶음 ⇨ 4의 5배

4 (1) 3씩 5묶음 ⇨ 3의 5배
(2) 5씩 3묶음 ⇨ 5의 3배

5 하늘: 아이스크림을 3씩 묶으면 4묶음이므로 3의 4배입니다.

6 2씩 5묶음 ⇨ 2의 5배
5씩 2묶음 ⇨ 5의 2배

7 4씩 2묶음 ⇨ 4의 2배

9 수연이의 블록은 2개이고 은우의 블록은 2개씩 4묶음입니다.
따라서 2씩 4묶음은 2의 4배입니다.

10 수연이의 블록은 2개이고 재현이의 블록은 2개씩 2묶음입니다.
따라서 2씩 2묶음은 2의 2배입니다.

11 초록색 막대의 길이는 노란색 막대를 2번 이어 붙인 것과 같습니다.

12 파란색 막대의 길이는 노란색 막대를 3번 이어 붙인 것과 같습니다.

165쪽 단계 1 교과서 개념

1 (1) 4, 4 (2) 2, 2, 8 (3) 4, 8
2 7, 7, 21 ; 3, 21
3 6, 6, 6, 24 ; 4, 24

1 (2) 2의 4배를 덧셈식으로 나타내면 $2+2+2+2=8$입니다.
(3) 2의 4배를 곱셈식으로 나타내면 $2\times4=8$입니다.

참고 2씩 4묶음 ⇨ 2의 4배
⇨ $2+2+2+2=8$
⇨ $2\times4=8$

2 7씩 3묶음이므로 7의 3배입니다.
⇨ $7+7+7=21$
⇨ $7\times3=21$

3 6씩 4묶음이므로 6의 4배입니다.
⇨ $6+6+6+6=24$
⇨ $6\times4=24$

167쪽 단계 1 교과서 개념

1 2, 2, 2, 2, 12 **2** 6, 12
3 3, 3 **4** 3, 15

1 2의 6배를 덧셈식으로 나타내면 $2+2+2+2+2+2=12$입니다.
참고 바퀴가 2개씩 있는 오토바이가 ★대 있으면 바퀴의 수는 2×★로 나타낼 수 있습니다.

2 2의 6배를 곱셈식으로 나타내면 $2\times6=12$입니다.

3 5씩 3묶음 ⇨ 5의 3배

4 5씩 3묶음 ⇨ 5의 3배
⇨ $5+5+5=15$
⇨ $5\times3=15$

168~169쪽 단계 2 개념 집중 연습

1 $4+4+4+4=16$
2 $4\times4=16$ **3** $5\times7=35$
4 $6\times4=24$ **5** $4\times8=32$
6 2, 2, 2, 10 ; 5, 10
7 3, 3, 12 ; 4, 12
8 5, 5, 5, 5, 30 ; 6, 30
9 6, 18 **10** 5, 20
11 8, 3, 24 **12** 6, 4, 24
13 6, 12 **14** 5, 15
15 9, 36
16 예 $2\times6=12$, $3\times4=12$, $4\times3=12$, $6\times2=12$

1 4씩 4묶음이므로 4의 4배이고 덧셈식으로 나타내면 $4+4+4+4=16$입니다.

2 4씩 4묶음이므로 4의 4배이고 곱셈식으로 나타내면 $4\times4=16$입니다.

6 2씩 5묶음 ⇨ 2의 5배
⇨ $2+2+2+2+2=10$
⇨ $2\times5=10$

7 3씩 4묶음 ⇨ 3의 4배
⇨ $3+3+3+3=12$
⇨ $3\times4=12$

8 5씩 6묶음 ⇨ 5의 6배
⇨ $5+5+5+5+5+5=30$
⇨ $5\times6=30$

9 3씩 6묶음이므로 3의 6배입니다.
⇨ $3+3+3+3+3+3=18$
⇨ $3\times6=18$

10 4씩 5묶음이므로 4의 5배입니다.
⇨ $4+4+4+4+4=20$
⇨ $4\times5=20$

11 8씩 3묶음이므로 8의 3배입니다.
⇨ $8+8+8=24$
⇨ $8\times3=24$

12 6씩 4묶음이므로 6의 4배입니다.
⇨ $6+6+6+6=24$
⇨ $6\times4=24$

13 2－4－6－8－10－12로 2씩 6번 뛰어 세면 12입니다.
⇨ $2\times6=12$

14 3－6－9－12－15로 3씩 5번 뛰어 세면 15입니다.
⇨ $3\times5=15$

15 9－18－27－36으로 9씩 4번 뛰어 세면 36입니다.
⇨ $9\times4=36$

16 2개씩 묶으면 6묶음, 3개씩 묶으면 4묶음, 4개씩 묶으면 3묶음, 6개씩 묶으면 2묶음

170~173쪽 단계 3 익힘 문제 연습

1 6개
2 12개
3 (1) 5묶음 (2) 6, 8, 10 (3) 10개
4 (1) 6묶음 (2) 18마리
5 (1) 3, 5 ; 5, 3 (2) 15개
6 (1) 8 (2) 4
7 6 ; 3, 3, 3, 3, 18
8 4 ; $5+5+5+5=20$; $5\times4=20$
9 $3\times3=9$, $3\times4=12$, $3\times5=15$
10 5배
11 (1) $5+5+5+5+5+5=30$
(2) $5\times6=30$
12 (1) 6 ; 2, 6, 12 (2) 6 ; 4, 6, 24

1 사과를 하나씩 세어 보면 모두 6개입니다.

2 비누를 2씩 뛰어 세면 2, 4, 6, 8, 10, 12이므로 모두 12개입니다.

3 (3) 2씩 5묶음이므로 모두 10개입니다.

4 (1) 3씩 묶어 세면 6묶음입니다.
(2) 강아지는 3씩 6묶음이므로 모두 18마리입니다.

5 (1) 3씩 묶으면 5묶음이고, 5씩 묶으면 3묶음입니다.

6 (1) 2씩 8묶음 ⇨ 2의 8배
(2) 4씩 4묶음 ⇨ 4의 4배

7 3씩 6묶음
⇨ 3의 6배
⇨ $3+3+3+3+3+3=18$

참고 ▲씩 ●묶음 ⇨ ▲의 ●배
⇨ ▲+▲+…+▲ (●번)

8 5씩 4묶음이므로 5의 4배입니다.
⇨ $5+5+5+5=20$ ⇨ $5\times4=20$

9 3씩 3묶음은 $3\times3=9$,
3씩 4묶음은 $3\times4=12$,
3씩 5묶음은 $3\times5=15$입니다.

10 나은이의 연결 모형은 2개이고 서윤이의 연결 모형은 2개씩 5묶음입니다.
따라서 2씩 5묶음은 2의 5배입니다.

11 (1) 5씩 6묶음이므로 5의 6배이고 덧셈식으로 나타내면 $5+5+5+5+5+5=30$입니다.
(2) 5씩 6묶음이므로 5의 6배이고 곱셈식으로 나타내면 $5\times6=30$입니다.

12 (1) 자동차 한 대에 2명씩 6대이므로 2의 6배입니다.
⇨ $2+2+2+2+2+2=12$
⇨ $2\times6=12$
(2) 자동차 한 대에 4개씩 6대이므로 4의 6배입니다.
⇨ $4+4+4+4+4+4=24$
⇨ $4\times6=24$

174~176쪽 단계 4 단원 평가

1 9, 12
2 3, 12
3 7, 14
4 9, 5, 45
5 5 ; 5 ; 5, 15
6 56 ; 7, 56
7
8 ④, ⑤
9 15
10 $2\times4=8$, $2\times5=10$
11 8, 32 ; 4, 32
12 $3+3+3+3=12$; $3\times4=12$
13 예 3, 8
14 24송이
15 ⑤
16 6배
17 12장
18 ①, ⑤
19 3통
20 24자루

1 3씩 뛰어 세면 3, 6, 9, 12입니다.

2 4씩 묶어 세면 3묶음이므로 모두 12개입니다.

3 2씩 묶어 세면 7묶음이므로 모두 14개입니다.

4 ■×▲=★
⇨ 읽기: ■ 곱하기 ▲는 ★과 같습니다.

5 3씩 묶어 세면 5묶음이므로 모두 15개입니다.
⇨ 3씩 5묶음
⇨ 3의 5배
⇨ 3×5=15

6 8을 7번 더하면 56이 됩니다.
곱셈식으로 나타내면 8×7=56입니다.

7 ■의 ▲배, ■씩 ▲묶음, ■를 ▲번 더한 것은 ■×▲로 나타낼 수 있습니다.

8 6씩 4묶음이므로 6+6+6+6 또는 6×4로 나타낼 수 있습니다.
참고 ▲씩 ★묶음 ⇨ ▲+▲+⋯+▲ (★번)
⇨ ▲×★

9 3, 6, 9, 12, 15로 3씩 5번 뛰어 세면 15입니다.
⇨ 3×5=15

10 2씩 4묶음은 2×4=8,
2씩 5묶음은 2×5=10입니다.

11 4씩 8묶음 ⇨ 4의 8배 ⇨ 4×8=32
8씩 4묶음 ⇨ 8의 4배 ⇨ 8×4=32

12 3씩 4묶음이므로 3의 4배입니다.
⇨ 3+3+3+3=12
⇨ 3×4=12

13 4씩 6묶음, 6씩 4묶음, 8씩 3묶음으로 묶어 셀 수도 있습니다.

14 꽃을 3씩 묶어 세면 8묶음이므로 모두 24송이입니다.

15 ⑤ 2×6은 2+2+2+2+2+2입니다.

16 나비는 3씩 1묶음, 꽃은 3씩 6묶음입니다.
따라서 3씩 6묶음은 3의 6배입니다.

17 3의 4배
⇨ 3+3+3+3=12
⇨ 3×4=12(장)

18 4씩 9묶음, 6씩 6묶음, 9씩 4묶음으로 묶어 셀 수 있으므로 4×9, 6×6, 9×4로 나타낼 수 있습니다.

19 6−3=3(통)

20 한 통에 8자루씩 들어 있는 연필이 3통 남았습니다.
8씩 3묶음 ⇨ 8의 3배
⇨ 8+8+8=24
⇨ 8×3=24(자루)

177쪽 스스로 학습장

1 예 3, 6, 9, 12 ⇨ 12개
2 예 3, 4
3 예 3, 4
4 예 3+3+3+3=12
5 예 3×4=12
6 예 3 곱하기 4는 12와 같습니다.

2 2씩 6묶음, 4씩 3묶음, 6씩 2묶음으로 나타낼 수도 있습니다.

3 2의 6배, 4의 3배, 6의 2배로 나타낼 수도 있습니다.

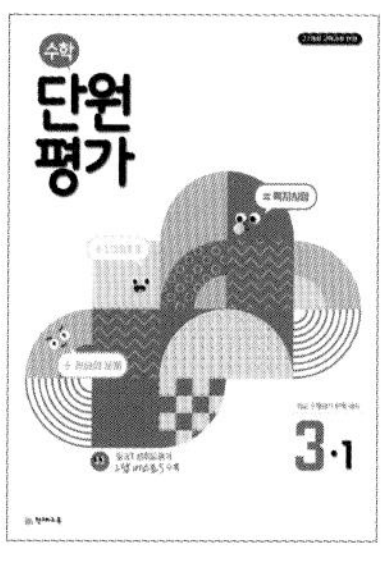

◀ 정답은
이안에
있어!

My name~

초등학교
학년 반 번
이름

개념클릭